KB101441

도형을 잡으면 수학이 완성된다!

기적의 중학도형

3권

Ⅰ. 삼각비

Ⅱ. 원의 성질

기적의 중학도형 3권

초판 발행 2020년 05월 11일
초판 3쇄 2021년 08월 27일

지은이 기적학습연구소
발행인 이종원
발행처 길벗스쿨
출판사 등록일 2006년 6월 16일
주소 서울시 마포구 월드컵로 10길 56(서교동)
대표 전화 02)332-0931 | **팩스** 02)333-5409
홈페이지 www.gilbutschool.co.kr | **이메일** gilbut@gilbut.co.kr

기획 및 책임 편집 이선정(dinga@gilbut.co.kr)
제작 이준호, 손일순, 이진혁 | **영업마케팅** 안민제, 문세연 | **웹마케팅** 박달님, 정유리, 권은나
영업관리 김명자, 정경화 | **독자지원** 송혜란, 윤정아 | **편집진행 및 교정** 이선정
표지 디자인 정보라 | **표지 일러스트** 김다예 | **내지 디자인** 정보라
전산편집 보문미디어 | **CTP 출력·인쇄** 교보P&B | **제본** 신정제본

ISBN 979-11-6406-231-7 54410
(길벗 도서번호 10703)
정가 12,000원

중학교에서 배운 도형,
수능까지 갑니다!

도형 파트의 절반을 중학교에서 배운다는 것을 알고 있나요?

중학교에서는 도형을 논리적이고 추상적인 수학 언어로 표현하는 방법을 배웁니다.
초등학교에서는 직관적으로 도형의 개념을 익히고, 고등학교에서는 중학교에서 배운 도형을 함수처럼 좌표평면 위에 올려서 대수적으로 계산하죠.
중등이 도형의 핵심이고, 초등은 워밍업, 고등은 복습인 셈입니다.

그렇기 때문에 도형은 지금 잡아야 고등학교에서 헤매지 않아요. 같은 도형이라도 접근법이 다르기 때문에 지금 제대로 정리하지 않으면 고등학교에서 어려움을 겪게 됩니다. 도형의 정의와 성질은 중학교에서만 다루거든요. 내신이나 수능에서 출제되는 어려운 문제는 중학교 내용을 이용하는 경우가 많아요.

수영을 배운다고 생각해 보세요. 물에 익숙해지는 데까지 시간이 필요하지만, 차근차근 제대로 몸에 익히면 몇 년 만에 다시 물에 뛰어들어도 수영하는 법을 잊지 않죠.
도형 공부도 마찬가지! 논리적으로 생각해야 하는 영역이라 한 문제를 풀더라도 충분한 시간이 필요하죠. 오래 걸리더라도 직접 해 보고 정확하게 표현하면서 완전히 내 것으로 만들어야 수능까지 개념이 연결됩니다.

도형만큼은 중학교에서 꽉 잡고 가세요. 다른 것도 공부하느라 바쁜 고등학교에서 다시 중학교 책을 붙들고 공부할 수는 없잖아요. 지금 제대로 익히면 고등학교 기하 영역만큼은 쉽게 정복할 수 있어요.

자, 이제 도형을 차근차근 시작해 볼까요?

길벗스쿨 기적학습연구소

3단계 다면학습으로 다지는 중학 수학

'평행선의 성질'에 대한 다면학습 3단계

❶단계 | 도형 이미지 형성

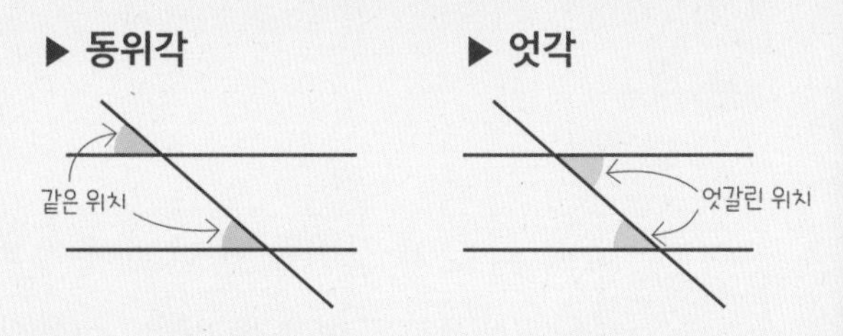

평행선의 성질 ❶ 평행선에서 동위각의 크기는 서로 같다.

평행선의 성질 ❷ 평행선에서 엇각의 크기는 서로 같다.

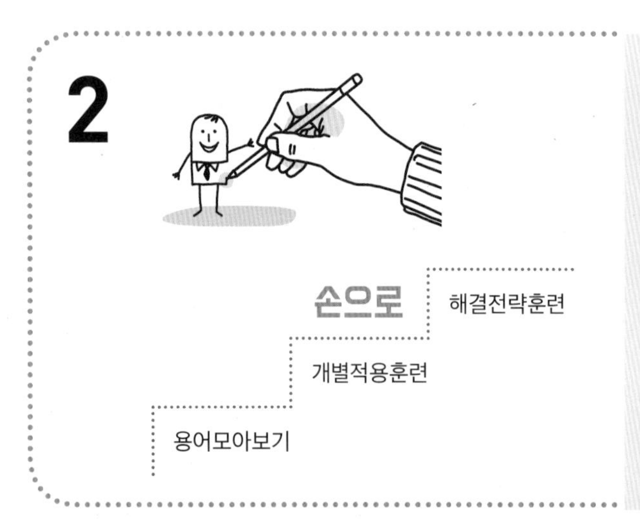

❷단계 | 수학적 개념 확립

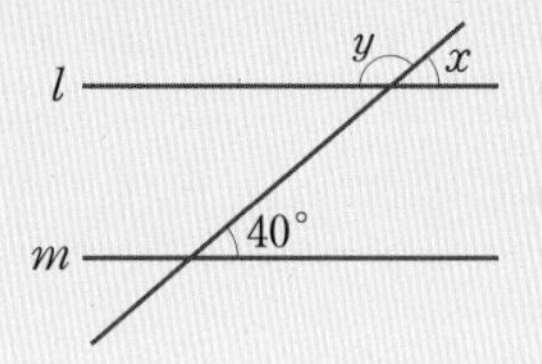

➡ $\angle x=40^\circ$ ($\because$ 동위각)

$\angle y=180^\circ-40^\circ=140^\circ$ ($\because$ 평각)

❸단계 | 원리의 적용·활용

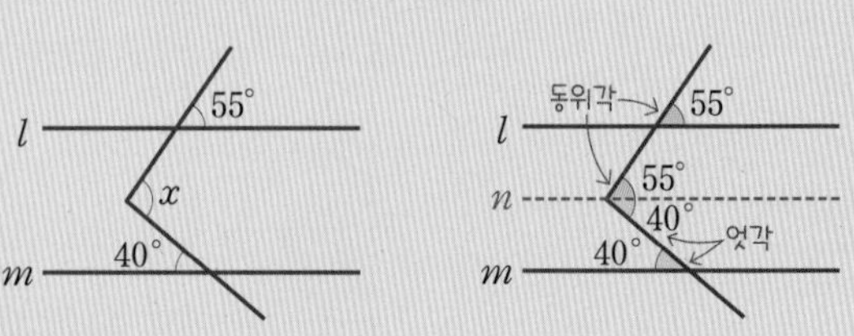

step1 보조선 n을 긋는다.

step2 동위각과 엇각을 찾는다.

$\angle x=55^\circ+40^\circ=95^\circ$

눈으로 보고, 손으로 익히고, 머리로 적용하는 3단계 다면학습을 통해 수학적 언어로 표현하고 공식의 원리를 체득하고 해결 전략을 세우면서 중학교 수학의 기본기를 다질 수 있습니다.

삼각형, 사각형, 원 모양의 물건들은 눈만 뜨면 어디서든 쉽게 찾을 수 있어서 도형의 개념은 이미 잘 알고 있다고 착각하기 쉽습니다. 생활 속에서 충분히 반복하는 영역이기 때문입니다. 하지만 안다고 생각해도 대부분 수학적으로 설명하기는 어렵습니다. '선'이라는 용어에는 직선도 곡선도 포함되지만 보통은 직선만을 떠올립니다. '원'은 평면 위의 한 점에서 거리가 같은 점을 모두 모아놓은 것이지만 막연하게 동그란 모양이라고 생각하기 쉽죠.

이렇게 중학교 수학에서는 용어와 공식이 많이 등장합니다. 비슷비슷하고 헷갈리는 용어와 공식을 모아서 보면 짐작이나 고정관념에 의해 생기기 쉬운 오개념을 수정하거나 수학적으로 표현하는 데 도움이 됩니다.

관련이 있는 개념을 묶어서 한눈에 담아 나만의 도형 이미지를 만드세요. 도형은 전체적인 그림을 알고 부분을 채우는 것이 오류를 줄이는 가장 좋은 방법입니다.

도형에서는 다음 두 가지가 가장 중요합니다.

하나, 용어의 정의

수학도 암기 과목이라고 부르는 이유는 수학적 '정의'에 있습니다. 일상적인 언어나 막연한 개념과는 다르게 정확한 용어가 중요하기 때문입니다. 수학에서 용어의 정의는 문제를 푸는 데도, 도형의 증명에도 꼭 필요합니다.

둘, 공식의 증명과 문제 적용

도형에서 눈으로 보는 것과 직접 풀어 보는 것은 확연하게 다릅니다. 공식을 암기해도 문제에 어떻게 적용해야 할지 난감할 때가 많기 때문입니다. 공식의 구성 요소 사이에 어떤 관계가 있는지 파악하여 직접 증명해 보고, 문제에 적용하면서 원리를 체득해야 합니다.

도형에서 수학적 정의와 공식의 체득만으로 활용 문제까지 해결하기는 어렵습니다. 도형에서의 어려운 문제는 대부분 원리를 이용한 해결 전략을 세운 후 풀어야 하기 때문입니다. 대표적인 경우가 보조선을 긋는 문제이죠. 도형을 나누거나, 연장선을 긋거나, 꼭짓점을 연결하거나, 평행선을 그어야 하는 경우를 말합니다. 게다가 앞 단원이나 이전 학년에서 배운 내용까지 이용해야 할 때도 있습니다.

실제 시험에서 출제되는 문제는 이렇게 개념을 활용하여 한 단계를 거쳐야만 비로소 답을 구할 수 있습니다. 제대로 개념이 형성되어 있어야 문제를 접했을 때 어떤 개념이 필요한지 파악하여 적재적소에 적용할 수 있습니다. 다양한 유형의 문제를 접하고, 필요한 개념을 적용시켜 풀어 보면서 문제 해결 능력을 키우세요.

구성 및 학습설계 : 어떻게 볼까요?

1단계 눈으로 보는 VISUAL IDEA

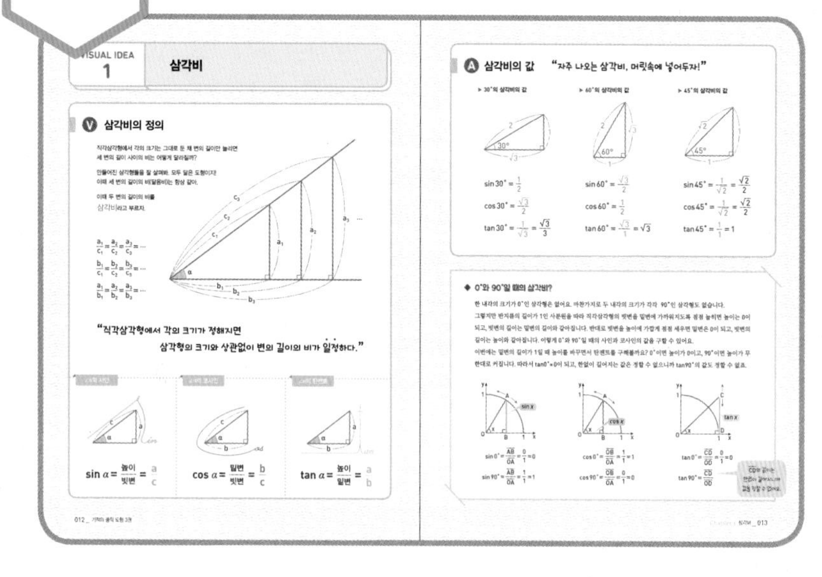

문제 훈련을 시작하기 전 가벼운 마음으로 읽어 보세요.
나무가 아니라 숲을 보아야 해요. 하나하나 파고들어 이해하기보다 위에서 내려다보듯 전체를 머릿속에 담아서 나만의 도형 이미지를 만들어 보세요.

2단계 손으로 익히는 ACT

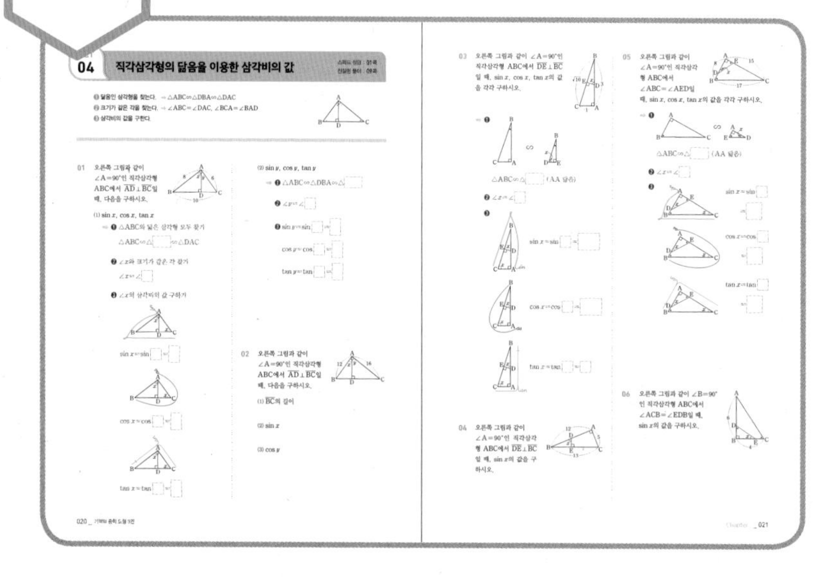

개념을 꼼꼼히 읽은 후 손에 익을 때까지 문제를 반복해서 풀어요. 이때 공식은 암기해 두는 것이 좋습니다.
완전히 이해될 때까지 쓰고 지우면서 풀고 또 풀어 보세요.

3단계 머리로 적용하는 ACT+

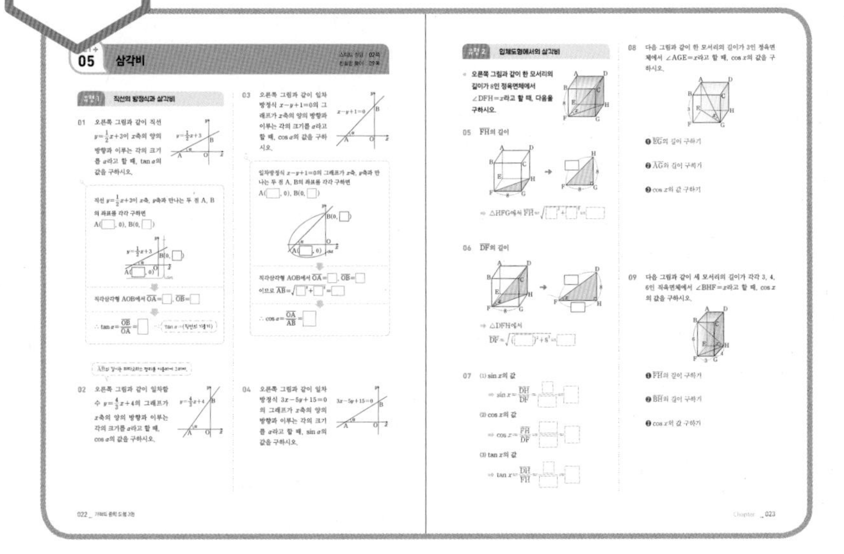

도형의 기본 문제보다는 다소 어렵지만 꼭 익혀두어야 할 유형의 문제입니다.
차근차근 첫 번째 문제를 따라 풀고, 이어지는 문제로 직접 풀면서 연습할 수 있도록 설계되어 있습니다.
다양한 유형으로 문제 적용 방법을 익히세요.

Test 평가

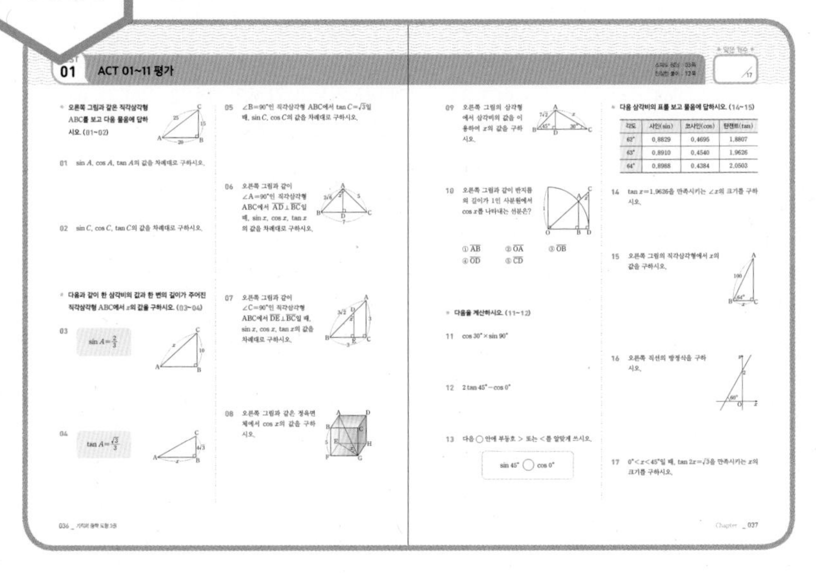

앞에서 배운 내용을 얼마나 이해하고 있는지를 확인하는 단계입니다.
배운 내용을 꼼꼼하게 확인하고, 틀린 문제는 앞의 **ACT**나 **ACT+**로 다시 돌아가 한번 더 연습하세요.

목차와 스케줄러

Chapter Ⅰ 삼각비

Chapter Ⅱ 원의 성질

"하루에 공부할 양을 정해서, 매일매일 꾸준히 풀어요."

일주일에 5일 동안 공부하는 것을 목표로 합니다. 공부할 날짜를 적고, 계획을 지킬 수 있도록 노력하세요.

ACT 01	ACT 02	ACT 03	ACT 04	ACT+ 05	ACT 06
월 일	월 일	월 일	월 일	월 일	월 일
ACT 07	ACT 08	ACT 09	ACT 10	ACT+ 11	TEST 01
월 일	월 일	월 일	월 일	월 일	월 일
ACT 12	ACT 13	ACT 14	ACT 15	ACT 16	ACT+ 17
월 일	월 일	월 일	월 일	월 일	월 일
ACT+ 18	TEST 02	ACT 19	ACT 20	ACT 21	ACT+ 22
월 일	월 일	월 일	월 일	월 일	월 일
ACT 23	ACT 24	ACT 25	ACT 26	ACT+ 27	TEST 03
월 일	월 일	월 일	월 일	월 일	월 일
ACT 28	ACT 29	ACT 30	ACT+ 31	ACT 32	ACT 33
월 일	월 일	월 일	월 일	월 일	월 일
ACT 34	ACT 35	ACT 36	ACT+ 37	TEST 04	
월 일	월 일	월 일	월 일	월 일	

1
기적의 중학도형

Chapter I
삼각비

keyword

삼각비의 값, 특수한 각의 삼각비, 예각의 삼각비, 삼각비의 표,
삼각형의 변의 길이, 삼각형의 높이, 삼각형의 넓이, 사각형의 넓이

VISUAL IDEA 1

삼각비

삼각비의 정의

직각삼각형에서 각의 크기는 그대로 둔 채 변의 길이만 늘리면
세 변의 길이 사이의 비는 어떻게 달라질까?

만들어진 삼각형들을 잘 살펴봐. 모두 닮은 도형이지!
이때 세 변의 길이의 비(닮음비)는 항상 같아.

이때 두 변의 길이의 비를
삼각비라고 부르자.

$$\frac{a_1}{c_1}=\frac{a_2}{c_2}=\frac{a_3}{c_3}=\cdots$$

$$\frac{b_1}{c_1}=\frac{b_2}{c_2}=\frac{b_3}{c_3}=\cdots$$

$$\frac{a_1}{b_1}=\frac{a_2}{b_2}=\frac{a_3}{b_3}=\cdots$$

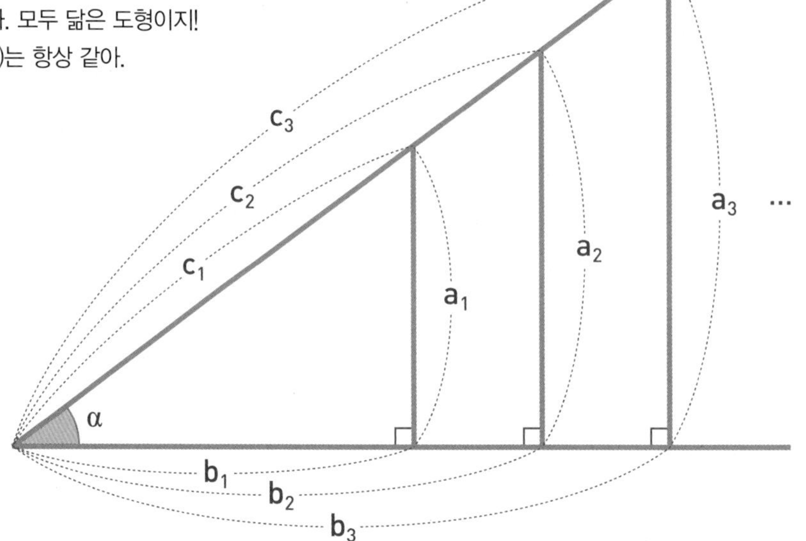

**"직각삼각형에서 각의 크기가 정해지면
삼각형의 크기와 상관없이 변의 길이의 비가 일정하다."**

∠α의 사인

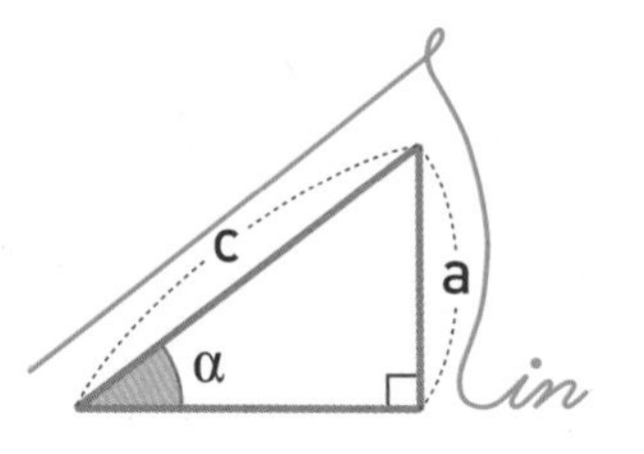

$$\sin\alpha=\frac{높이}{빗변}=\frac{a}{c}$$

∠α의 코사인

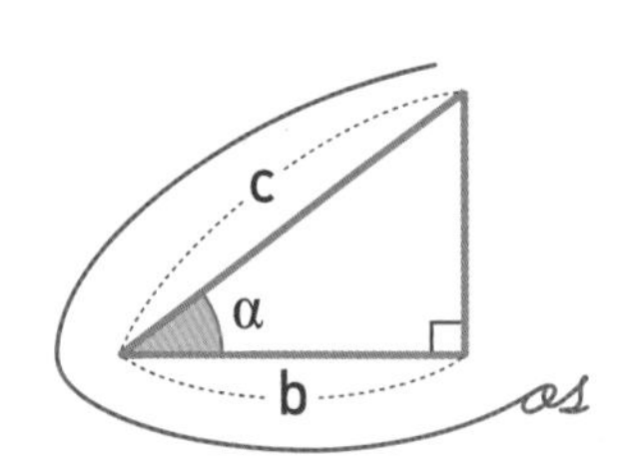

$$\cos\alpha=\frac{밑변}{빗변}=\frac{b}{c}$$

∠α의 탄젠트

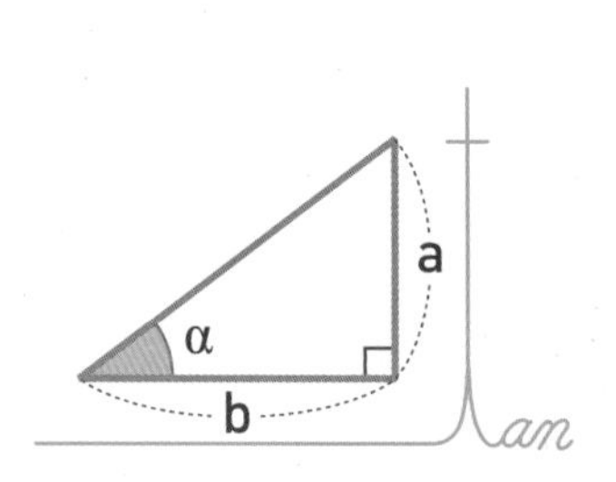

$$\tan\alpha=\frac{높이}{밑변}=\frac{a}{b}$$

Ⓐ 삼각비의 값 "자주 나오는 삼각비, 머릿속에 넣어두자!"

▶ 30°의 삼각비의 값

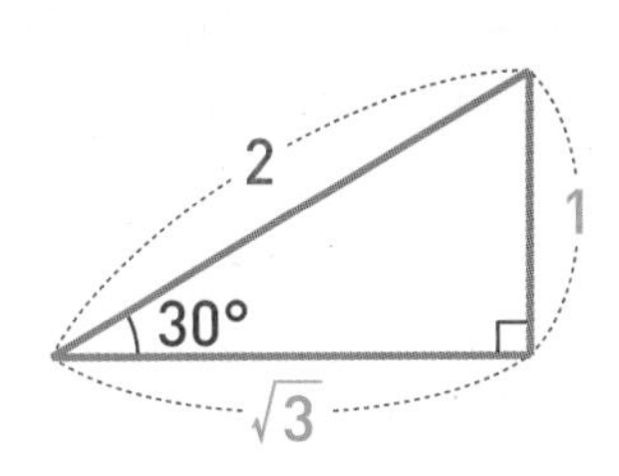

$\sin 30° = \frac{1}{2}$

$\cos 30° = \frac{\sqrt{3}}{2}$

$\tan 30° = \frac{1}{\sqrt{3}} = \frac{\sqrt{3}}{3}$

▶ 60°의 삼각비의 값

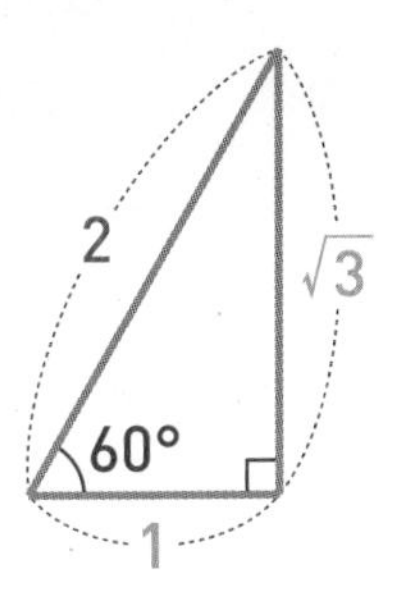

$\sin 60° = \frac{\sqrt{3}}{2}$

$\cos 60° = \frac{1}{2}$

$\tan 60° = \frac{\sqrt{3}}{1} = \sqrt{3}$

▶ 45°의 삼각비의 값

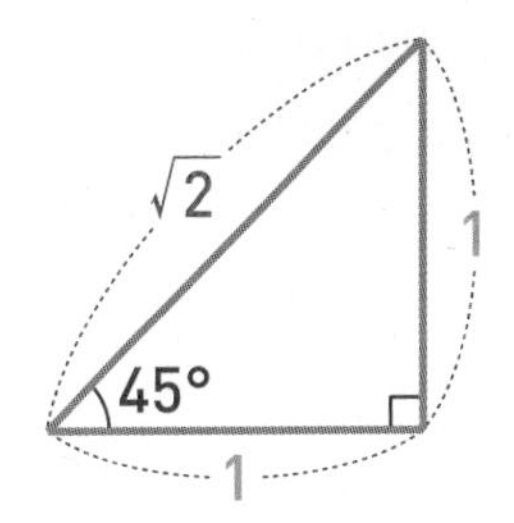

$\sin 45° = \frac{1}{\sqrt{2}} = \frac{\sqrt{2}}{2}$

$\cos 45° = \frac{1}{\sqrt{2}} = \frac{\sqrt{2}}{2}$

$\tan 45° = \frac{1}{1} = 1$

◆ 0°와 90°일 때의 삼각비?

한 내각의 크기가 0°인 삼각형은 없어요. 마찬가지로 두 내각의 크기가 각각 90°인 삼각형도 없습니다.
그렇지만 반지름의 길이가 1인 사분원을 따라 직각삼각형의 빗변을 밑변에 가까워지도록 점점 눕히면 높이는 0이 되고, 빗변의 길이는 밑변의 길이와 같아집니다. 반대로 빗변을 높이에 가깝게 점점 세우면 밑변은 0이 되고, 빗변의 길이는 높이와 같아집니다. 이렇게 0°와 90°일 때의 사인과 코사인의 값을 구할 수 있어요.
이번에는 밑변의 길이가 1일 때 높이를 바꾸면서 탄젠트를 구해볼까요? 0°이면 높이가 0이고, 90°이면 높이가 무한대로 커집니다. 따라서 tan0°=0이 되고, 한없이 길어지는 값은 정할 수 없으니까 tan90°의 값도 정할 수 없죠.

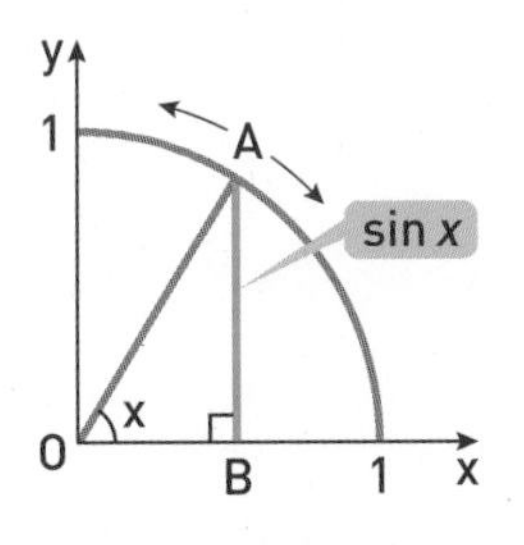

$\sin 0° = \frac{\overline{AB}}{\overline{OA}} = \frac{0}{1} = 0$

$\sin 90° = \frac{\overline{AB}}{\overline{OA}} = \frac{1}{1} = 1$

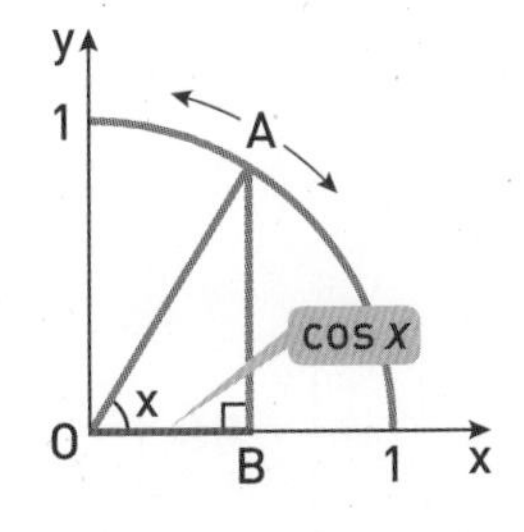

$\cos 0° = \frac{\overline{OB}}{\overline{OA}} = \frac{1}{1} = 1$

$\cos 90° = \frac{\overline{OB}}{\overline{OA}} = \frac{0}{1} = 0$

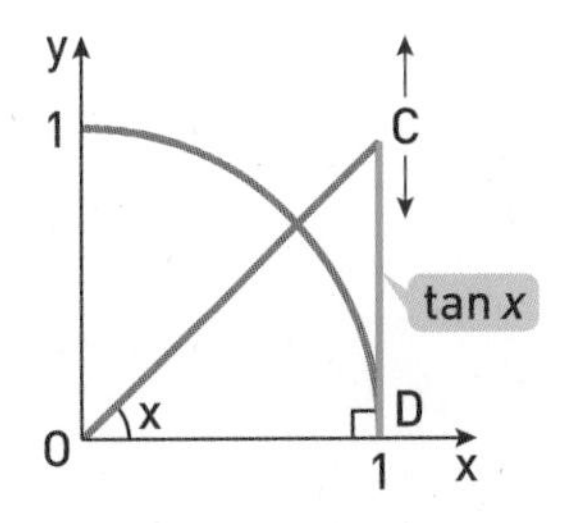

$\tan 0° = \frac{\overline{CD}}{\overline{OD}} = \frac{0}{1} = 0$

$\tan 90° = \frac{\overline{CD}}{\overline{OD}}$

$\overline{CD}$의 길이는 한없이 길어지니까 값을 정할 수 없어요.

Review : 피타고라스 정리

스피드 정답 : 01쪽
친절한 풀이 : 08쪽

피타고라스 정리

직각삼각형에서 직각을 끼고 있는 두 변의 길이를 각각 a, b라 하고 빗변의 길이를 c라고 하면

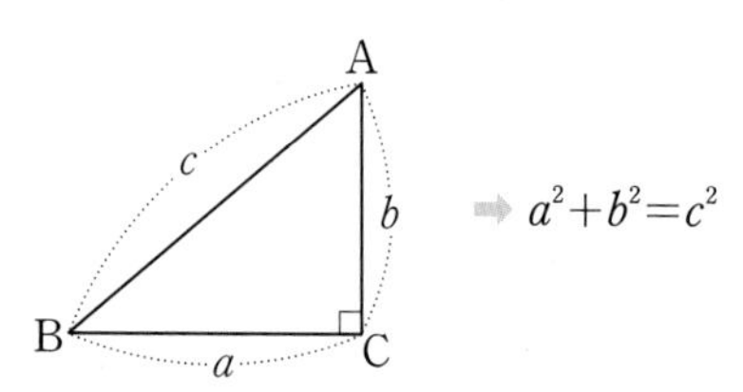

직각삼각형의 변의 길이

직각삼각형에서 두 변의 길이를 알면 피타고라스 정리를 이용하여 나머지 한 변의 길이를 구할 수 있다.

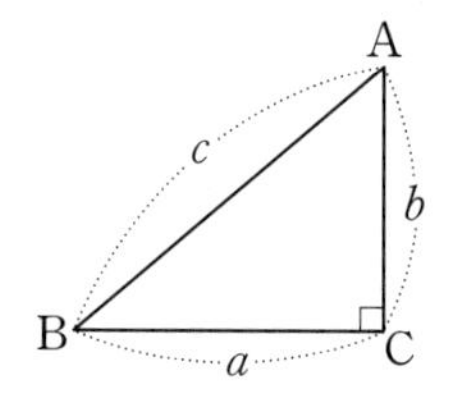

- $c^2=a^2+b^2$ ➡ $c=\sqrt{a^2+b^2}$
- $a^2=c^2-b^2$ ➡ $a=\sqrt{c^2-b^2}$
- $b^2=c^2-a^2$ ➡ $b=\sqrt{c^2-a^2}$

*** 다음 그림의 직각삼각형에서 x의 값을 구하시오.**

01

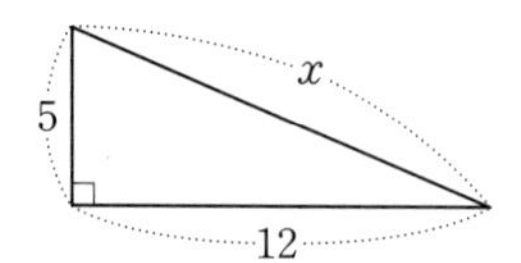

➡ $x=\sqrt{12^2+\square^2}=\square$

02

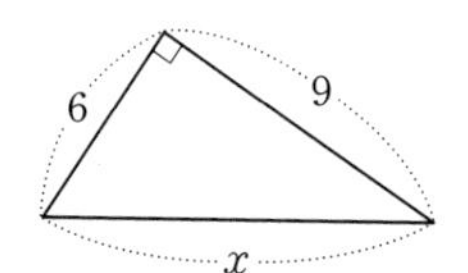

03

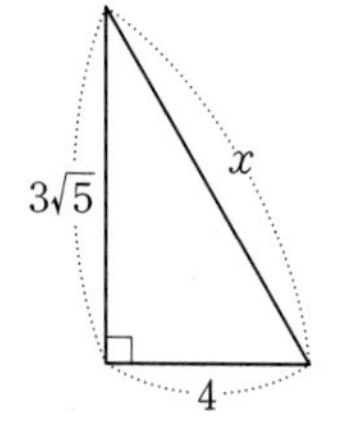

04

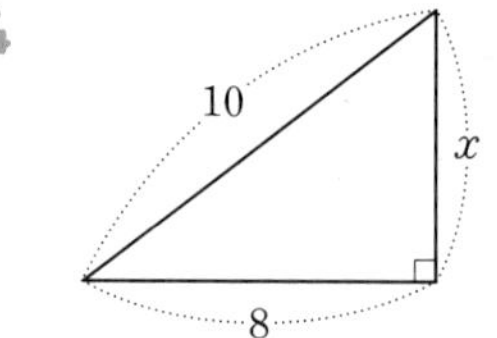

➡ $x=\sqrt{10^2-\square^2}=\square$

05

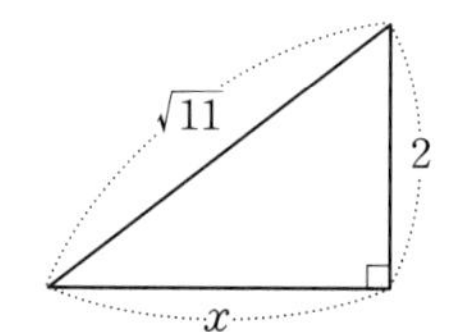

06

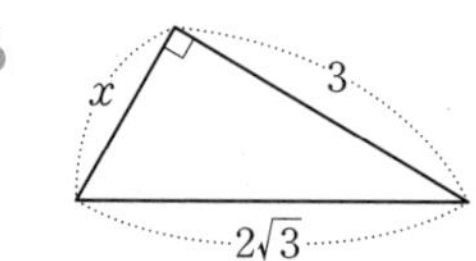

* 다음 그림의 삼각형에서 x, y의 값을 각각 구하시오.

07

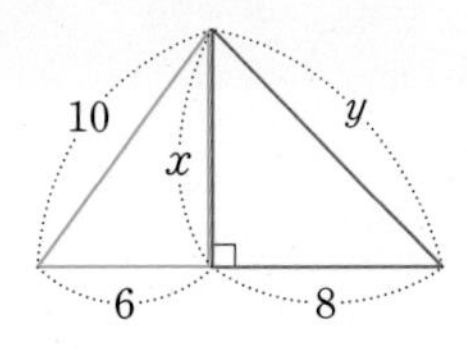

➡ $x=\sqrt{10^2-\square^2}=\square$

$y=\sqrt{\square^2+8^2}=\square$

08

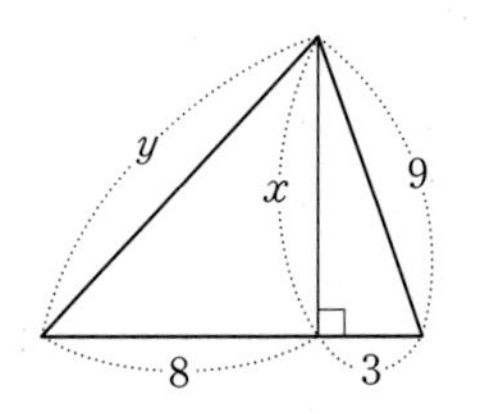

09

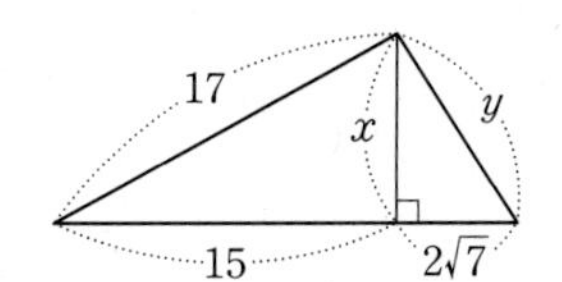

10

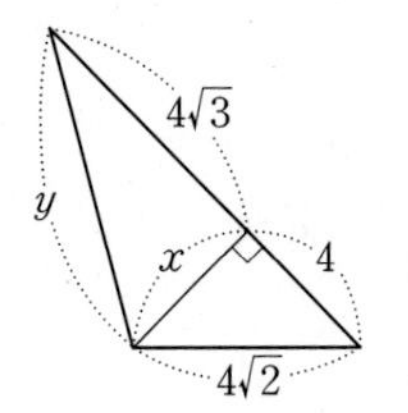

11

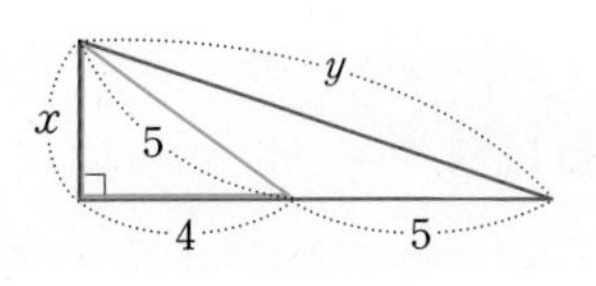

➡ $x=\sqrt{5^2-\square^2}=\square$

$y=\sqrt{(4+5)^2+\square^2}=\square$

12

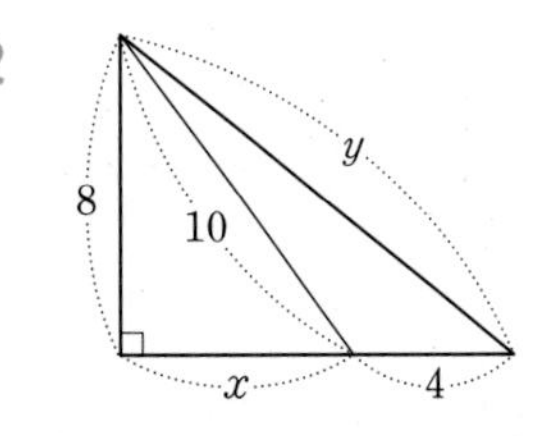

13

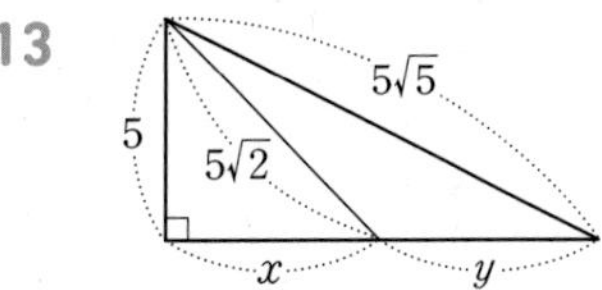

14

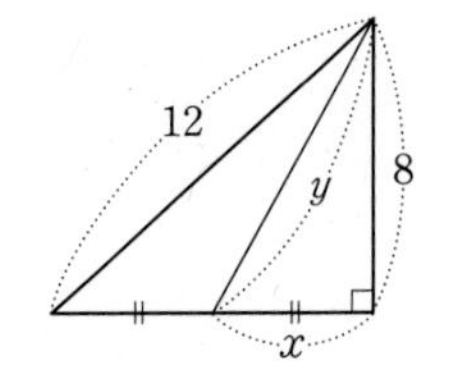

ACT 02

삼각비의 뜻

스피드 정답 : 01쪽
친절한 풀이 : 08쪽

$\angle B=90°$인 직각삼각형 ABC에서

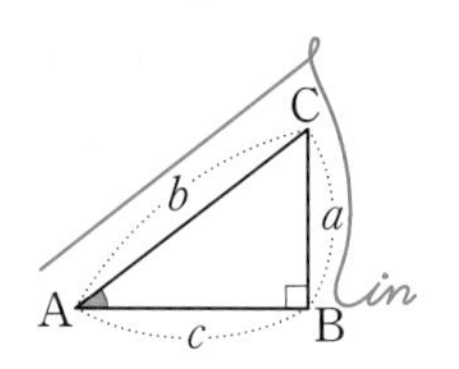

$\sin A=\dfrac{(\text{높이})}{(\text{빗변의 길이})}=\dfrac{a}{b}$

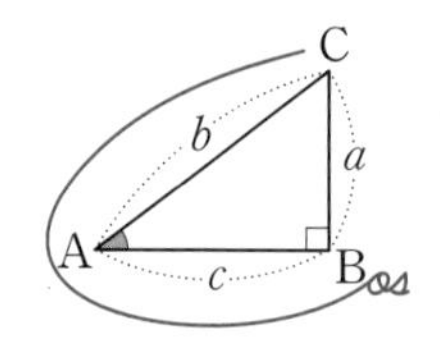

$\cos A=\dfrac{(\text{밑변의 길이})}{(\text{빗변의 길이})}=\dfrac{c}{b}$

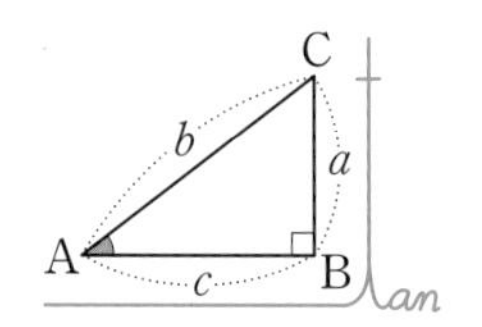

$\tan A=\dfrac{(\text{높이})}{(\text{밑변의 길이})}=\dfrac{a}{c}$

➡ $\sin A$, $\cos A$, $\tan A$를 $\angle A$의 삼각비라고 한다.

---

* 아래 그림의 직각삼각형 ABC에서 다음 삼각비의 값을 각각 구하시오.

01

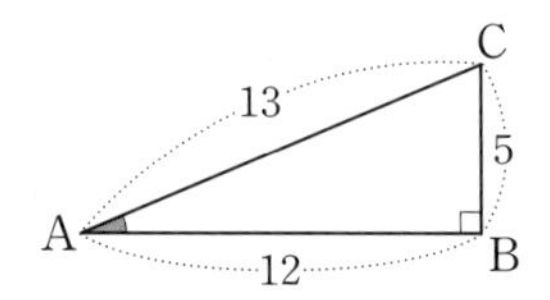

(1) $\sin A$

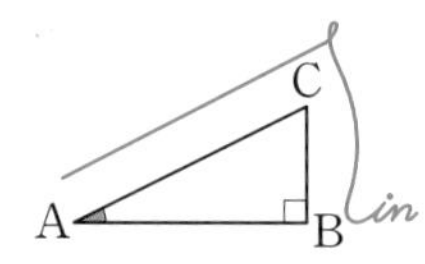

$\sin A=\dfrac{\square}{\overline{AC}}=\square$

(2) $\cos A$

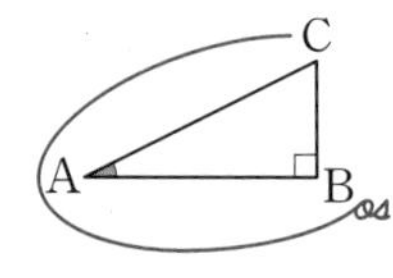

$\cos A=\dfrac{\square}{\overline{AC}}=\square$

(3) $\tan A$

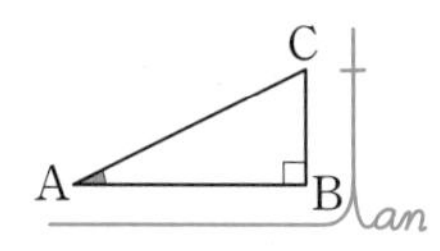

$\tan A=\dfrac{\square}{\overline{AB}}=\square$

02

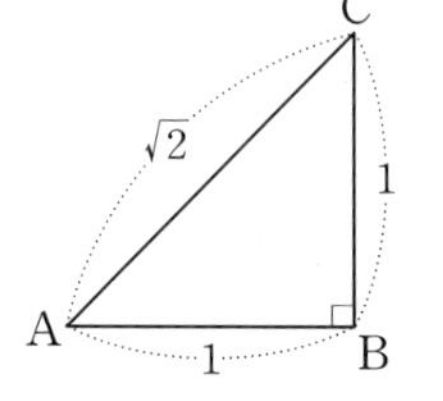

(1) $\sin A$

(2) $\cos A$

(3) $\tan A$

03

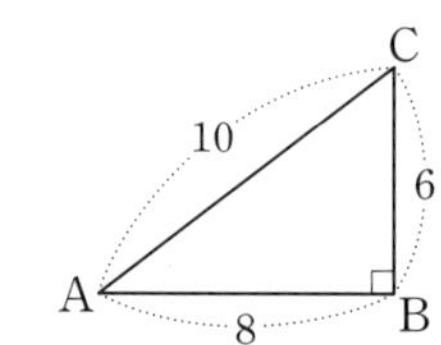

(1) $\sin A$

(2) $\cos A$

(3) $\tan A$

04

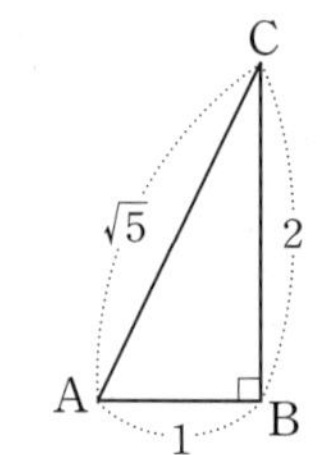

(1) $\sin A$

(2) $\cos A$

(3) $\tan A$

05

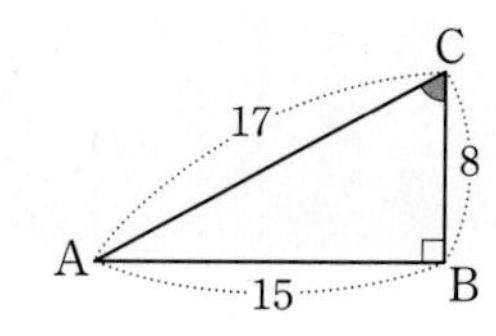

기준각

높이

(1) $\sin C=\frac{\square}{\overline{AC}}=\square$

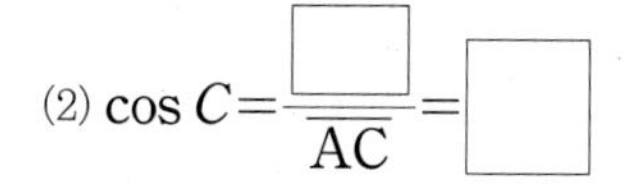

(2) $\cos C=\frac{\square}{\overline{AC}}=\square$

(3) $\tan C=\frac{\square}{\overline{BC}}=\square$

06

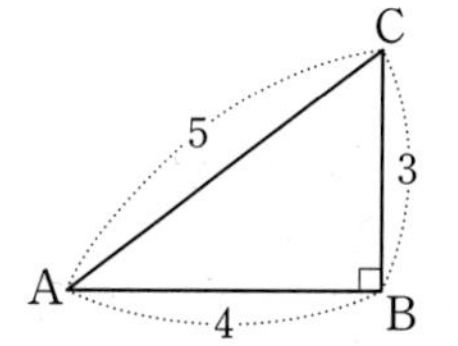

(1) $\sin C$

(2) $\cos C$

(3) $\tan C$

07

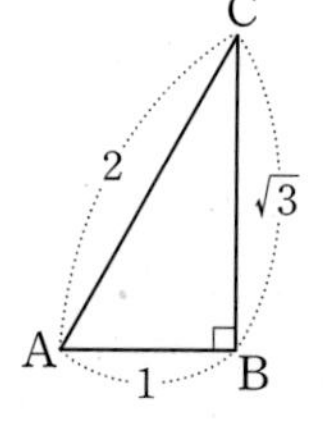

(1) $\sin C$

(2) $\cos C$

(3) $\tan C$

08

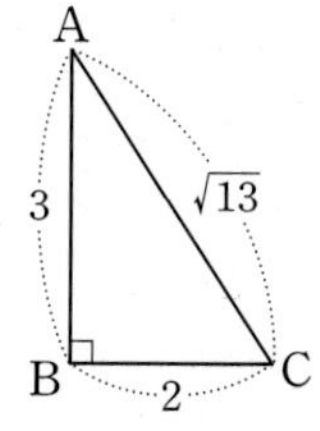

(1) $\sin C$

(2) $\cos C$

(3) $\tan C$

09

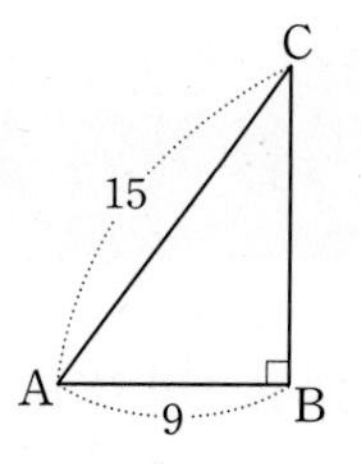

(1) $\sin A$

(2) $\cos A$

(3) $\tan A$

$\overline{BC}$의 길이를 먼저 구하자!

10

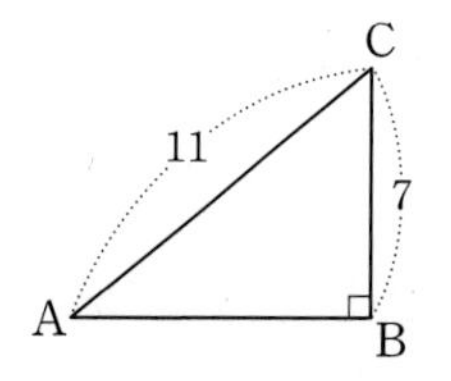

(1) $\sin A$

(2) $\cos A$

(3) $\tan A$

11

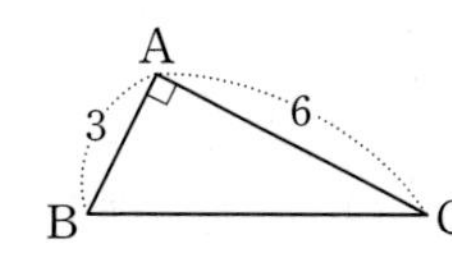

(1) $\sin B$

(2) $\cos B$

(3) $\tan B$

12

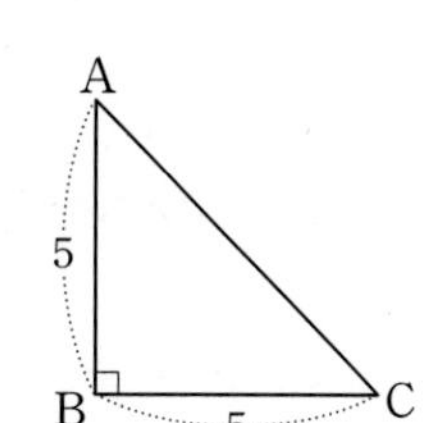

(1) $\sin C$

(2) $\cos C$

(3) $\tan C$

ACT 03

삼각비를 이용하여 삼각형의 변의 길이 구하기

직각삼각형에서 한 삼각비의 값과 한 변의 길이를 알면 나머지 두 변의 길이를 구할 수 있다.

예 $\angle B=90°$인 직각삼각형 ABC에서 $\overline{AC}=4$, $\sin A=\frac{3}{4}$일 때, x, y의 값 구하기

❶ 삼각비의 값을 이용하여 x의 값을 구한다.

➡ $\sin A=\frac{x}{4}=\frac{3}{4}$ $\therefore x=3$

❷ 피타고라스 정리를 이용하여 y의 값을 구한다.

➡ $y=\sqrt{4^2-3^2}=\sqrt{7}$

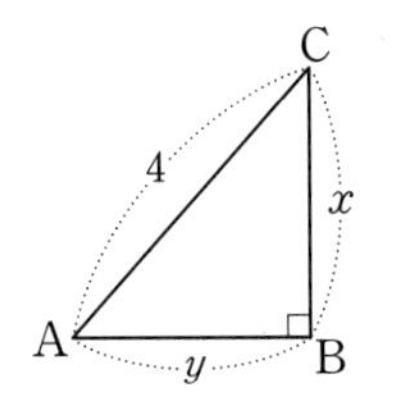

* 다음과 같이 한 삼각비의 값과 한 변의 길이가 주어진 직각삼각형 ABC에서 x의 값을 구하시오.

01 $\sin A=\frac{4}{5}$

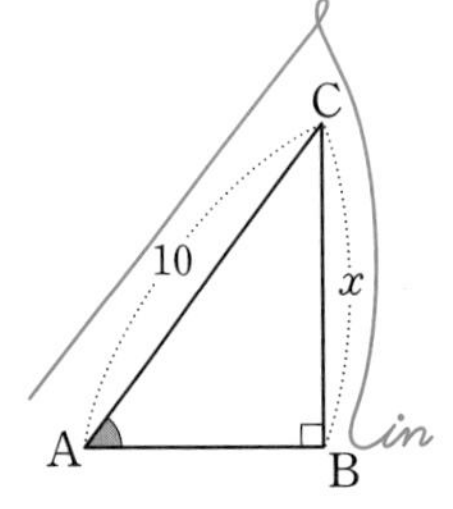

➡ $\sin A=\frac{x}{\square}=\frac{4}{5}$ $\therefore x=\square$

02 $\cos A=\frac{\sqrt{3}}{2}$

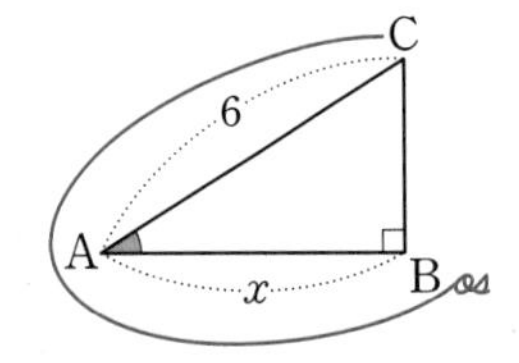

➡ $\cos A=\frac{x}{\square}=\frac{\sqrt{3}}{2}$ $\therefore x=\square$

03 $\tan A=1$

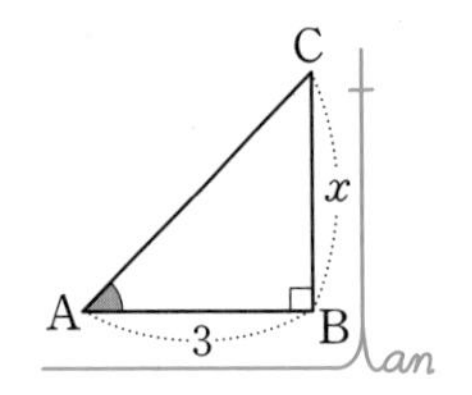

➡ $\tan A=\frac{x}{\square}=1$ $\therefore x=\square$

* 다음과 같이 한 삼각비의 값과 한 변의 길이가 주어진 직각삼각형 ABC에서 x, y의 값을 각각 구하시오.

04 $\sin A=\frac{3}{4}$

y의 값은 피타고라스 정리를 이용하여 구하자.

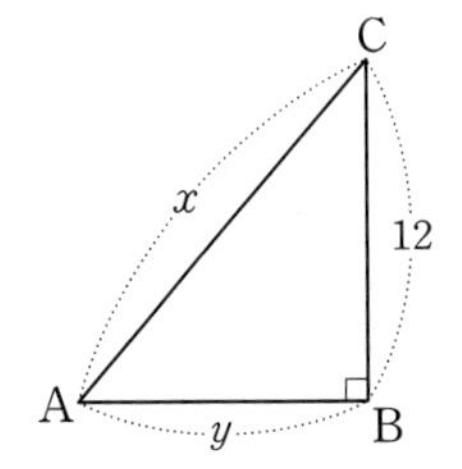

05 $\cos A=\frac{2\sqrt{2}}{3}$

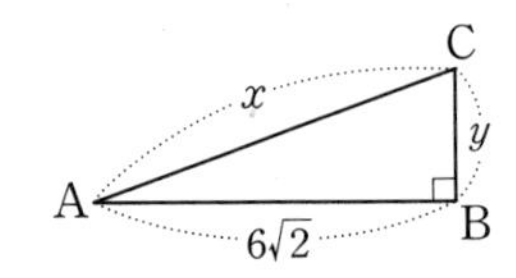

06 $\tan A=\frac{2}{3}$

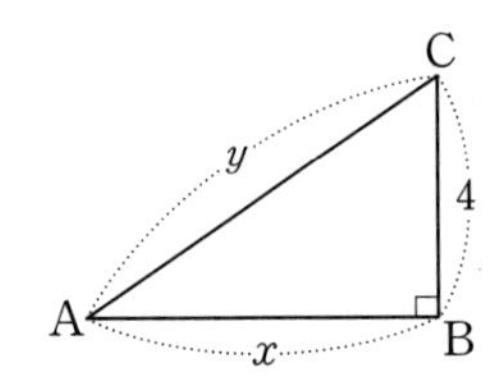

한 삼각비의 값을 알 때, 다른 삼각비의 값 구하기

스피드 정답 : 01쪽
친절한 풀이 : 09쪽

$\sin A=\frac{\sqrt{2}}{2}$일 때, $\cos A$와 $\tan A$의 값 각각 구하기

❶ 주어진 삼각비의 값을 갖는 가장 간단한 직각삼각형을 그린다.

➡

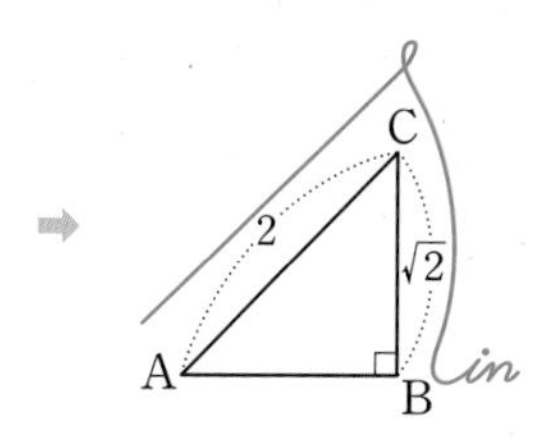

❷ 피타고라스 정리를 이용하여 나머지 변의 길이를 구한다.

➡ $\overline{AB}=\sqrt{2^2-(\sqrt{2})^2}=\sqrt{2}$

❸ 다른 두 삼각비의 값을 구한다.

➡ $\cos A=\frac{\sqrt{2}}{2}$

$\tan A=\frac{\sqrt{2}}{\sqrt{2}}=1$

---

* **$\angle B=90°$인 직각삼각형 ABC에서 주어진 삼각비의 값을 만족시키는 가장 간단한 직각삼각형을 그리고, 다음 삼각비의 값을 구하시오.**

07 $\cos A=\frac{8}{17}$일 때, $\sin A$, $\tan A$

$\sin A=$ ________, $\tan A=$ ________

08 $\tan A=\frac{1}{2}$일 때, $\sin A$, $\cos A$

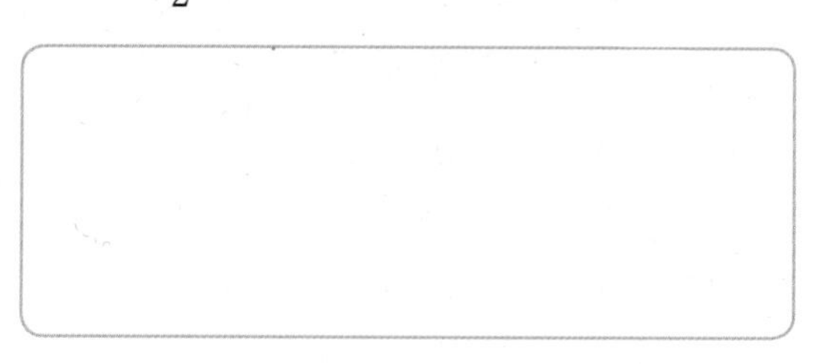

$\sin A=$ ________, $\cos A=$ ________

09 $\sin C=\frac{2\sqrt{2}}{3}$일 때, $\cos C$, $\tan C$

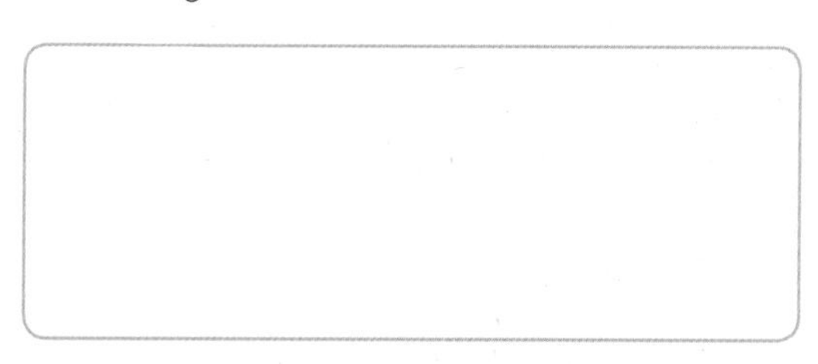

$\cos C=$ ________, $\tan C=$ ________

10 $\tan C=\frac{\sqrt{5}}{3}$일 때, $\sin C$, $\cos C$

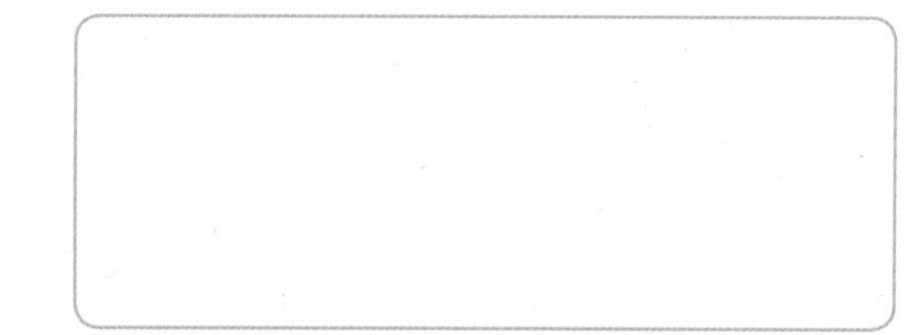

$\sin C=$ ________, $\cos C=$ ________

ACT 04 직각삼각형의 닮음을 이용한 삼각비의 값

스피드 정답 : 01쪽
친절한 풀이 : 09쪽

❶ 닮음인 삼각형을 찾는다. ➡ $\triangle ABC \backsim \triangle DBA \backsim \triangle DAC$

❷ 크기가 같은 각을 찾는다. ➡ $\angle ABC = \angle DAC$, $\angle BCA = \angle BAD$

❸ 삼각비의 값을 구한다.

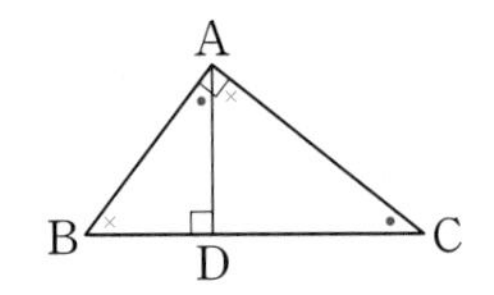

01 오른쪽 그림과 같이 $\angle A = 90°$인 직각삼각형 ABC에서 $\overline{AD} \perp \overline{BC}$일 때, 다음을 구하시오.

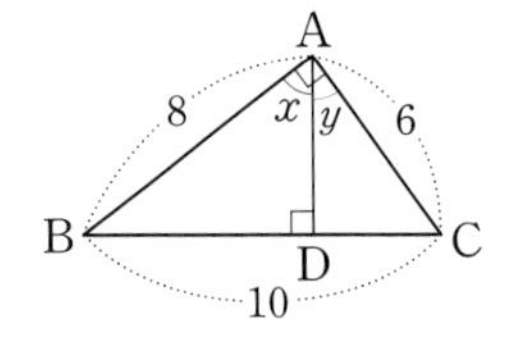

(1) $\sin x$, $\cos x$, $\tan x$

➡ ❶ $\triangle ABC$와 닮은 삼각형 모두 찾기

$\triangle ABC \backsim \triangle$ ☐ $\backsim \triangle DAC$

❷ $\angle x$와 크기가 같은 각 찾기

$\angle x = \angle$ ☐

❸ $\angle x$의 삼각비의 값 구하기

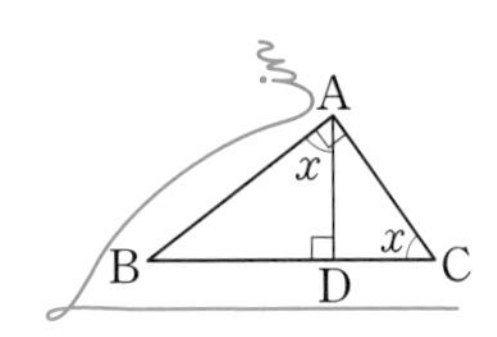

$\sin x = \sin$ ☐ $=$ ☐

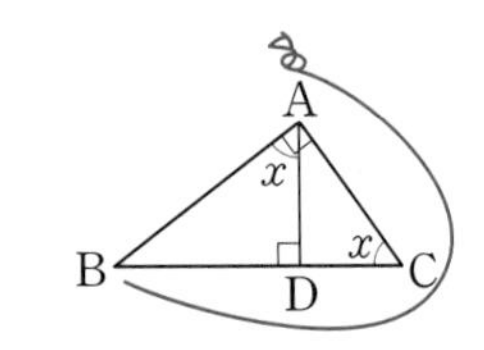

$\cos x = \cos$ ☐ $=$ ☐

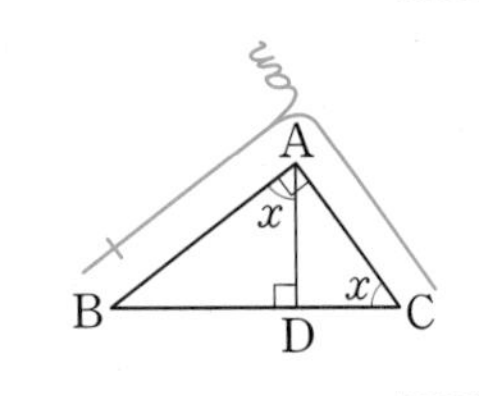

$\tan x = \tan$ ☐ $=$ ☐

(2) $\sin y$, $\cos y$, $\tan y$

➡ ❶ $\triangle ABC \backsim \triangle DBA \backsim \triangle$ ☐

❷ $\angle y = \angle$ ☐

❸ $\sin y = \sin$ ☐ $=$ ☐

$\cos y = \cos$ ☐ $=$ ☐

$\tan y = \tan$ ☐ $=$ ☐

02 오른쪽 그림과 같이 $\angle A = 90°$인 직각삼각형 ABC에서 $\overline{AD} \perp \overline{BC}$일 때, 다음을 구하시오.

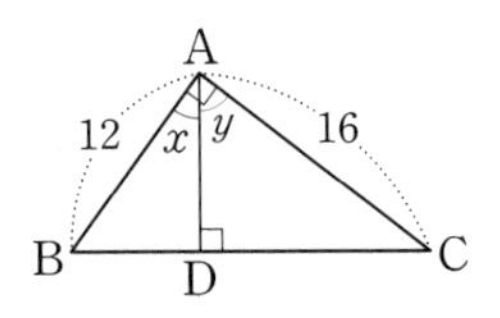

(1) $\overline{BC}$의 길이

(2) $\sin x$

(3) $\cos y$

03 오른쪽 그림과 같이 $\angle A=90°$인 직각삼각형 ABC에서 $\overline{DE}\perp\overline{BC}$일 때, $\sin x$, $\cos x$, $\tan x$의 값을 각각 구하시오.

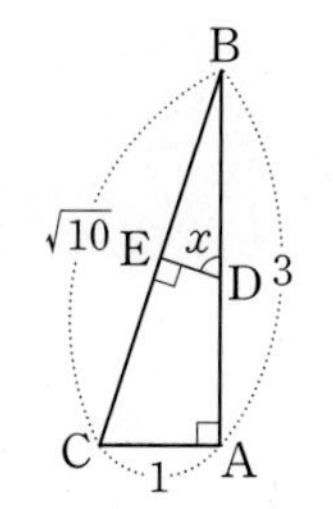

➡ ❶

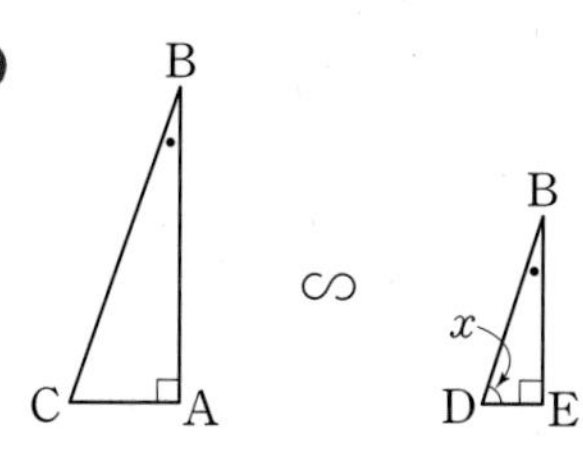

$\triangle ABC \backsim \triangle$ ☐ (AA 닮음)

❷ $\angle x=\angle$ ☐

❸

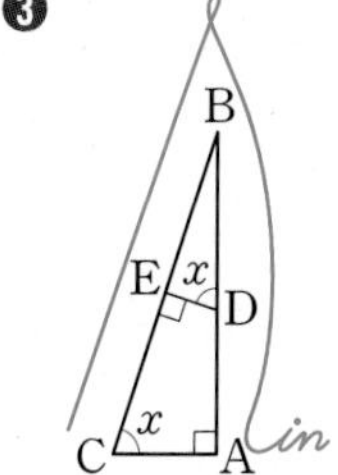

$\sin x=\sin$ ☐ $=$ ☐

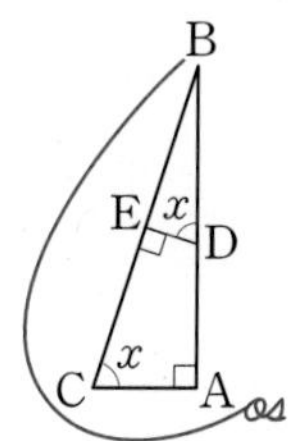

$\cos x=\cos$ ☐ $=$ ☐

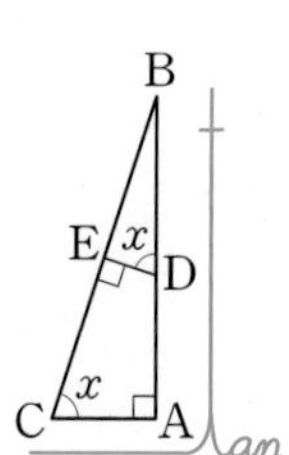

$\tan x=\tan$ ☐ $=$ ☐

04 오른쪽 그림과 같이 $\angle A=90°$인 직각삼각형 ABC에서 $\overline{DE}\perp\overline{BC}$일 때, $\sin x$의 값을 구하시오.

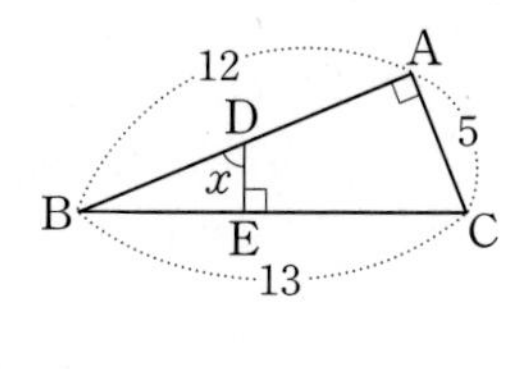

05 오른쪽 그림과 같이 $\angle A=90°$인 직각삼각형 ABC에서 $\angle ABC=\angle AED$일 때, $\sin x$, $\cos x$, $\tan x$의 값을 각각 구하시오.

➡ ❶

$\triangle ABC \backsim \triangle$ ☐ (AA 닮음)

❷ $\angle x=\angle$ ☐

❸

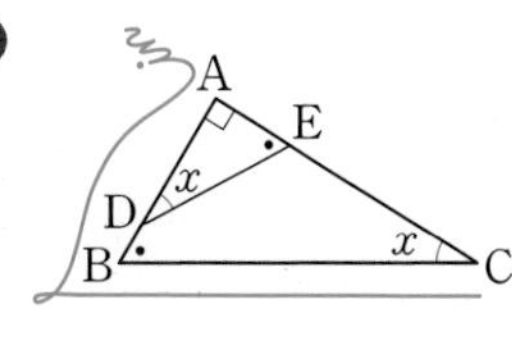

$\sin x=\sin$ ☐

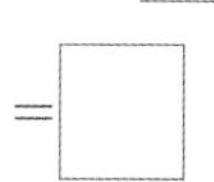

$=$ ☐

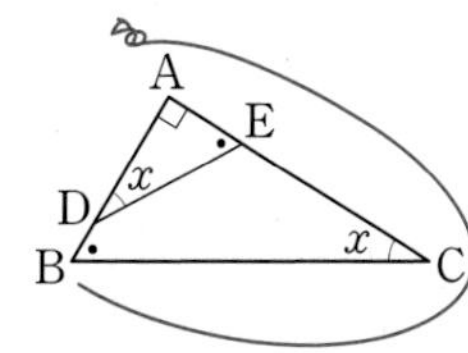

$\cos x=\cos$ ☐

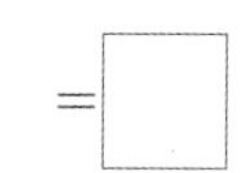

$=$ ☐

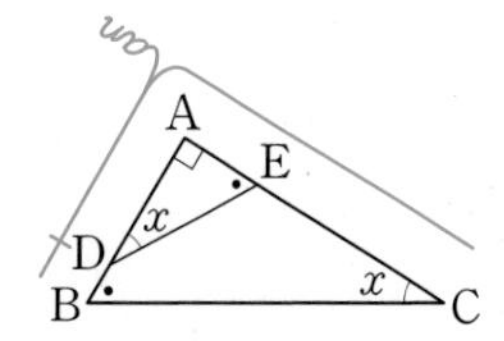

$\tan x=\tan$ ☐

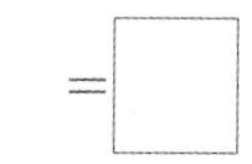

$=$ ☐

06 오른쪽 그림과 같이 $\angle B=90°$인 직각삼각형 ABC에서 $\angle ACB=\angle EDB$일 때, $\sin x$의 값을 구하시오.

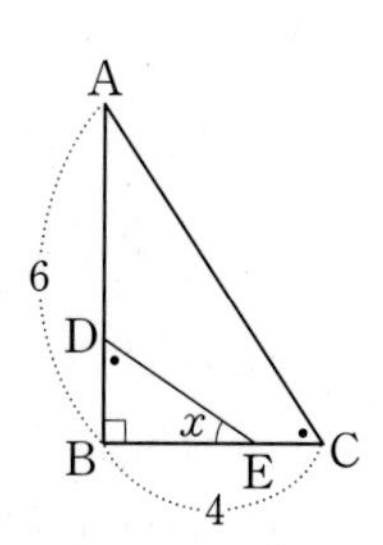

ACT+ 05 삼각비

스피드 정답 : 02쪽
친절한 풀이 : 09쪽

유형 1 직선의 방정식과 삼각비

01 오른쪽 그림과 같이 직선 $y=\frac{1}{2}x+3$이 x축의 양의 방향과 이루는 각의 크기를 α라고 할 때, $\tan\alpha$의 값을 구하시오.

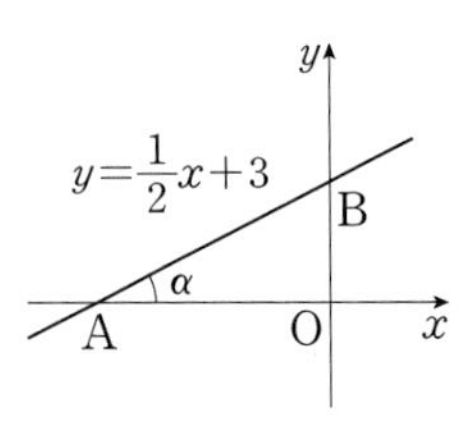

직선 $y=\frac{1}{2}x+3$이 x축, y축과 만나는 두 점 A, B의 좌표를 각각 구하면

A(□, 0), B(0, □)

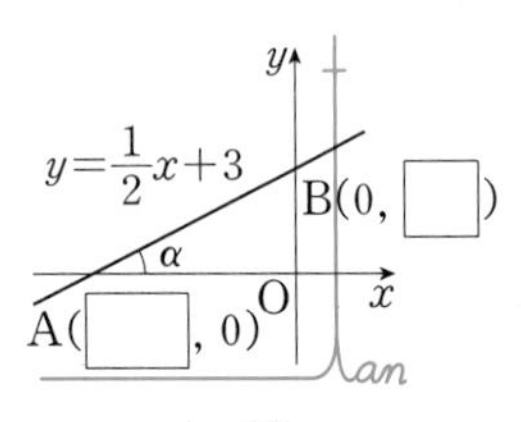

직각삼각형 AOB에서 $\overline{OA}=$□, $\overline{OB}=$□

$\therefore \tan\alpha=\frac{\overline{OB}}{\overline{OA}}=$□

$\tan\alpha=$(직선의 기울기)

$\overline{AB}$의 길이는 피타고라스 정리를 이용하여 구하자.

02 오른쪽 그림과 같이 일차함수 $y=\frac{4}{3}x+4$의 그래프가 x축의 양의 방향과 이루는 각의 크기를 α라고 할 때, $\cos\alpha$의 값을 구하시오.

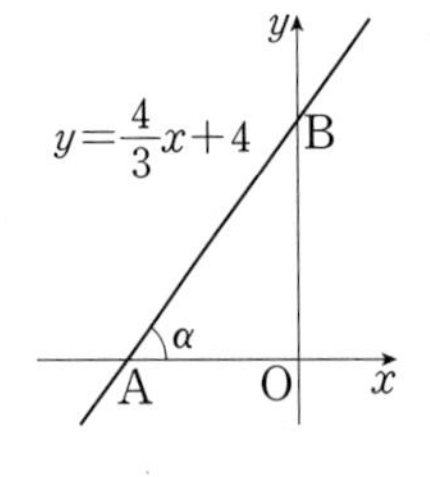

03 오른쪽 그림과 같이 일차방정식 $x-y+1=0$의 그래프가 x축의 양의 방향과 이루는 각의 크기를 α라고 할 때, $\cos\alpha$의 값을 구하시오.

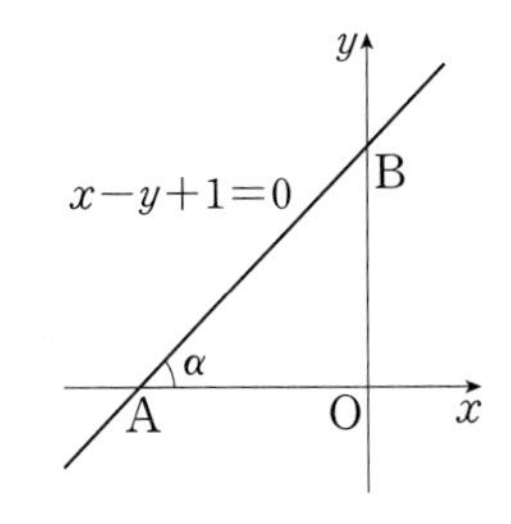

일차방정식 $x-y+1=0$의 그래프가 x축, y축과 만나는 두 점 A, B의 좌표를 각각 구하면

A(□, 0), B(0, □)

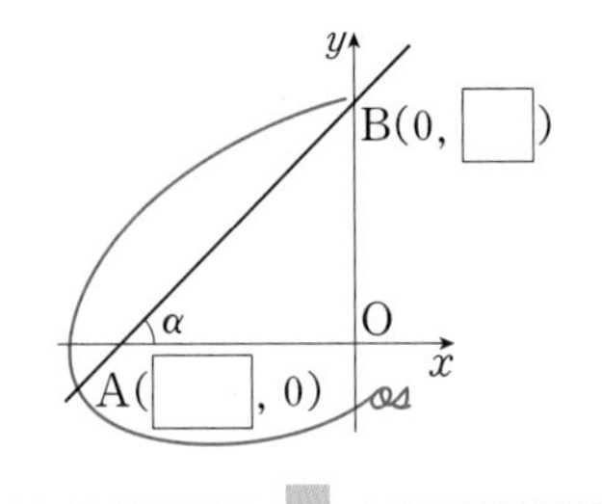

직각삼각형 AOB에서 $\overline{OA}=$□, $\overline{OB}=$□

이므로 $\overline{AB}=\sqrt{□^2+□^2}=$□

$\therefore \cos\alpha=\frac{\overline{OA}}{\overline{AB}}=$□

04 오른쪽 그림과 같이 일차방정식 $3x-5y+15=0$의 그래프가 x축의 양의 방향과 이루는 각의 크기를 α라고 할 때, $\sin\alpha$의 값을 구하시오.

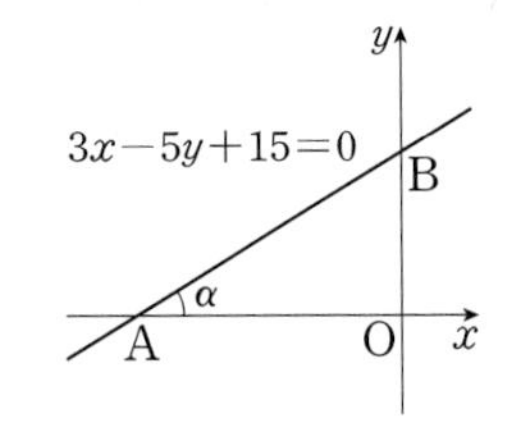

유형 2 입체도형에서의 삼각비

＊ 오른쪽 그림과 같이 한 모서리의 길이가 8인 정육면체에서 $\angle DFH = x$라고 할 때, 다음을 구하시오.

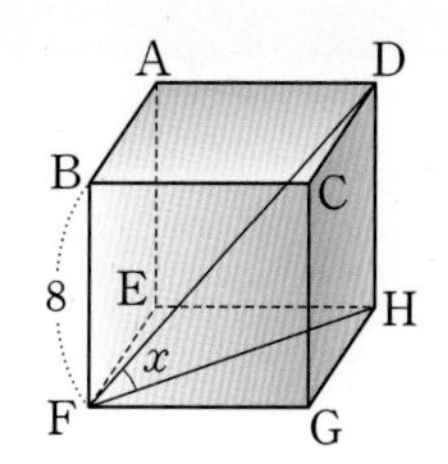

05 $\overline{FH}$의 길이

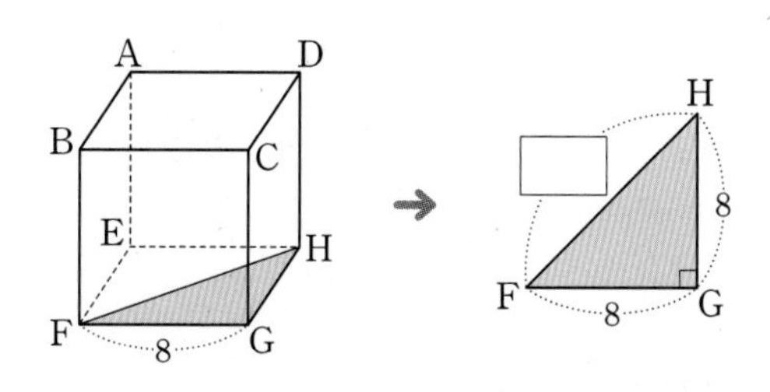

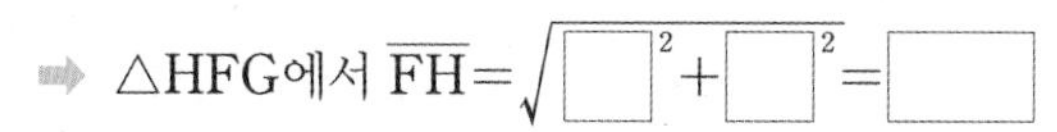

⇒ △HFG에서 $\overline{FH}=\sqrt{\square^2+\square^2}=\square$

06 $\overline{DF}$의 길이

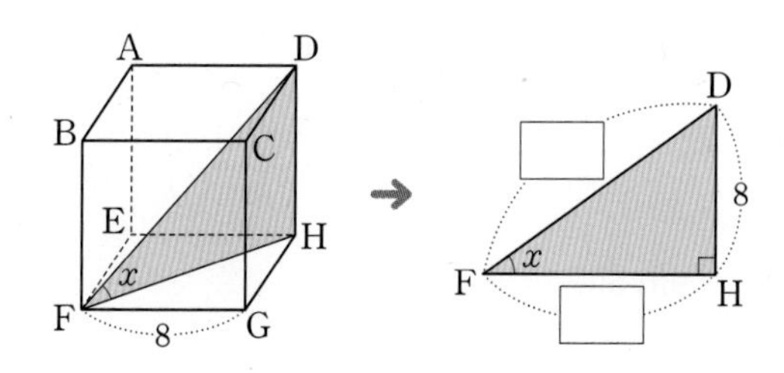

⇒ △DFH에서

$\overline{DF}=\sqrt{(\square)^2+8^2}=\square$

07 (1) $\sin x$의 값

⇒ $\sin x=\dfrac{\overline{DH}}{\overline{DF}}=\dfrac{\square}{\square}=\square$

(2) $\cos x$의 값

⇒ $\cos x=\dfrac{\overline{FH}}{\overline{DF}}=\dfrac{\square}{\square}=\square$

(3) $\tan x$의 값

⇒ $\tan x=\dfrac{\overline{DH}}{\overline{FH}}=\dfrac{\square}{\square}=\square$

08 다음 그림과 같이 한 모서리의 길이가 3인 정육면체에서 $\angle AGE = x$라고 할 때, $\cos x$의 값을 구하시오.

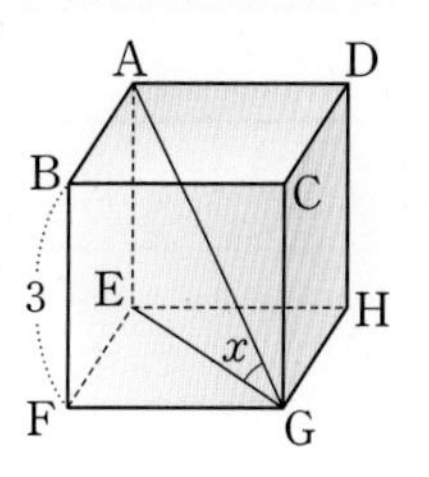

❶ $\overline{EG}$의 길이 구하기

❷ $\overline{AG}$의 길이 구하기

❸ $\cos x$의 값 구하기

09 다음 그림과 같이 세 모서리의 길이가 각각 3, 4, 6인 직육면체에서 $\angle BHF = x$라고 할 때, $\cos x$의 값을 구하시오.

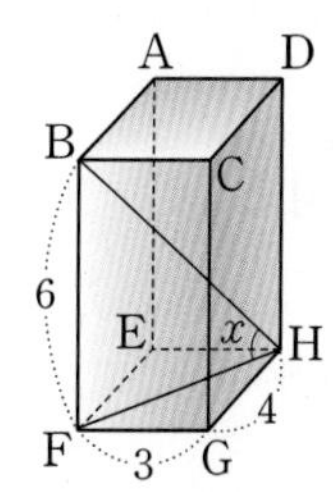

❶ $\overline{FH}$의 길이 구하기

❷ $\overline{BH}$의 길이 구하기

❸ $\cos x$의 값 구하기

ACT 06

특수한 각의 삼각비

스피드 정답 : 02쪽
친절한 풀이 : 10쪽

삼각비 \ A	$30°$	$45°$	$60°$
$\sin A$	$\frac{1}{2}$	$\frac{\sqrt{2}}{2}$	$\frac{\sqrt{3}}{2}$
$\cos A$	$\frac{\sqrt{3}}{2}$	$\frac{\sqrt{2}}{2}$	$\frac{1}{2}$
$\tan A$	$\frac{\sqrt{3}}{3}$	1	$\sqrt{3}$

→ sin 값은 증가
→ cos 값은 감소
→ tan 값은 증가

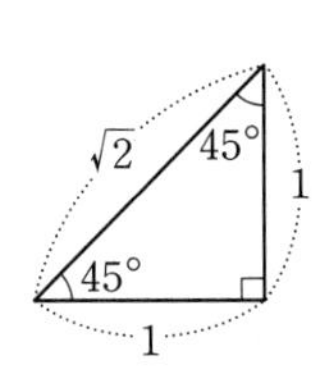

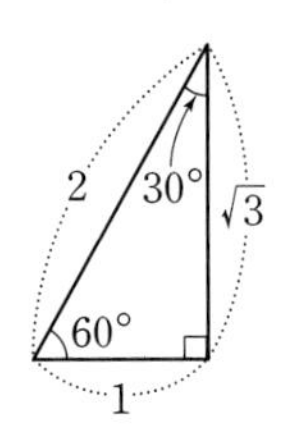

01 다음 표를 완성하시오.

삼각비 \ A	$30°$	$45°$	$60°$
$\sin A$			
$\cos A$			
$\tan A$			

삼각비의 값을 외워서 표를 채우자.

* **다음을 계산하시오.**

02 $\sin 30° + \cos 60°$

➡ $\sin 30° = \square$, $\cos 60° = \square$

$\therefore \sin 30° + \cos 60° = \square$

03 $\sin 45° + \cos 45°$

04 $\sin 60° + \cos 30°$

05 $\tan 45° - \cos 60°$

➡ $\tan 45° = \square$, $\cos 60° = \square$

$\therefore \tan 45° - \cos 60° = \square$

06 $\sin 60° - \sin 30°$

07 $\tan 60° - \tan 30°$

08 $\sin 45° \times \cos 45°$

09 $\tan 60° \times \tan 30°$

10 $\sin 60° \div \cos 30°$

➡ $\sin 60° = \square$, $\cos 30° = \square$

$\therefore\ \sin 60° \div \cos 30° = \square$

11 $\tan 45° \div \tan 60°$

12 $\cos 45° \div \sin 30°$

13 $\cos 60° - \sin 30° + \tan 60°$

14 $\cos 30° \times \tan 30° \div \sin 60°$

15 $\sin 30° \times \cos 60° + \tan 45°$

16 $\tan 60° \div \sin 60° - \cos 60°$

* **$0° < A < 90°$일 때, 다음을 만족시키는 $\angle$A의 크기를 구하시오.**

17 $\cos A = \frac{\sqrt{2}}{2}$

➡ $\cos \square = \frac{\sqrt{2}}{2}$이므로 $\angle A = \square$

18 $\sin A = \frac{1}{2}$

19 $\tan A = \sqrt{3}$

20 $\sin A = \frac{\sqrt{3}}{2}$

21 $\tan A = 1$

22 $\cos A = \frac{1}{2}$

23 $\tan A = \frac{\sqrt{3}}{3}$

ACT 07

특수한 각의 삼각비를 이용한 변의 길이

스피드 정답 : 02쪽
친절한 풀이 : 10쪽

특수한 각을 갖는 직각삼각형에서는 삼각비의 값을 이용하여 변의 길이를 구할 수 있다.

예 $\angle B=90^\circ$인 직각삼각형 ABC에서 $\angle A=30^\circ$, $\overline{AC}=4$일 때

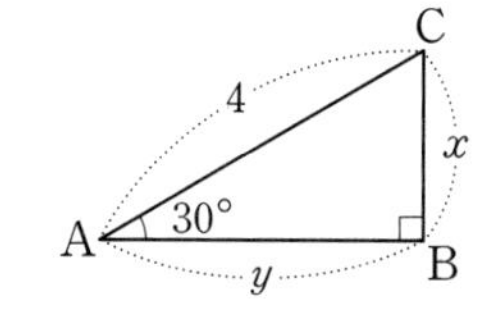

❶ x의 값 구하기

➡ $\sin 30^\circ=\frac{1}{2}$이므로 $\frac{x}{4}=\frac{1}{2}$ $\quad\therefore x=2$

❷ y의 값 구하기

➡ $\cos 30^\circ=\frac{\sqrt{3}}{2}$이므로 $\frac{y}{4}=\frac{\sqrt{3}}{2}$ $\quad\therefore y=2\sqrt{3}$

* 다음 그림의 직각삼각형 ABC에서 x의 값을 구하시오.

01

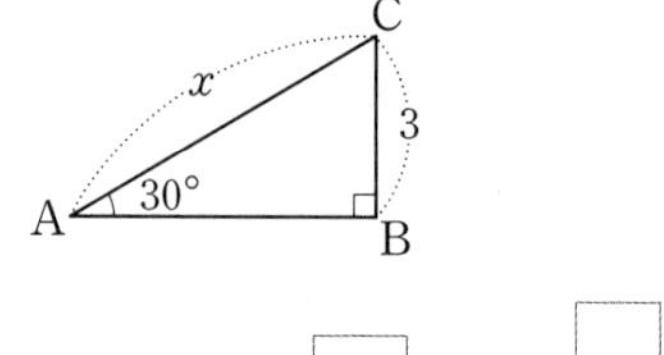

➡ $\sin 30^\circ=$ ☐ 이므로 $\frac{☐}{x}=$ ☐

$\therefore x=$ ☐

02

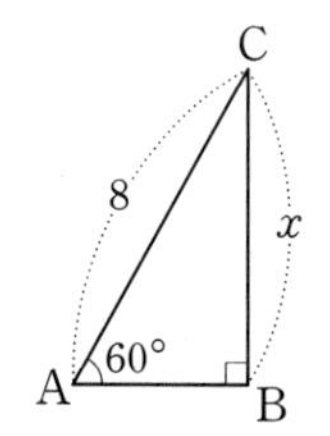

03

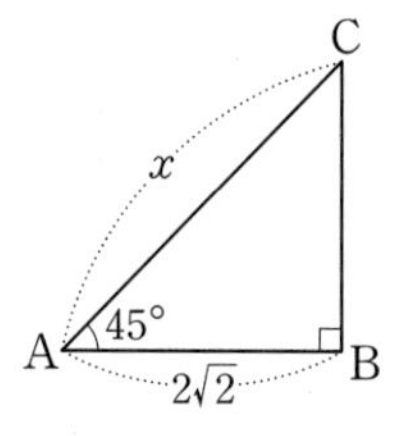

* 다음 그림의 직각삼각형 ABC에서 x, y의 값을 각각 구하시오.

04

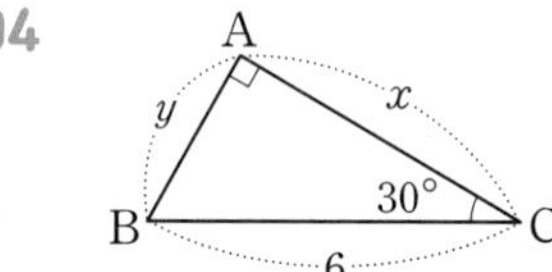

05

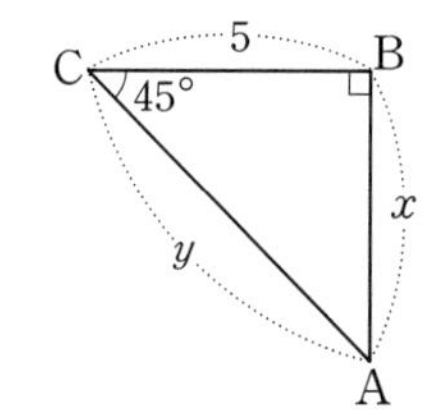

06

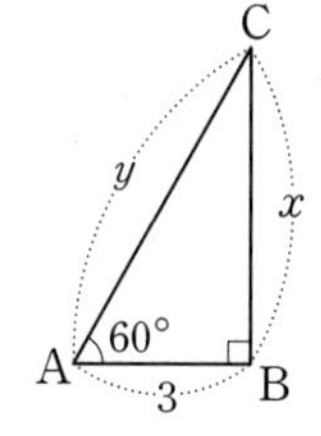

* **삼각비의 값을 이용하여 다음 그림의 삼각형에서 x의 값을 구하시오.**

07

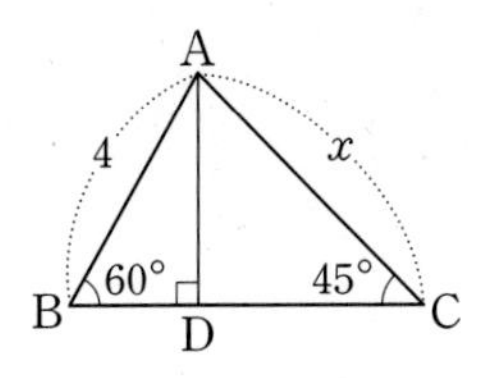

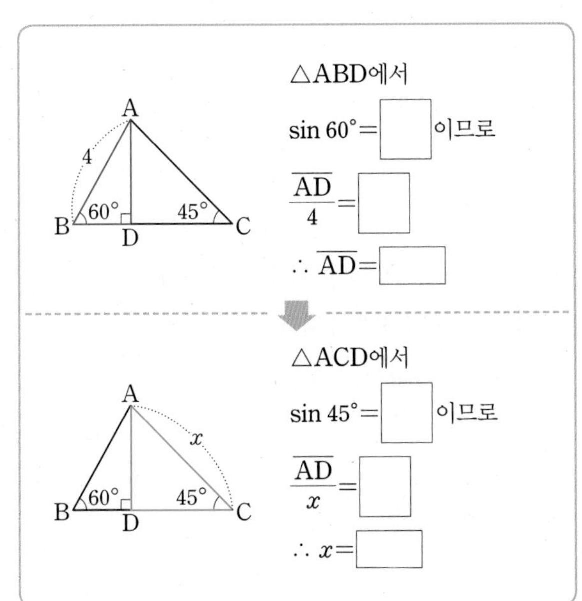

△ABD에서

$\sin 60° = \square$이므로

$\frac{\overline{AD}}{4} = \square$

$\therefore \overline{AD} = \square$

△ACD에서

$\sin 45° = \square$이므로

$\frac{\overline{AD}}{x} = \square$

$\therefore x = \square$

08

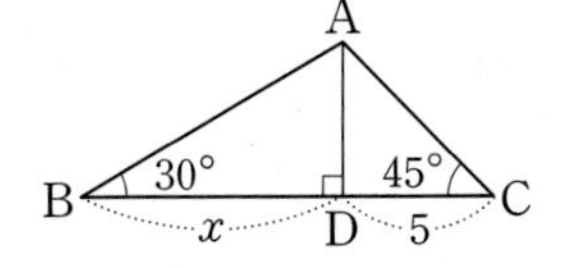

09

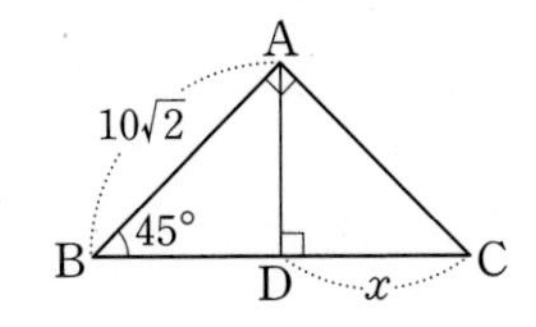

10

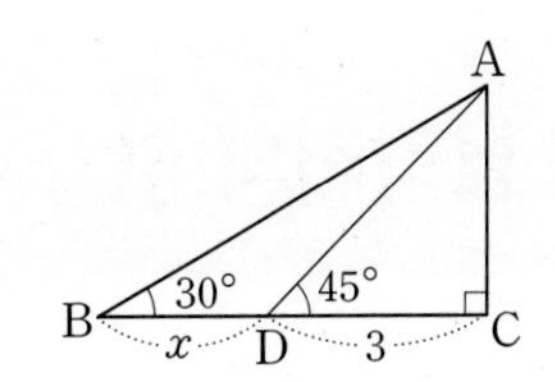

△ADC에서

$\tan 45° = \square$이므로

$\frac{\overline{AC}}{3} = \square$

$\therefore \overline{AC} = \square$

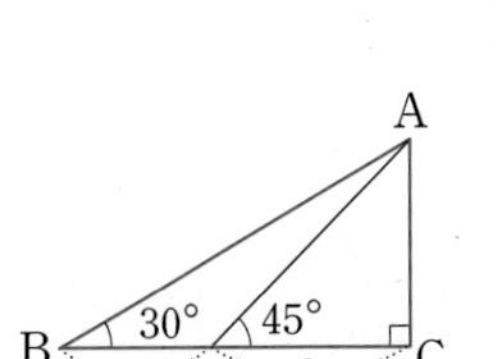

△ABC에서

$\tan 30° = \square$이므로

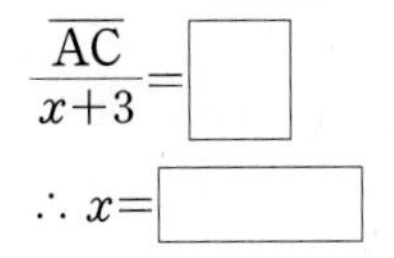

$\frac{\overline{AC}}{x+3} = \square$

$\therefore x = \square$

11

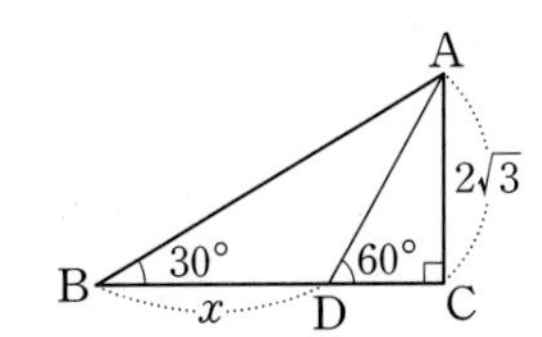

12

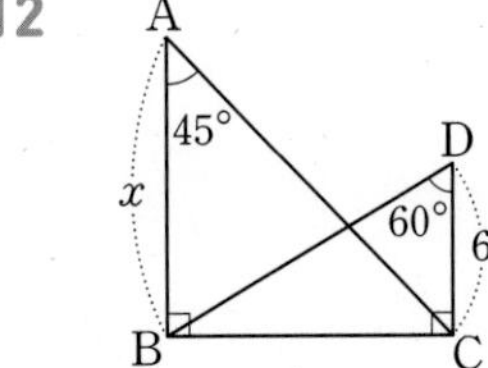

ACT 08 예각의 삼각비의 값

스피드 정답 : 02쪽
친절한 풀이 : 11쪽

반지름의 길이가 1인 사분원에서 임의의 예각 x에 대하여

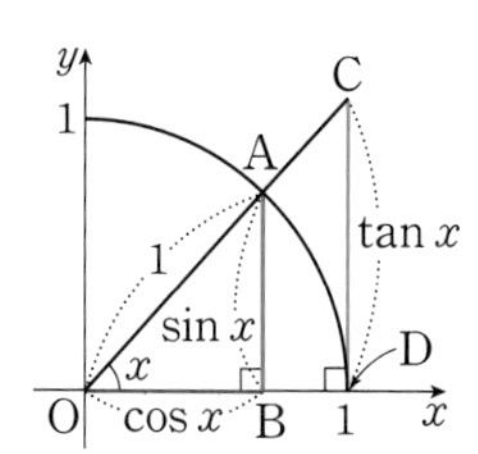

$\sin x=\frac{\overline{AB}}{\overline{OA}}=\frac{\overline{AB}}{1}=\overline{AB}$

$\cos x=\frac{\overline{OB}}{\overline{OA}}=\frac{\overline{OB}}{1}=\overline{OB}$

$\tan x=\frac{\overline{CD}}{\overline{OD}}=\frac{\overline{CD}}{1}=\overline{CD}$

참고 | $\sin x$, $\cos x$의 값은 $\triangle$AOB에서 구하고 $\tan x$의 값은 $\triangle$COD에서 구한다.

---

* 오른쪽 그림과 같이 반지름의 길이가 1인 사분원에서 다음 삼각비의 값과 그 길이가 같은 선분을 구하시오.

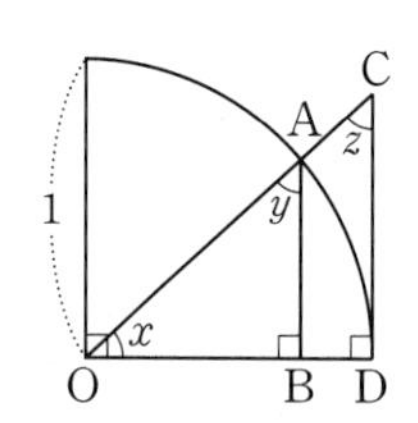

01 $\sin x$

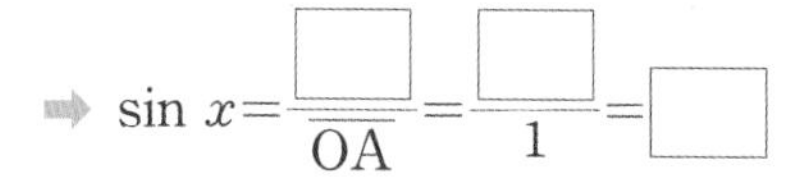

➡ $\sin x=\frac{\square}{\overline{OA}}=\frac{\square}{1}=\square$

02 $\cos x$

03 $\tan x$

04 $\cos y$

05 $\sin z$

➡ $\overline{AB}/\!/\overline{CD}$이므로 $\angle z=\angle\square$ (동위각)

$\therefore \sin z=\sin\square=\frac{\square}{\overline{OA}}=\frac{\square}{1}=\square$

* 오른쪽 그림과 같이 반지름의 길이가 1인 사분원에서 다음 중 옳은 것에는 ○표, 옳지 않은 것에는 ×표를 하시오.

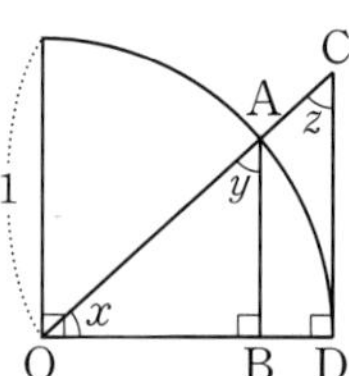

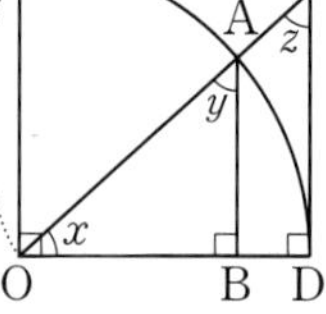

06 $\sin x=\overline{AB}$ ( )

07 $\cos x=\overline{CD}$ ( )

08 $\sin y=\overline{OB}$ ( )

09 $\cos y=\overline{OB}$ ( )

10 $\cos z=\cos y$ ( )

* 아래 그림과 같이 반지름의 길이가 1인 사분원에서 다음 삼각비의 값을 구하시오.

11

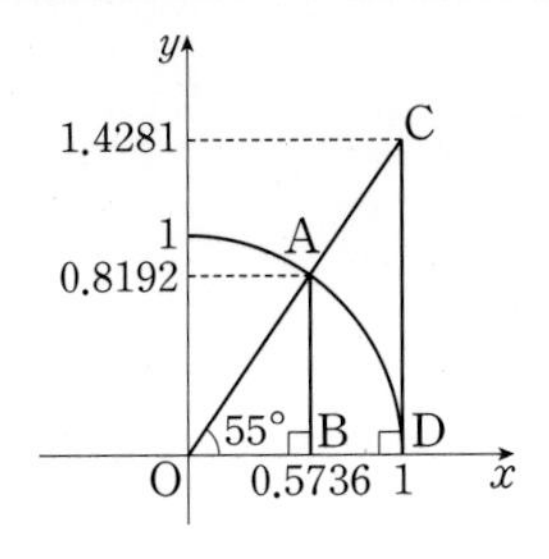

(1) $\sin 55°$

(2) $\cos 55°$

(3) $\tan 55°$

12

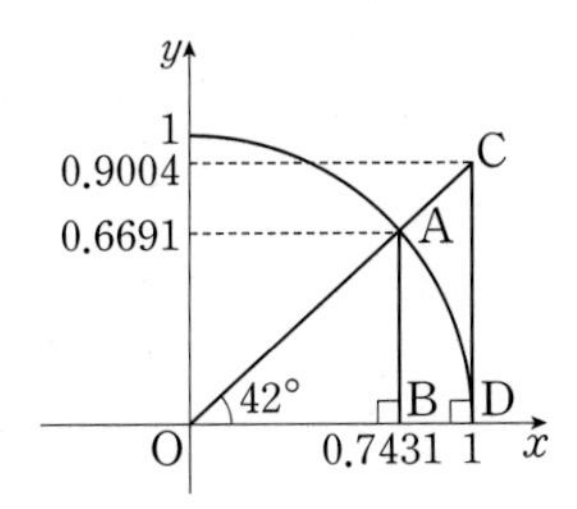

(1) $\sin 42°$

(2) $\cos 42°$

(3) $\tan 42°$

13

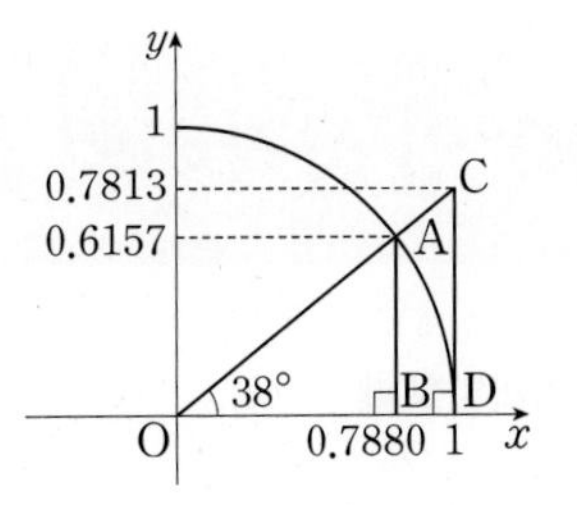

(1) $\cos 38°$

(2) $\tan 38°$

(3) $\sin 52°$ 크기가 $52°$인 각을 찾자.

(4) $\cos 52°$

14

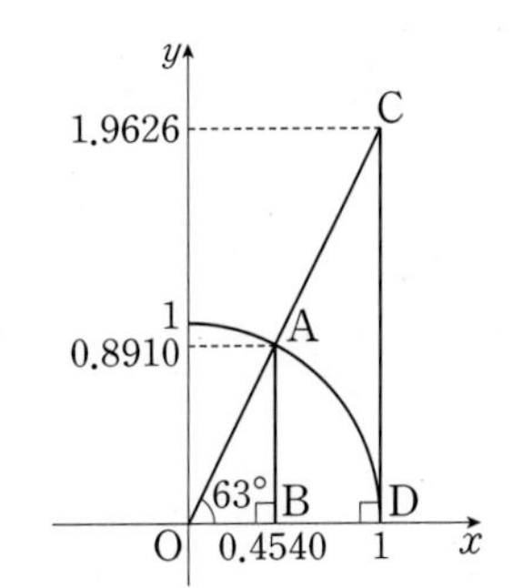

(1) $\sin 63°$

(2) $\tan 63°$

(3) $\sin 27°$

(4) $\cos 27°$

ACT 09

0°, 90°의 삼각비의 값

• x의 크기가 0°에 가까워질 때

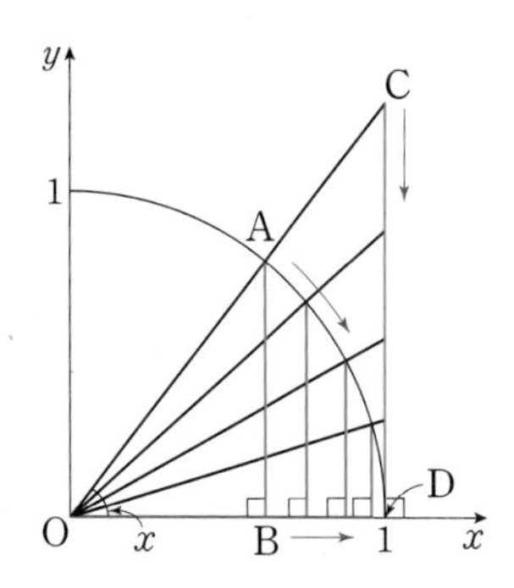

❶ $\overline{AB}$의 길이는 0에 가까워진다. ➡ $\sin 0° = 0$

❷ $\overline{OB}$의 길이는 1에 가까워진다. ➡ $\cos 0° = 1$

❸ $\overline{CD}$의 길이는 0에 가까워진다. ➡ $\tan 0° = 0$

• x의 크기가 90°에 가까워질 때

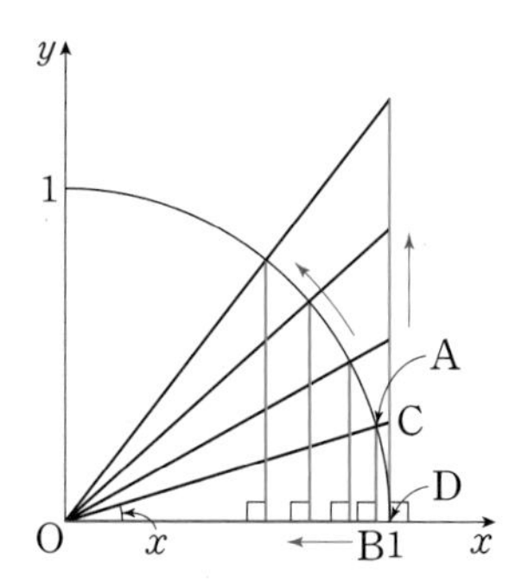

❶ $\overline{AB}$의 길이는 1에 가까워진다. ➡ $\sin 90° = 1$

❷ $\overline{OB}$의 길이는 0에 가까워진다. ➡ $\cos 90° = 0$

❸ $\overline{CD}$의 길이는 한없이 길어진다.

➡ $\tan 90°$의 값은 정할 수 없다.

* 다음 삼각비의 값을 구하시오.

01 $\sin 0°$

02 $\cos 90°$

03 $\tan 0°$

04 $\sin 90°$

05 $\cos 0°$

* 다음을 계산하시오.

06 $\cos 0° \times \sin 90°$

07 $2\tan 0° - \cos 90°$

08 $(\sin 90° + \tan 0°) \times \cos 30°$

09 $\sin 0° \times \sin 45° + \cos 60°$

10 $\sqrt{3}\tan 30° - \sin 90° \times \sin 30°$

삼각비의 대소 관계

스피드 정답 : 02쪽
친절한 풀이 : 11쪽

$0° \leq x \leq 90°$인 범위에서 대소 관계

x의 크기가 커지면

- $\sin x$의 값은 0에서 1까지 증가 → $0 \leq \sin x \leq 1$
- $\cos x$의 값은 1에서 0까지 감소 → $0 \leq \cos x \leq 1$
- $\tan x$의 값은 0에서 한없이 증가 → $\tan x \geq 0$

$\sin x$, $\cos x$, $\tan x$의 대소 관계

- $0° \leq x < 45°$일 때, $\sin x < \cos x$
  예 $\sin 30° < \cos 30°$
- $x = 45°$일 때, $\sin x = \cos x < \tan x$
  예 $\sin 45° = \cos 45° < \tan 45°$
- $45° < x < 90°$일 때, $\cos x < \sin x < \tan x$
  예 $\cos 60° < \sin 60° < \tan 60°$

* **다음 중 옳은 것에는 ○표, 옳지 않은 것에는 ×표를 하시오.**

11 $0° \leq x \leq 90°$일 때, x의 크기가 커지면 $\sin x$의 값은 작아진다. ( )

12 $0° \leq x \leq 90°$일 때, x의 크기가 커지면 $\cos x$의 값은 작아진다. ( )

13 $0° \leq x \leq 90°$일 때, x의 크기가 커지면 $\tan x$의 값도 커진다. ( )

14 $x = 45°$일 때, $\sin x = \tan x$이다. ( )

15 $45° \leq x < 90°$일 때, $\cos x < \tan x$이다. ( )

* **다음 ○ 안에 부등호 > 또는 <를 알맞게 쓰시오.**

16 $\sin 45°$ ○ $\sin 30°$

➡ $\sin 45° = $ □, $\sin 30° = $ □

$\therefore \sin 45°$ ○ $\sin 30°$

17 $\tan 60°$ ○ $\tan 45°$

18 $\cos 90°$ ○ $\sin 90°$

19 $\cos 0°$ ○ $\tan 0°$

20 $\sin 0°$ ○ $\cos 30°$

ACT 10 삼각비의 표

스피드 정답 : 02쪽
친절한 풀이 : 12쪽

삼각비의 표

0°에서 90°까지 1° 단위로 삼각비의 값을 소수점 아래 다섯째 자리에서 반올림하여 소수점 아래 넷째 자리까지 나타낸 표

삼각비의 표 읽는 방법

삼각비의 표에서 각도의 가로줄과 삼각비의 세로줄이 만나는 곳의 수를 읽는다.

예 $\cos 25° = 0.9063$

참고 삼각비의 표에 있는 삼각비의 값은 반올림한 값이지만 등호 =를 사용하여 나타낸다.

각도	사인(sin)	코사인(cos)	탄젠트(tan)
⋮	⋮	⋮	⋮
24°	0.4067	0.9135	0.4452
25°	0.4226	0.9063	0.4663
26°	0.4384	0.8988	0.4877
⋮	⋮	⋮	⋮

* 아래 삼각비의 표를 이용하여 다음 삼각비의 값을 구하시오.

각도	사인(sin)	코사인(cos)	탄젠트(tan)
53°	0.7986	0.6018	1.3270
54°	0.8090	0.5878	1.3764
55°	0.8192	0.5736	1.4281
56°	0.8290	0.5592	1.4826
57°	0.8387	0.5446	1.5399

01 $\sin 53°$

02 $\cos 56°$

03 $\tan 54°$

04 $\sin 57°$

05 $\tan 55°$

* 아래 삼각비의 표를 이용하여 다음 삼각비를 만족시키는 $\angle x$의 크기를 구하시오.

각도	사인(sin)	코사인(cos)	탄젠트(tan)
70°	0.9397	0.3420	2.7475
71°	0.9455	0.3256	2.9042
72°	0.9511	0.3090	3.0777
73°	0.9563	0.2924	3.2709
74°	0.9613	0.2756	3.4874

06 $\sin x = 0.9397$

07 $\cos x = 0.3090$

08 $\tan x = 3.4874$

09 $\sin x = 0.9563$

10 $\tan x = 2.9042$

* 다음 삼각비의 표를 이용하여 x의 값을 구하시오.

각도	사인(sin)	코사인(cos)	탄젠트(tan)
32°	0.5299	0.8480	0.6249
33°	0.5446	0.8387	0.6494
34°	0.5592	0.8290	0.6745
35°	0.5736	0.8192	0.7002
36°	0.5878	0.8090	0.7265

11

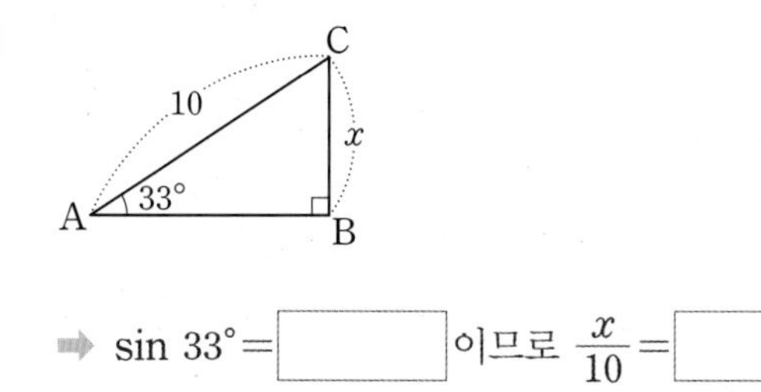

➡ $\sin 33° = \square$ 이므로 $\frac{x}{10} = \square$

$\therefore x = \square$

12

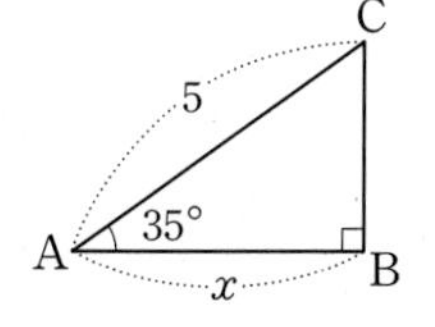

13

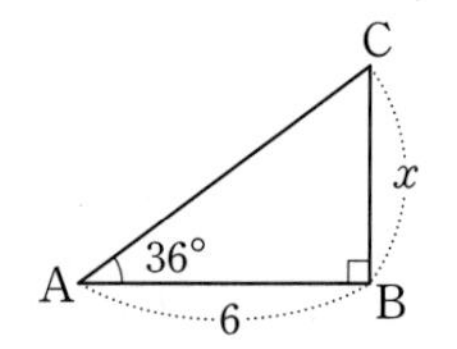

14

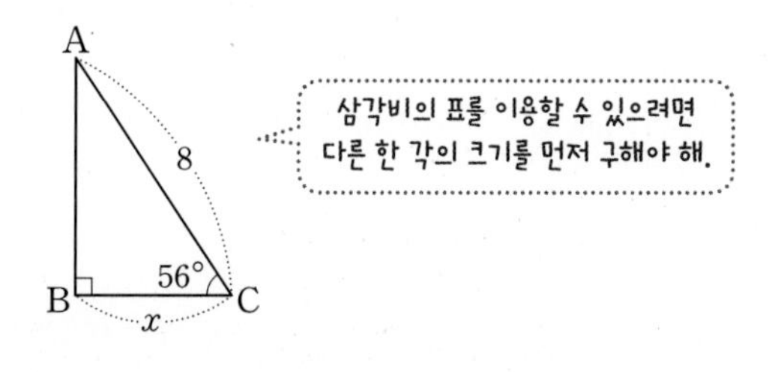

* 다음 삼각비의 표를 이용하여 $\angle x$의 크기를 구하시오.

각도	사인(sin)	코사인(cos)	탄젠트(tan)
64°	0.8988	0.4384	2.0503
65°	0.9063	0.4226	2.1445
66°	0.9135	0.4067	2.2460
67°	0.9205	0.3907	2.3559
68°	0.9272	0.3746	2.4751

15

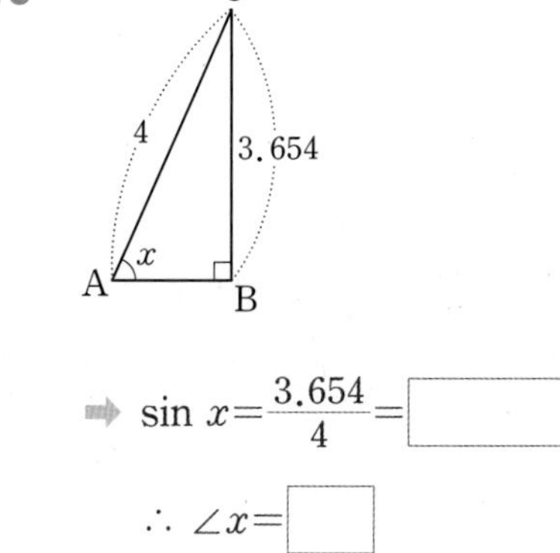

➡ $\sin x = \frac{3.654}{4} = \square$

$\therefore \angle x = \square$

16

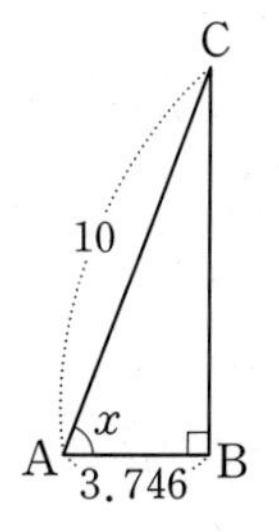

17

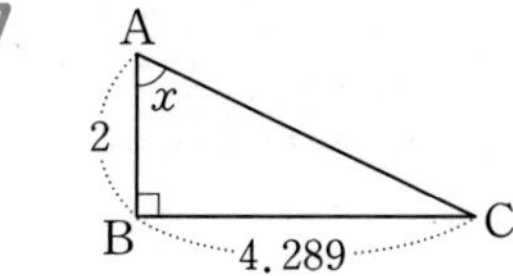

ACT+ 11

특수한 각의 삼각비의 활용

스피드 정답 : 03쪽
친절한 풀이 : 12쪽

유형 1 직선의 기울기와 삼각비

* 다음 그림과 같은 직선의 기울기를 구하시오.

01

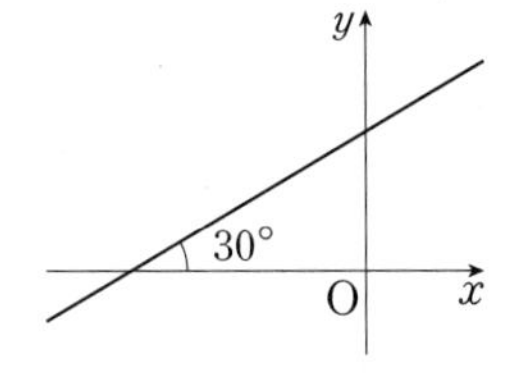

직선 $y=ax+b$의 x축의 양의 방향과 이루는 각의 크기를 a라고 하면
(직선의 기울기)$=a$
$=\tan a$

02

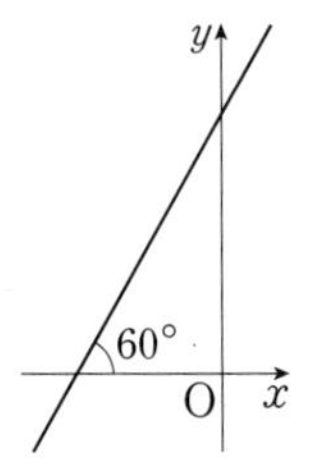

03

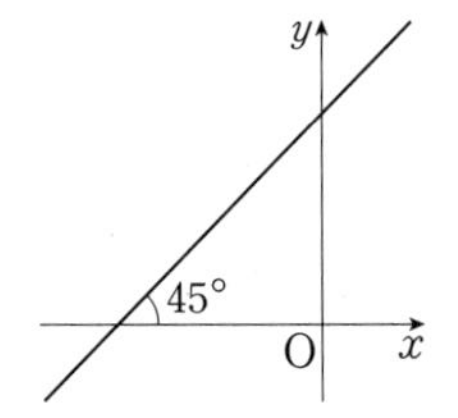

04

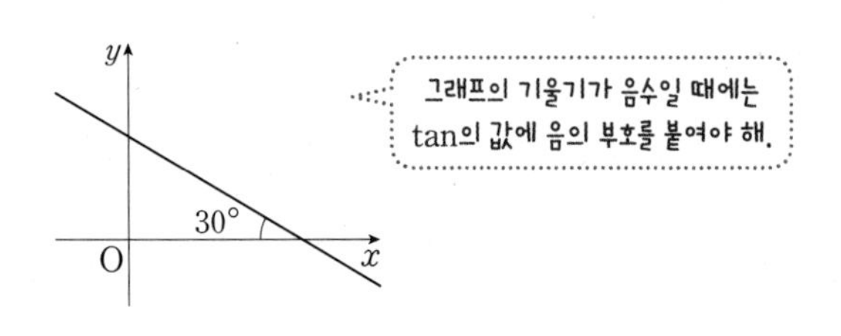

그래프의 기울기가 음수일 때에는 tan의 값에 음의 부호를 붙여야 해.

* 다음 직선의 방정식을 구하시오.

05

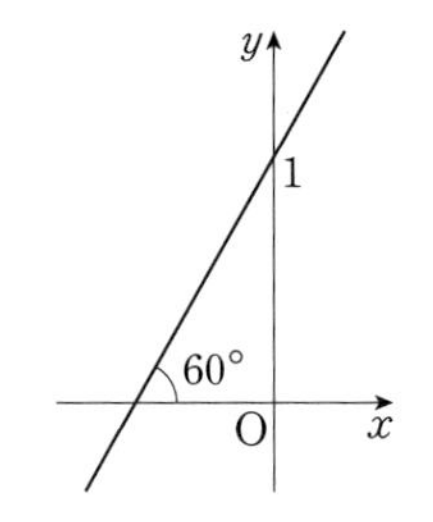

➡ ❶ 기울기 구하기

❷ y절편 구하기

❸ 직선의 방정식 구하기

06

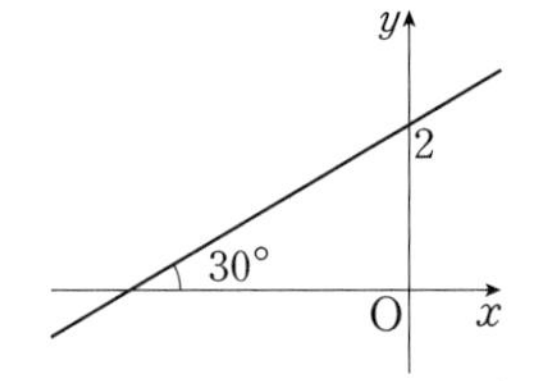

07

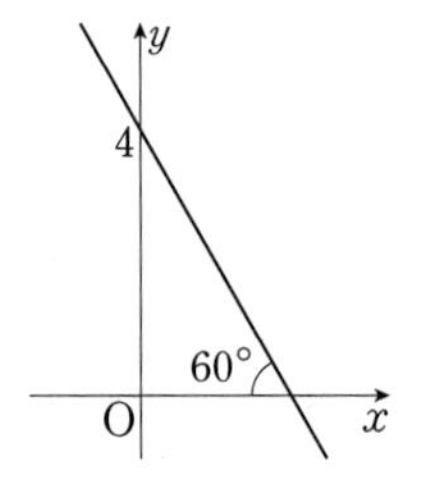

유형 2 삼각비를 이용하여 각의 크기 구하기

* 다음을 만족시키는 x의 크기를 구하시오.

08 $\sin(x+20°)=\frac{1}{2}$ (단, $0°<x<70°$)

➡ $\sin\square=\frac{1}{2}$이므로

$x+20°=\square$ $\therefore x=\square$

09 $\cos(2x-20°)=\frac{\sqrt{3}}{2}$ (단, $10°<x<55°$)

10 $\tan(75°-2x)=1$ (단, $0°<x<35°$)

11 $\sin\left(\frac{x}{2}+40°\right)=\frac{\sqrt{3}}{2}$ (단, $0°<x<90°$)

유형 3 삼각비의 대소 관계를 이용한 식의 계산

* 다음을 간단히 하시오.

12 $0°<x<45°$일 때,
$\sqrt{(\sin x-\cos x)^2}-\sqrt{(\cos x-\sin x)^2}$

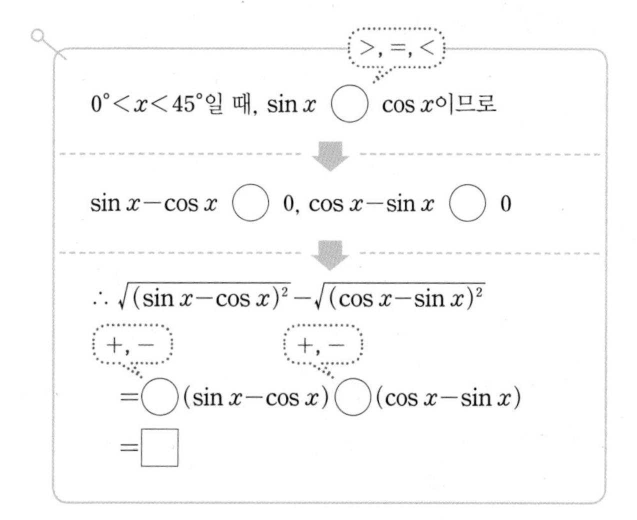

13 $0°<x<90°$일 때,
$\sqrt{(\sin x+1)^2}-\sqrt{(\sin x-1)^2}$

➡ ❶ $\sin x$의 값의 범위 구하기

❷ $\sin x+1$, $\sin x-1$의 부호 각각 정하기

❸ $\sqrt{(\sin x+1)^2}-\sqrt{(\sin x-1)^2}$ 간단히 하기

14 $45°<x<90°$일 때,
$\sqrt{(1-\tan x)^2}-\sqrt{(\tan x+1)^2}$

TEST 01

ACT 01~11 평가

* **오른쪽 그림과 같은 직각삼각형 ABC를 보고 다음 물음에 답하시오. (01~02)**

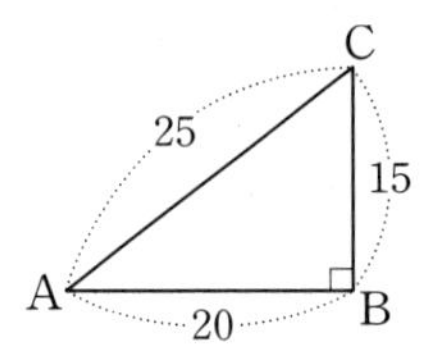

01 $\sin A$, $\cos A$, $\tan A$의 값을 차례대로 구하시오.

02 $\sin C$, $\cos C$, $\tan C$의 값을 차례대로 구하시오.

* **다음과 같이 한 삼각비의 값과 한 변의 길이가 주어진 직각삼각형 ABC에서 x의 값을 구하시오. (03~04)**

03 $\sin A=\frac{2}{3}$

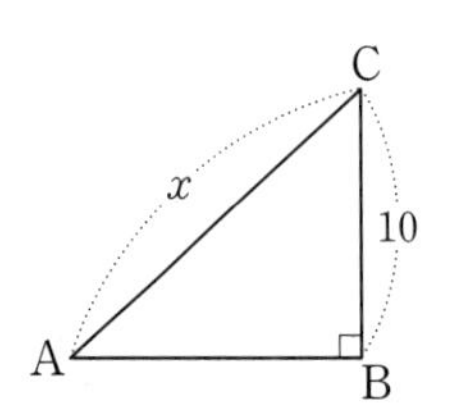

04 $\tan A=\frac{\sqrt{3}}{3}$

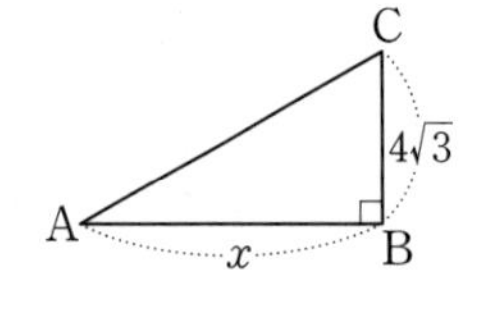

05 $\angle B=90°$인 직각삼각형 ABC에서 $\tan C=\sqrt{3}$일 때, $\sin C$, $\cos C$의 값을 차례대로 구하시오.

06 오른쪽 그림과 같이 $\angle A=90°$인 직각삼각형 ABC에서 $\overline{AD}\perp\overline{BC}$일 때, $\sin x$, $\cos x$, $\tan x$의 값을 차례대로 구하시오.

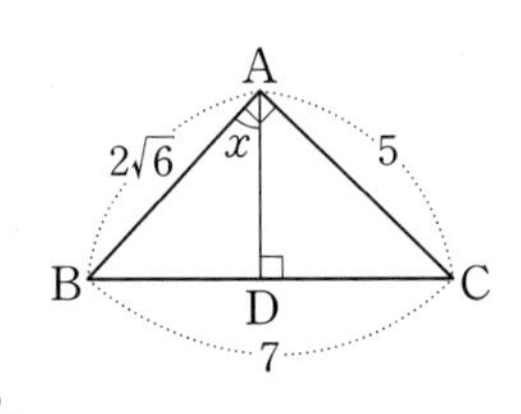

07 오른쪽 그림과 같이 $\angle C=90°$인 직각삼각형 ABC에서 $\overline{DE}\perp\overline{BC}$일 때, $\sin x$, $\cos x$, $\tan x$의 값을 차례대로 구하시오.

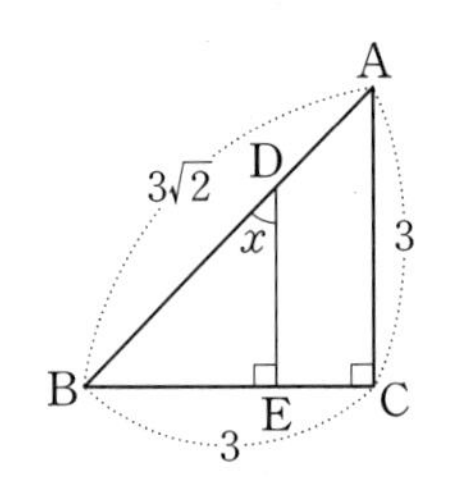

08 오른쪽 그림과 같은 정육면체에서 $\cos x$의 값을 구하시오.

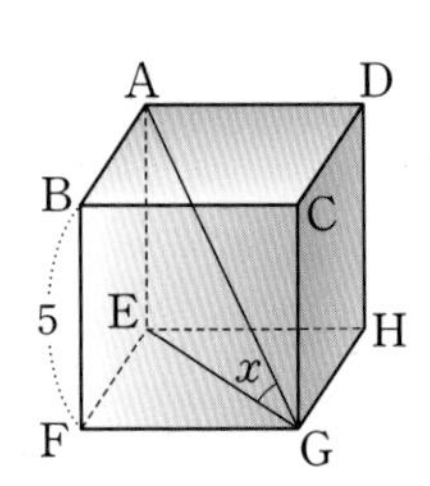

09 오른쪽 그림의 삼각형에서 삼각비의 값을 이용하여 x의 값을 구하시오.

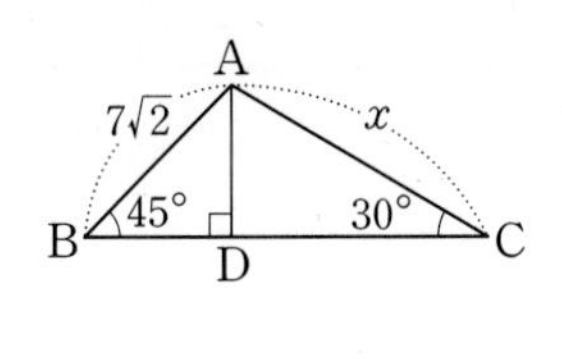

10 오른쪽 그림과 같이 반지름의 길이가 1인 사분원에서 $\cos x$를 나타내는 선분은?

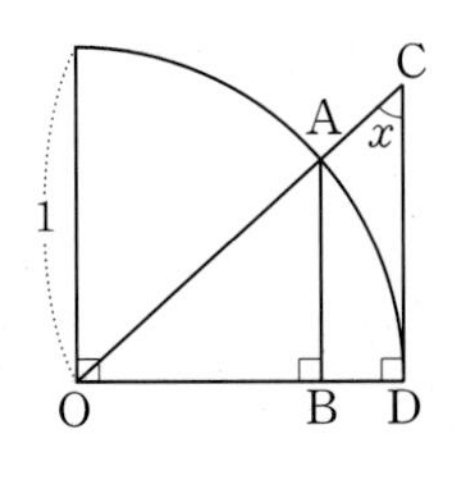

① $\overline{AB}$ ② $\overline{OA}$ ③ $\overline{OB}$
④ $\overline{OD}$ ⑤ $\overline{CD}$

*** 다음을 계산하시오. (11~12)**

11 $\cos 30° \times \sin 90°$

12 $2\tan 45° - \cos 0°$

13 다음 ◯ 안에 부등호 > 또는 <를 알맞게 쓰시오.

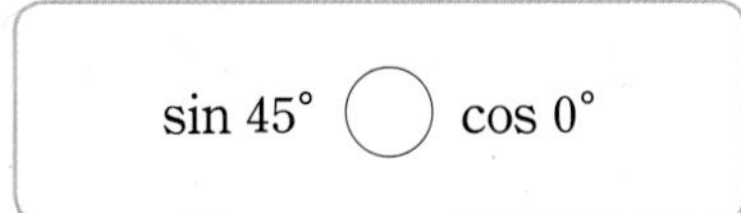

*** 다음 삼각비의 표를 보고 물음에 답하시오. (14~15)**

각도	사인(sin)	코사인(cos)	탄젠트(tan)
62°	0.8829	0.4695	1.8807
63°	0.8910	0.4540	1.9626
64°	0.8988	0.4384	2.0503

14 $\tan x = 1.9626$을 만족시키는 $\angle x$의 크기를 구하시오.

15 오른쪽 그림의 직각삼각형에서 x의 값을 구하시오.

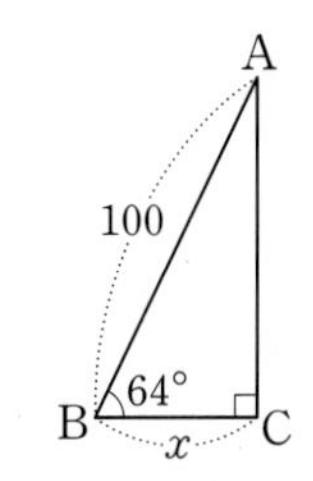

16 오른쪽 직선의 방정식을 구하시오.

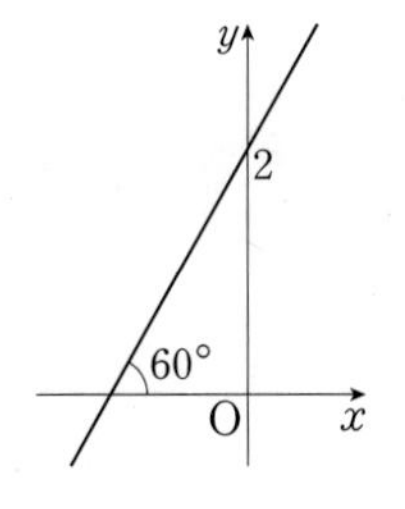

17 $0° < x < 45°$일 때, $\tan 2x = \sqrt{3}$을 만족시키는 x의 크기를 구하시오.

VISUAL IDEA 2

삼각비의 활용

Ⓐ 직각삼각형의 변의 길이 구하기

▶ ∠B의 크기와 빗변 c의 길이를 알 때

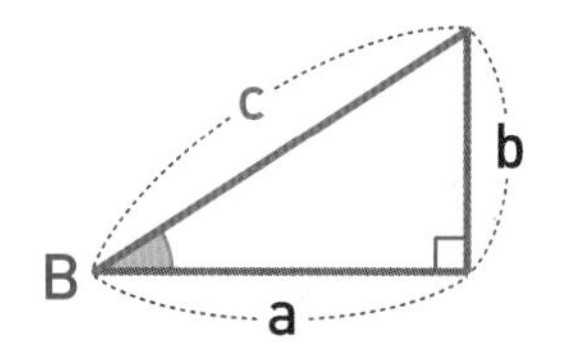

$\cos B = \frac{a}{c} \rightarrow a = c\cos B$

$\sin B = \frac{b}{c} \rightarrow b = c\sin B$

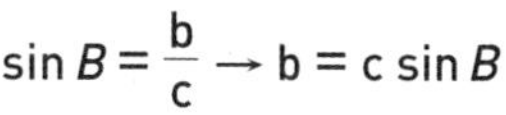

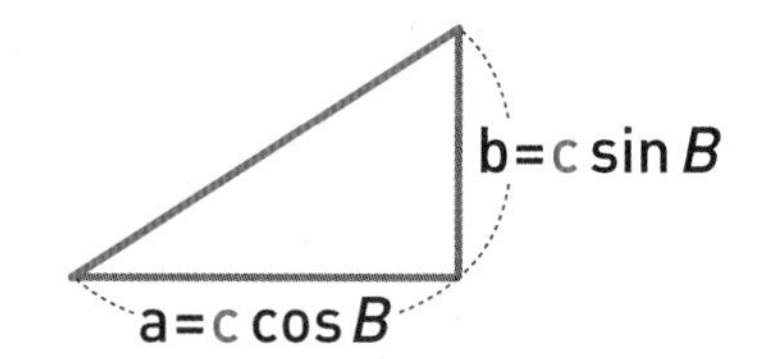

▶ ∠B의 크기와 밑변 a의 길이를 알 때

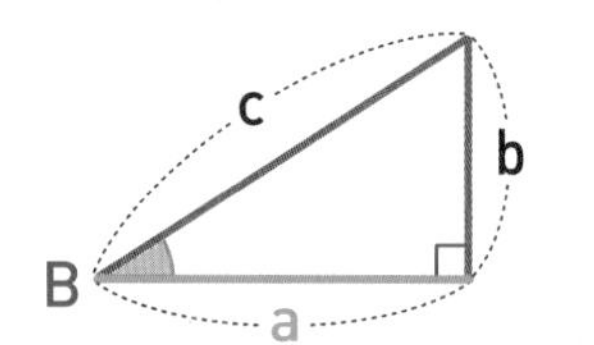

$\cos B = \frac{a}{c} \rightarrow c = \frac{a}{\cos B}$

$\tan B = \frac{b}{a} \rightarrow b = a\tan B$

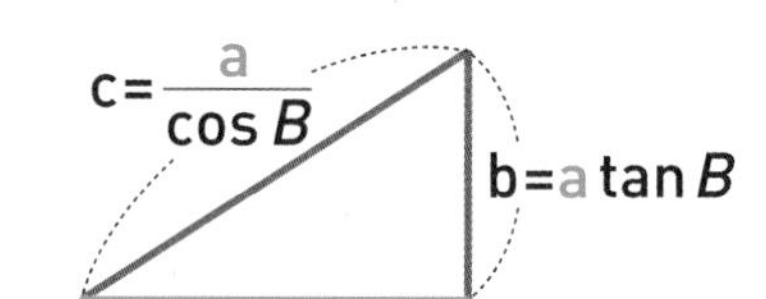

▶ ∠B의 크기와 높이 b를 알 때

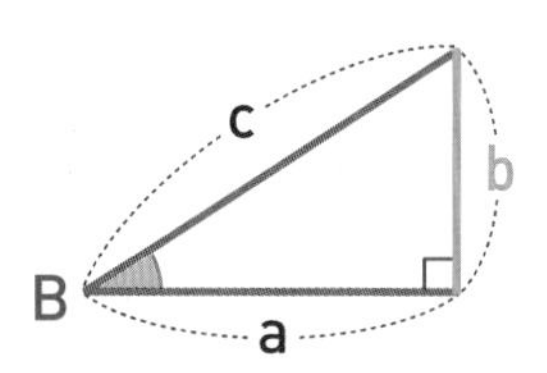

$\sin B = \frac{b}{c} \rightarrow c = \frac{b}{\sin B}$

$\tan B = \frac{b}{a} \rightarrow a = \frac{b}{\tan B}$

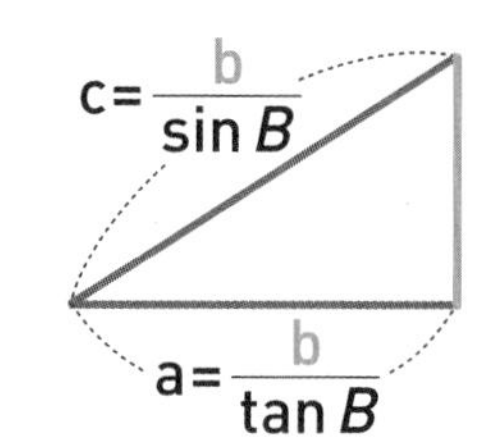

Ⓐ 일반 삼각형의 변의 길이 구하기

▶ 두 변의 길이와 그 끼인각의 크기를 알 때

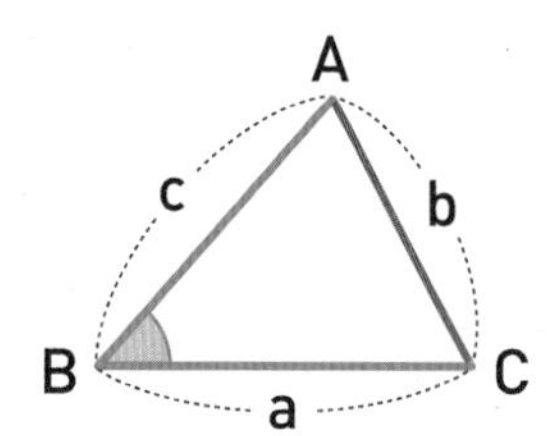

$$b = \sqrt{(c\sin B)^2 + (a - c\cos B)^2}$$

▶ 한 변의 길이와 양 끝 각의 크기를 알 때

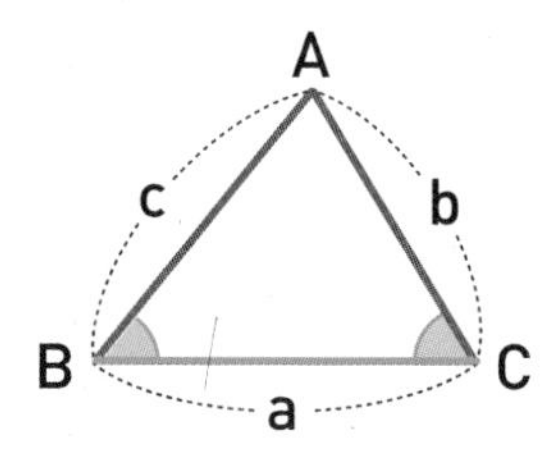

$$b = \frac{a\sin B}{\sin A},\ c = \frac{a\sin C}{\sin A}$$

Ⓐ 삼각형의 높이 구하기

▶ 예각삼각형

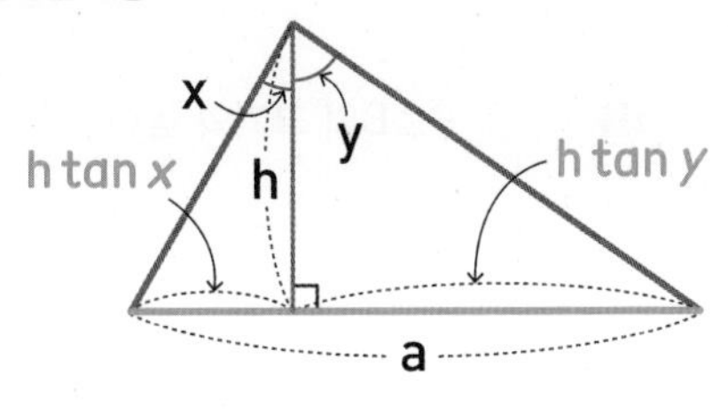

$$h = \frac{a}{\tan x + \tan y}$$

▶ 둔각삼각형

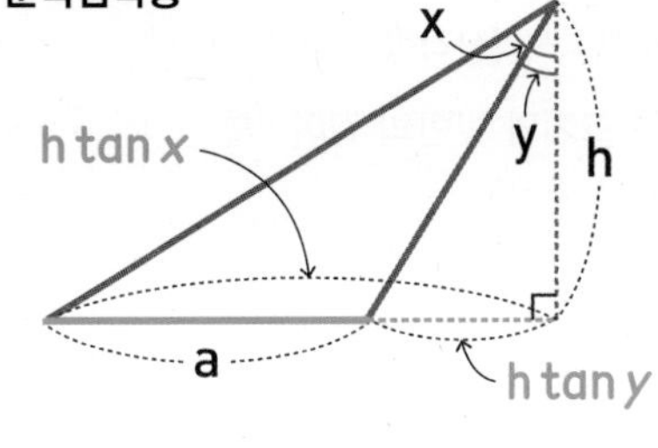

$$h = \frac{a}{\tan x - \tan y}$$

Ⓐ 삼각형의 넓이 구하기

▶ ∠B가 예각일 때

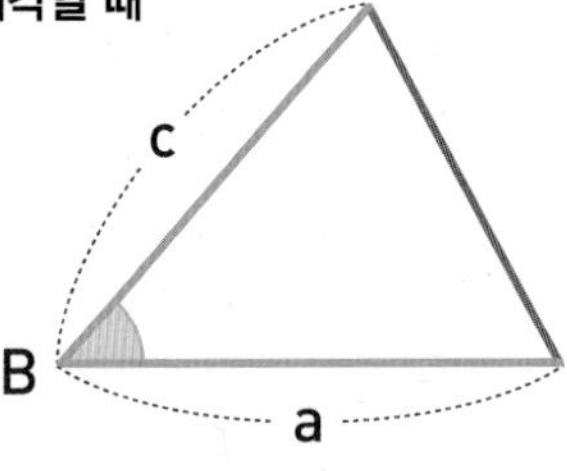

$$(\text{넓이}) = \frac{1}{2}\text{ac} \sin B$$

▶ ∠B가 둔각일 때

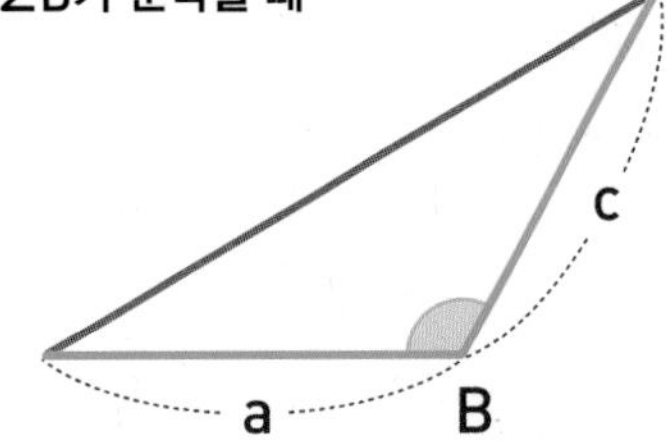

$$(\text{넓이}) = \frac{1}{2}\text{ac} \sin(180° - B)$$

Ⓐ 사각형의 넓이 구하기

▶ 평행사변형

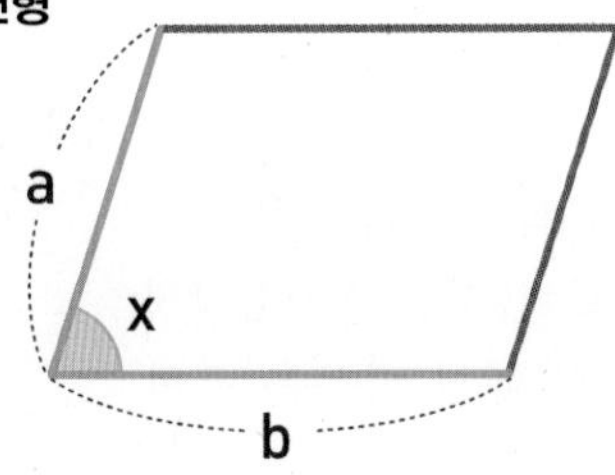

$$(\text{넓이}) = \text{ab} \sin x$$ ← 예각

$$(\text{넓이}) = \text{ab} \sin(180° - x)$$ ← 둔각

▶ 일반 사각형

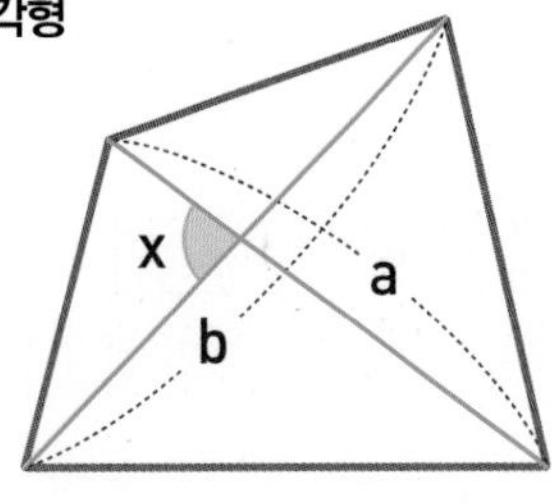

$$(\text{넓이}) = \frac{1}{2}\text{ab} \sin x$$ ← 예각

$$(\text{넓이}) = \frac{1}{2}\text{ab} \sin(180° - x)$$ ← 둔각

ACT 12

직각삼각형에서 변의 길이 구하기

스피드 정답 : 03쪽
친절한 풀이 : 13쪽

∠C=90°인 직각삼각형 ABC에서

- ∠B의 크기와 빗변의 길이 c를 알 때

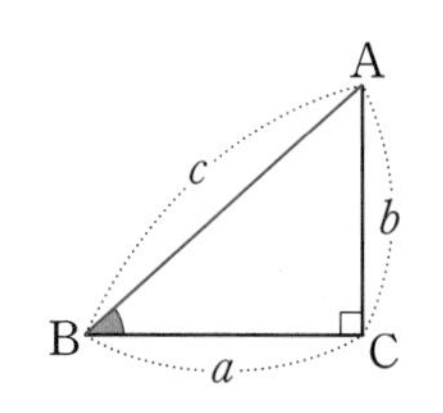

$a=c\cos B$, $b=c\sin B$

- ∠B의 크기와 밑변의 길이 a를 알 때

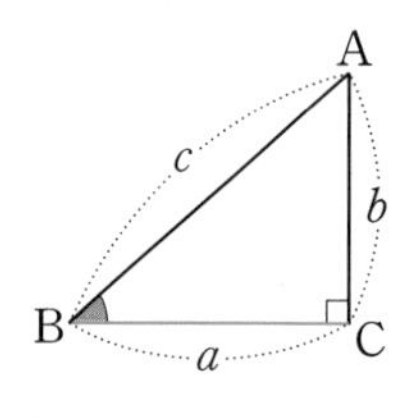

$b=a\tan B$, $c=\dfrac{a}{\cos B}$

- ∠B의 크기와 높이 b를 알 때

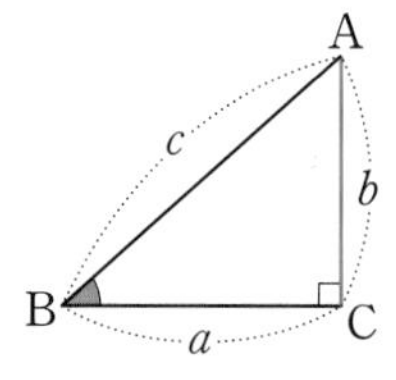

$a=\dfrac{b}{\tan B}$, $c=\dfrac{b}{\sin B}$

---

* **오른쪽 그림과 같은 ∠C=90°인 직각삼각형 ABC에 대하여 □ 안에 알맞은 것을 쓰시오.**

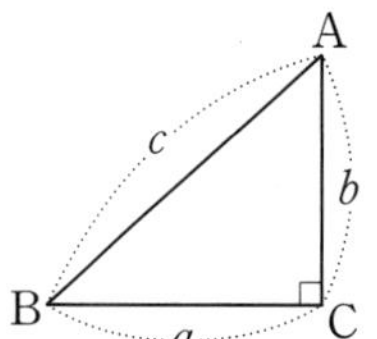

01 $\sin B=\dfrac{b}{c}$ ➡ $b=$ □

02 $\cos B=\dfrac{a}{c}$ ➡ $a=$ □

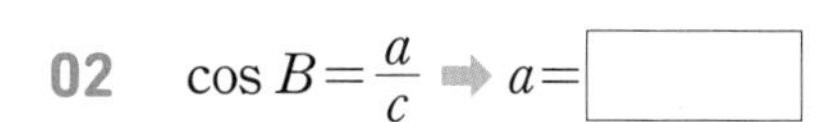

03 $\tan B=\dfrac{b}{a}$ ➡ $b=$ □

04 $\sin A=\dfrac{a}{c}$ ➡ $a=$ □

05 $\cos A=\dfrac{b}{c}$ ➡ $b=$ □

06 $\tan A=\dfrac{a}{b}$ ➡ $a=$ □

07 오른쪽 그림과 같은 ∠B=90°인 직각삼각형 ABC에서 다음을 구하시오.

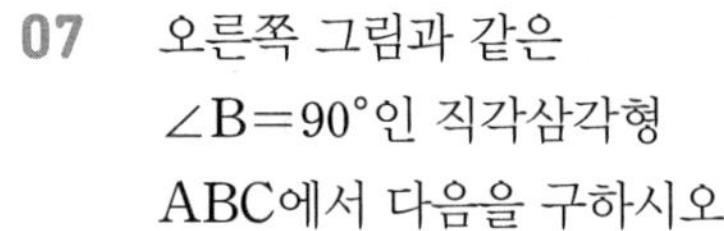

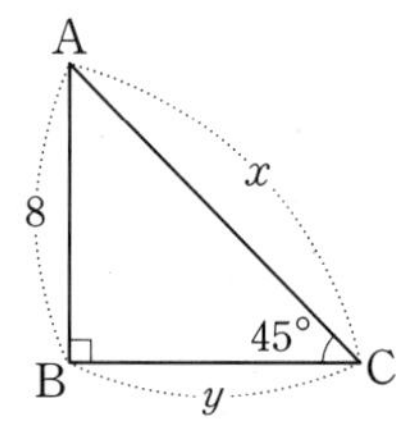

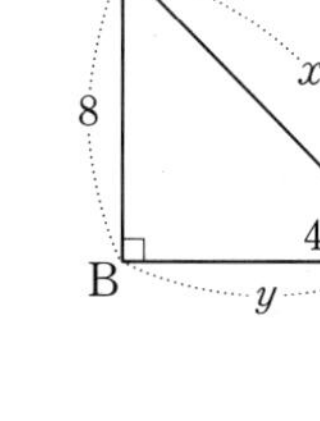

(1) x의 값

➡ $\sin 45°=\dfrac{8}{x}$이므로

$x=\dfrac{\square}{\sin 45°}=$ □

(2) y의 값

➡ $\tan 45°=\dfrac{8}{y}$이므로

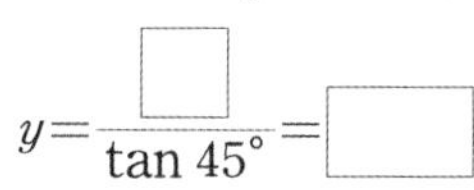

$y=\dfrac{\square}{\tan 45°}=$ □

08 오른쪽 그림과 같은 ∠C=90°인 직각삼각형 ABC에서 다음을 구하시오.

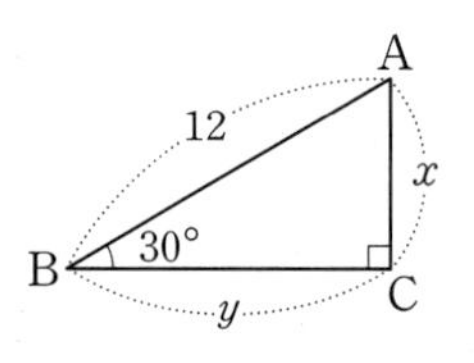

(1) x의 값

(2) y의 값

09 아래 그림과 같은 $\angle C=90^\circ$인 직각삼각형 ABC에서 다음을 구하시오. (단, $\sin 51^\circ=0.8$, $\cos 51^\circ=0.6$, $\tan 51^\circ=1.2$로 계산한다.)

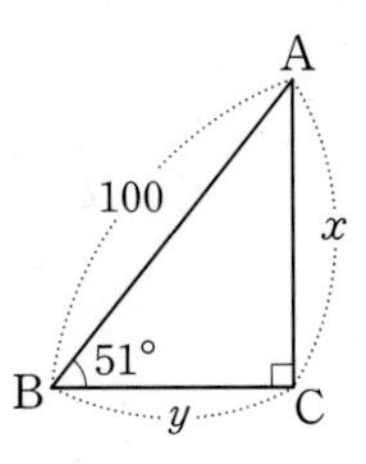

(1) x의 값

➡ $\sin 51^\circ=\frac{x}{100}$이므로

$x=\square\ \sin 51^\circ=\square$

(2) y의 값

➡ $\cos 51^\circ=\frac{y}{100}$이므로

$y=\square\ \cos 51^\circ=\square$

10 아래 그림과 같은 $\angle B=90^\circ$인 직각삼각형 ABC에서 다음을 구하시오. (단, $\sin 36^\circ=0.6$, $\cos 36^\circ=0.8$, $\tan 36^\circ=0.7$로 계산한다.)

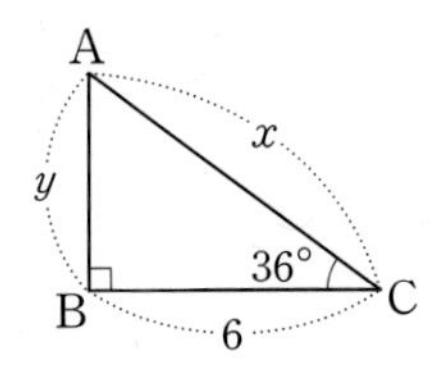

(1) x의 값

➡ $\cos 36^\circ=\frac{6}{x}$이므로

$x=\frac{\square}{\cos 36^\circ}=\square$

(2) y의 값

➡ $\tan 36^\circ=\frac{y}{6}$이므로

$y=\square\ \tan 36^\circ=\square$

11 다음 그림과 같은 $\angle C=90^\circ$인 직각삼각형 ABC에서 x, y의 값을 각각 반올림하여 소수점 아래 둘째 자리까지 구하시오. (단, $\sin 27^\circ=0.4540$, $\cos 27^\circ=0.8910$, $\tan 27^\circ=0.5095$로 계산한다.)

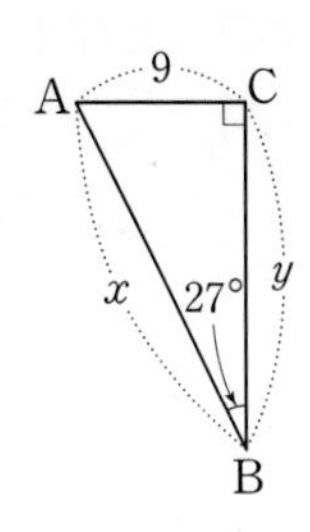

12 다음 그림과 같은 $\angle A=90^\circ$인 직각삼각형 ABC에서 x, y의 값을 각각 구하시오. (단, $\sin 43^\circ=0.68$, $\cos 43^\circ=0.73$, $\tan 43^\circ=0.93$으로 계산한다.)

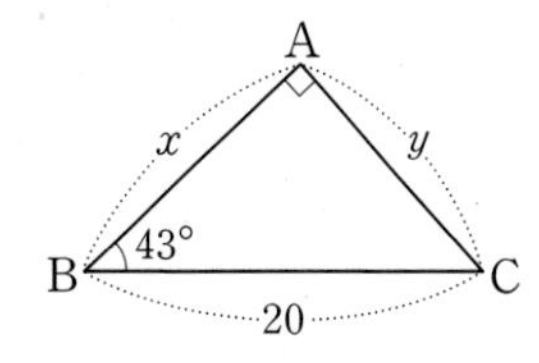

ACT 13

일반 삼각형에서 변의 길이 구하기

두 변의 길이와 그 끼인각의 크기를 알 때

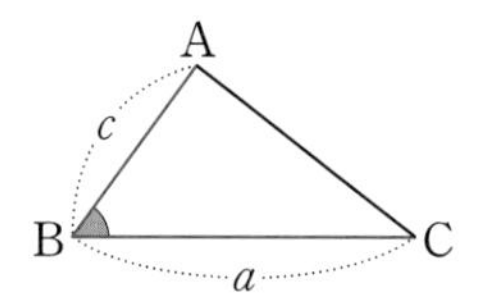

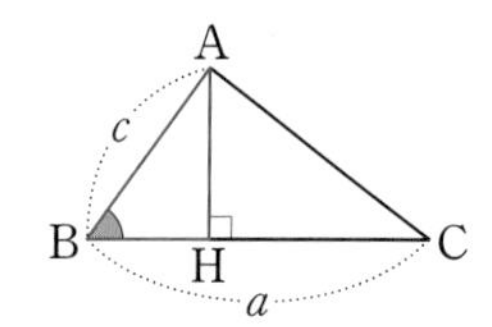

$\overline{\text{AH}}$를 그으면 $\triangle$ABH에서

❶ $\overline{\text{AH}}=c\sin B$

❷ $\overline{\text{BH}}=c\cos B$이므로 $\overline{\text{CH}}=a-c\cos B$

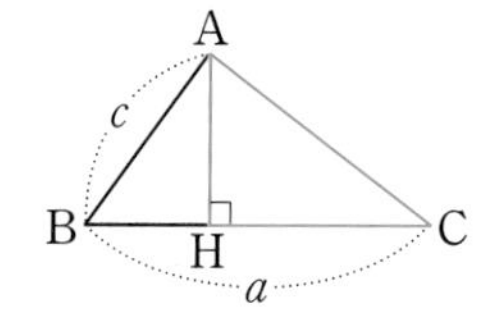

$\triangle$AHC에서

$\overline{\text{AC}}=\sqrt{\overline{\text{AH}}^2+\overline{\text{CH}}^2}$

$=\sqrt{(c\sin B)^2+(a-c\cos B)^2}$

---

01 오른쪽 그림의 $\triangle$ABC에서 $\overline{\text{AC}}$의 길이를 구하시오.

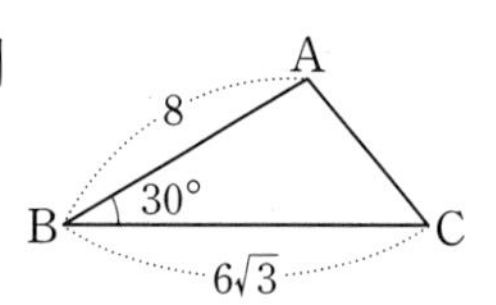

꼭짓점 A에서 $\overline{\text{BC}}$에 수선 ☐를 긋는다.

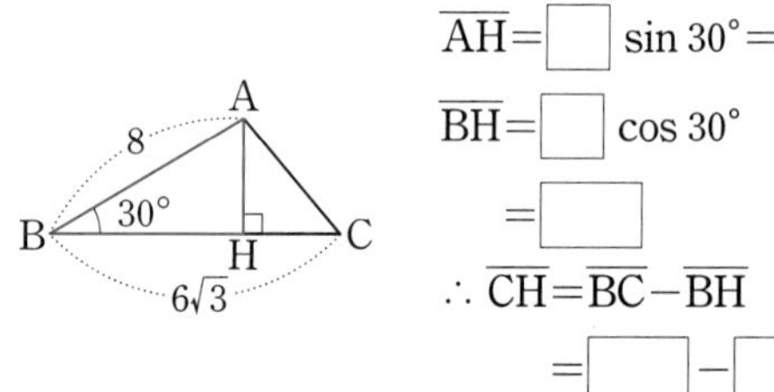

$\triangle$ABH에서

$\overline{\text{AH}}=$ ☐ $\sin 30°=$ ☐

$\overline{\text{BH}}=$ ☐ $\cos 30°$

$=$ ☐

$\therefore\ \overline{\text{CH}}=\overline{\text{BC}}-\overline{\text{BH}}$

$=$ ☐ $-$ ☐

$=$ ☐

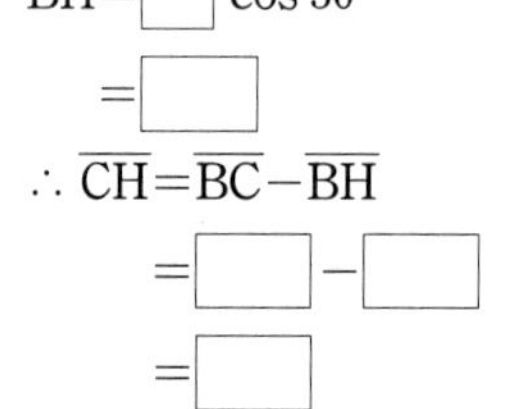

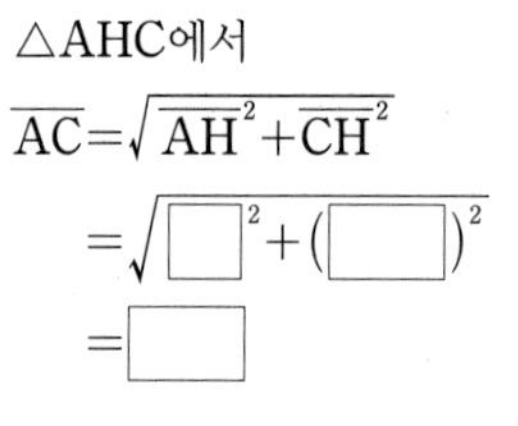

$\triangle$AHC에서

$\overline{\text{AC}}=\sqrt{\overline{\text{AH}}^2+\overline{\text{CH}}^2}$

$=\sqrt{☐^2+(☐)^2}$

$=$ ☐

＊ 다음 그림의 $\triangle$ABC에서 $\overline{\text{AC}}$의 길이를 구하시오.

02

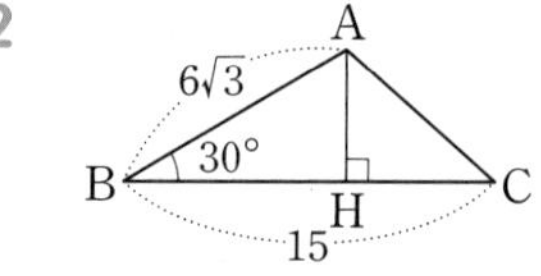

03

(그림: B에서의 각 45°, $\overline{\text{AB}}=4\sqrt{2}$, $\overline{\text{BC}}=10$)

04

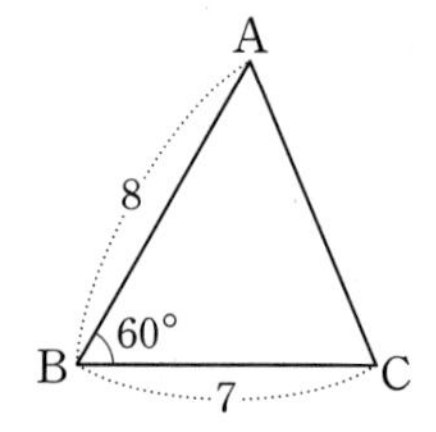

스피드 정답 : 03쪽
친절한 풀이 : 14쪽

한 변의 길이와 그 양 끝 각의 크기를 알 때

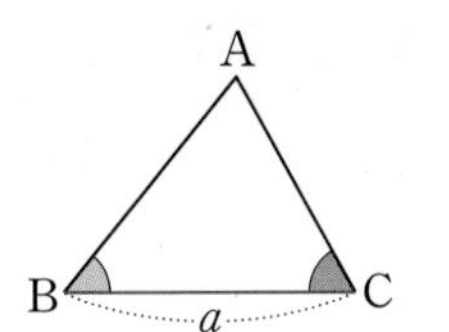

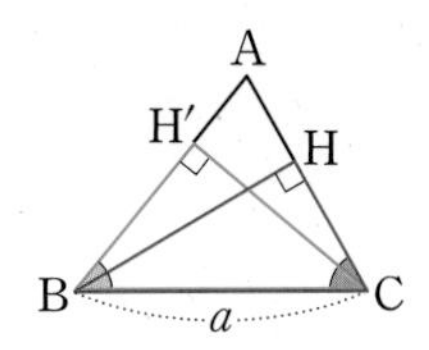

$\overline{BH}$, $\overline{CH'}$을 각각 그으면
$\triangle BCH$에서 $\overline{BH}=a\sin C$
$\triangle BCH'$에서 $\overline{CH'}=a\sin B$

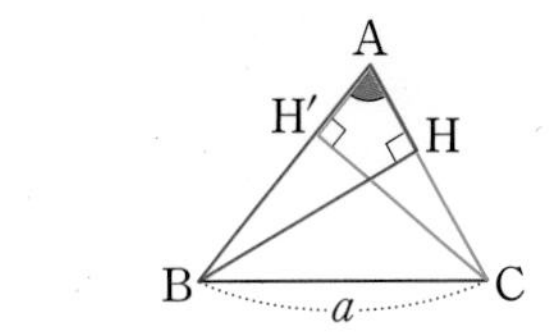

$\triangle ABH$에서 $\overline{AB}=\dfrac{\overline{BH}}{\sin A}=\dfrac{a\sin C}{\sin A}$

$\triangle ACH'$에서 $\overline{AC}=\dfrac{\overline{CH'}}{\sin A}=\dfrac{a\sin B}{\sin A}$

05 오른쪽 그림의 $\triangle ABC$에서 $\overline{AC}$의 길이를 구하시오.

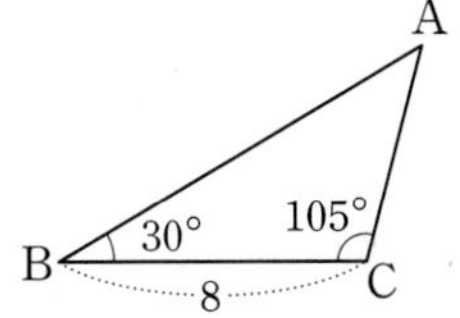

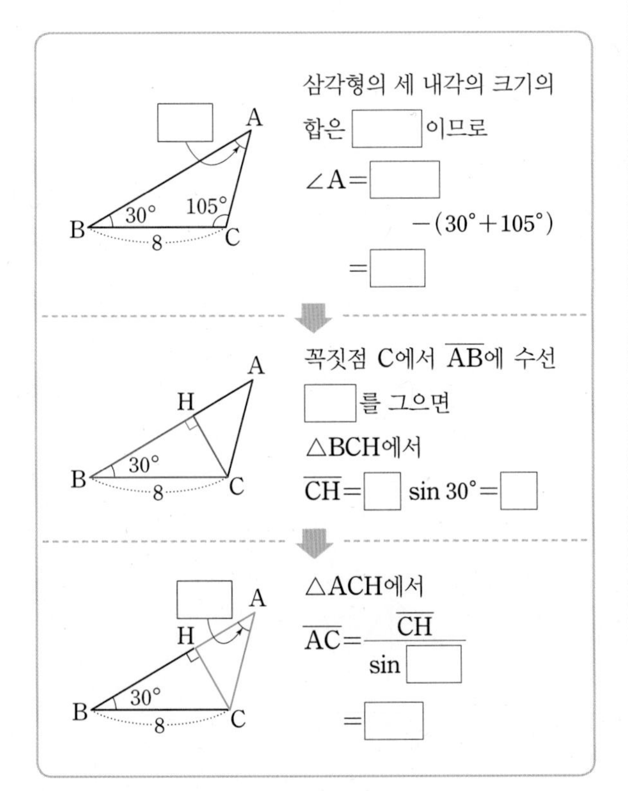

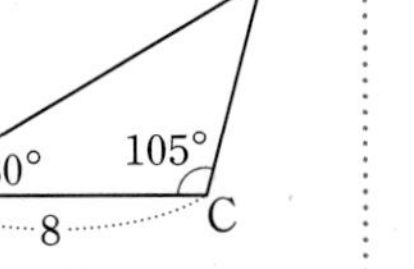

* **다음 그림의 $\triangle ABC$에서 x의 값을 구하시오.**

06

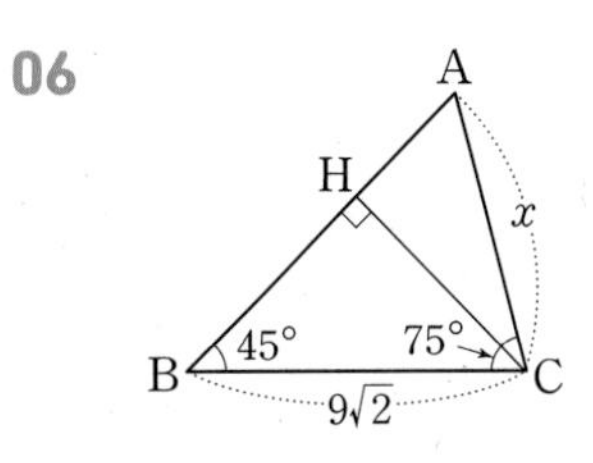

07

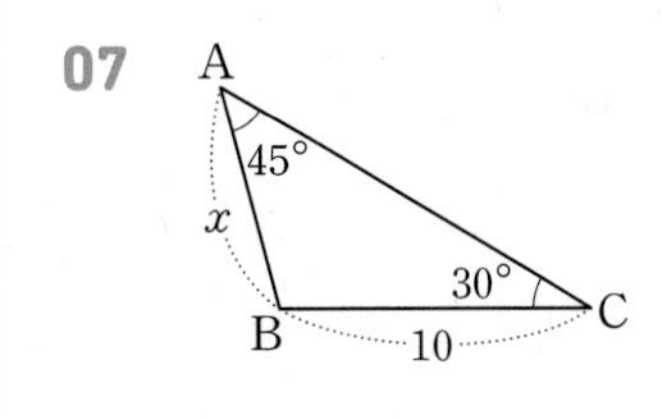

08

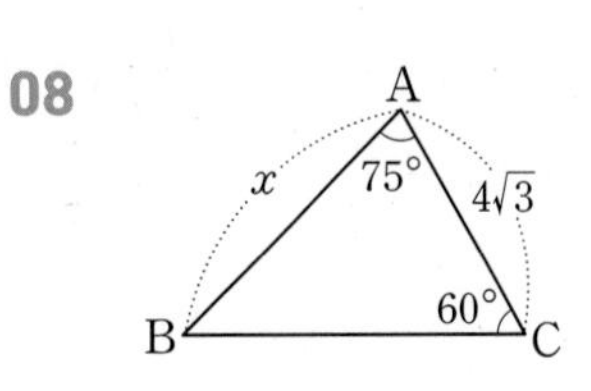

ACT 14 삼각형의 높이 구하기

$\triangle$ABC에서 한 변의 길이와 그 양 끝 각의 크기를 알면 삼각형의 높이를 구할 수 있다.

예각삼각형의 높이

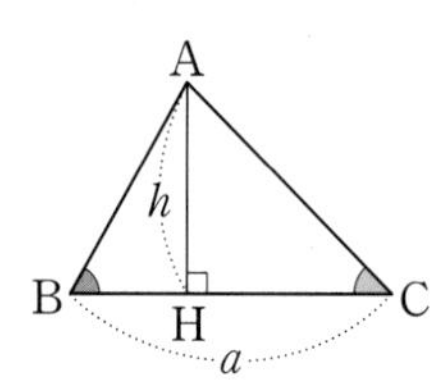

$\overline{BH}=h\tan x$, $\overline{CH}=h\tan y$

$\overline{BH}+\overline{CH}=a$이므로

$h(\tan x+\tan y)=a$

$\therefore h=\dfrac{a}{\tan x+\tan y}$

---

* **다음 그림의 $\triangle$ABC에서 h의 값을 구하시오.**

01

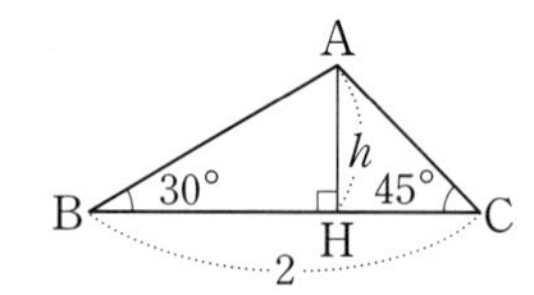

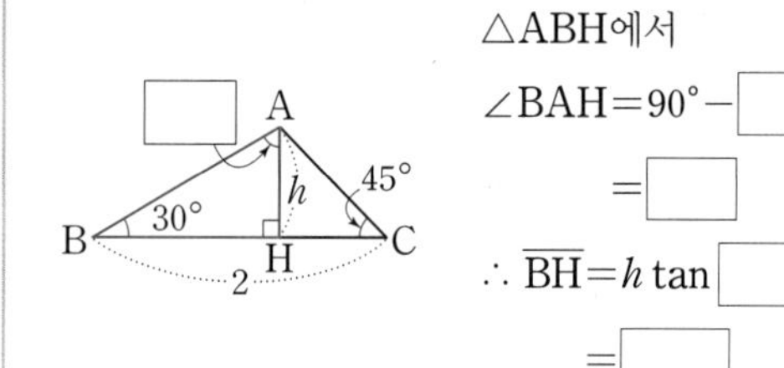

$\triangle$ABH에서

$\angle BAH=90°-$ $\square$

$=\square$

$\therefore \overline{BH}=h\tan\square$

$=\square$

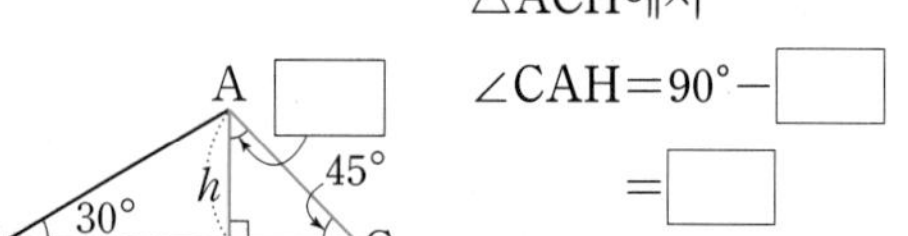

$\triangle$ACH에서

$\angle CAH=90°-$ $\square$

$=\square$

$\therefore \overline{CH}=h\tan\square$

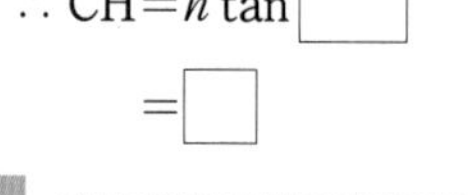

$=\square$

$\overline{BH}+\overline{CH}=2$이므로 $(\square+\square)h=2$

$\therefore h=\square$

02

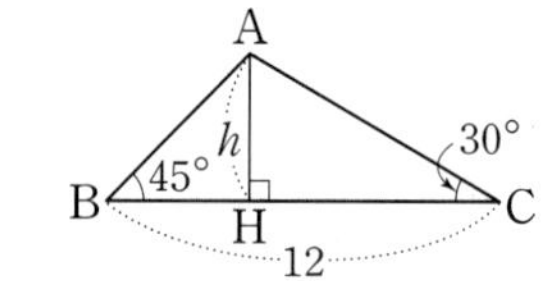

03

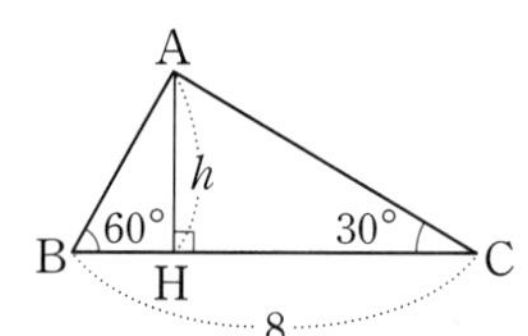

04

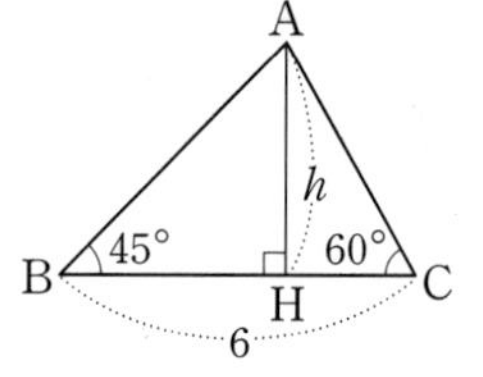

스피드 정답 : 03쪽
친절한 풀이 : 14쪽

둔각삼각형의 높이

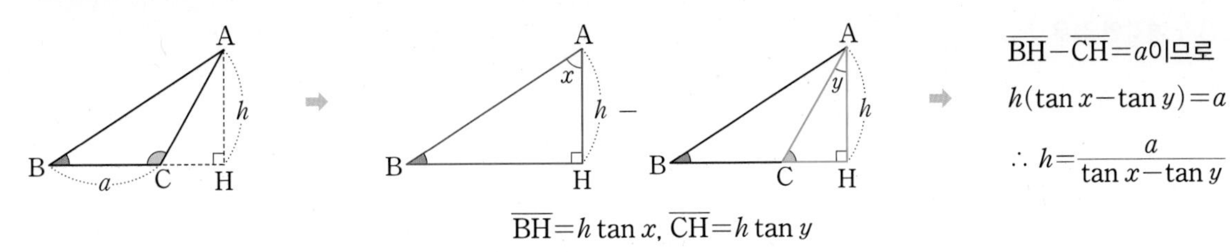

$\overline{\mathrm{BH}}-\overline{\mathrm{CH}}=a$이므로

$h(\tan x-\tan y)=a$

$\therefore\ h=\dfrac{a}{\tan x-\tan y}$

$\overline{\mathrm{BH}}=h\tan x$, $\overline{\mathrm{CH}}=h\tan y$

---

* **다음 그림의 $\triangle \mathrm{ABC}$에서 h의 값을 구하시오.**

05

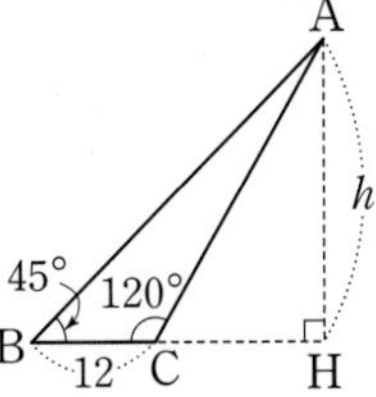

$\triangle \mathrm{ABH}$에서

$\angle \mathrm{BAH}=\square$

$\therefore\ \overline{\mathrm{BH}}=h\tan\square$

$=\square$

$\triangle \mathrm{ACH}$에서

$\angle \mathrm{ACH}=180^\circ-\square$

$=\square$이므로

$\angle \mathrm{CAH}=\square$

$\therefore\ \overline{\mathrm{CH}}=h\tan\square$

$=\square$

$\overline{\mathrm{BH}}-\overline{\mathrm{CH}}=12$이므로 $(\square-\square)h=12$

$\therefore\ h=\square$

06

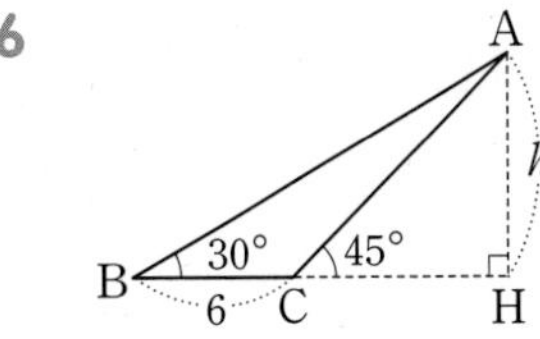

07

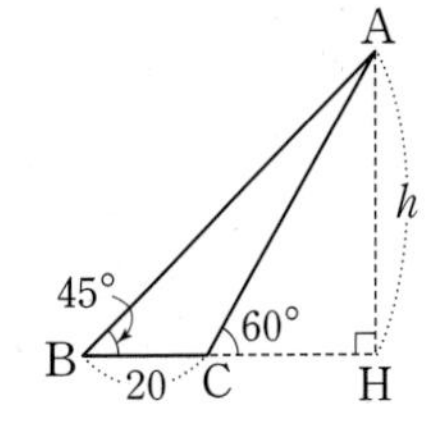

08

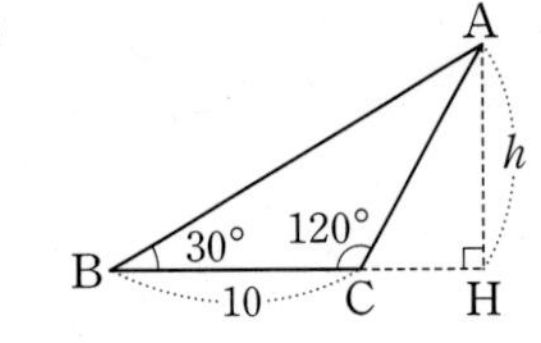

ACT 15

삼각형의 넓이

$\triangle$ABC에서 두 변의 길이와 그 끼인각의 크기를 알면 삼각비를 이용하여 삼각형의 넓이를 구할 수 있다.

$\angle$B가 예각인 경우

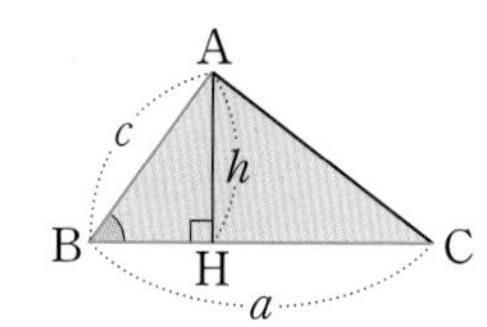

➡ $\triangle ABC = \frac{1}{2} \times a \times h$ (h → $c \sin B$)

$= \frac{1}{2}ac \sin B$

참고 $\angle B = 90°$이면
$\triangle ABC = \frac{1}{2}ac \sin 90° = \frac{1}{2}ac$

---

* **다음 그림과 같은 $\triangle$ABC의 넓이를 구하시오.**

01

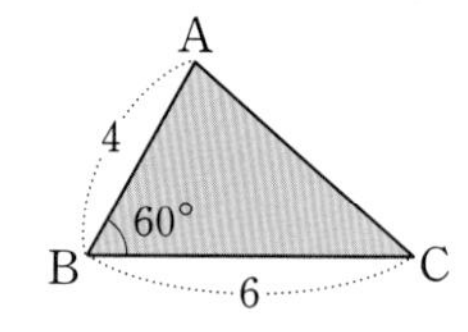

➡ $\triangle ABC = \frac{1}{2} \times 6 \times \square \times \sin \square$

$= \square$

02

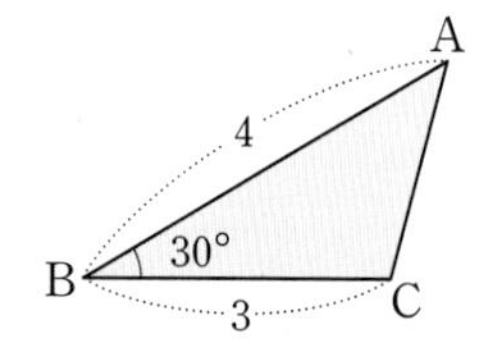

03

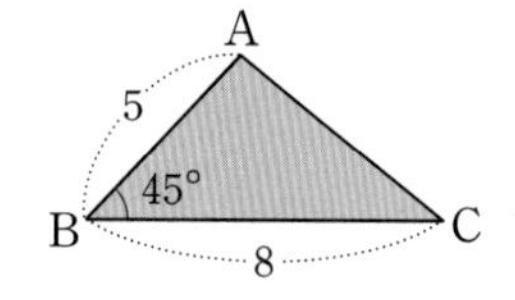

04

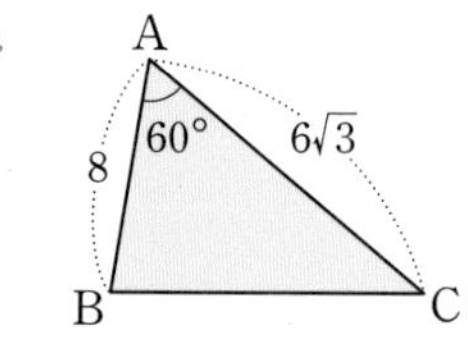

05

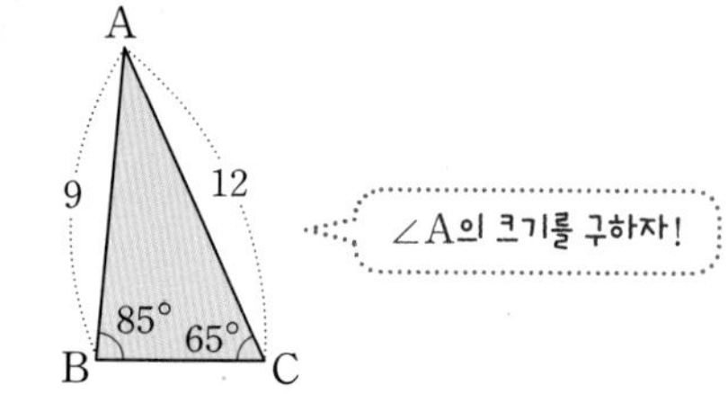

06

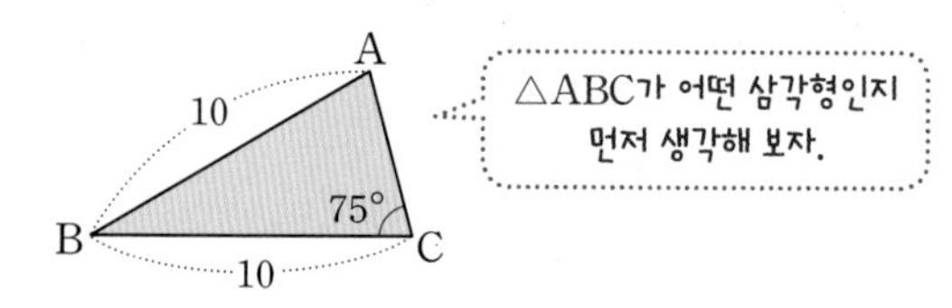

스피드 정답 : 03쪽
친절한 풀이 : 15쪽

∠B가 둔각인 경우

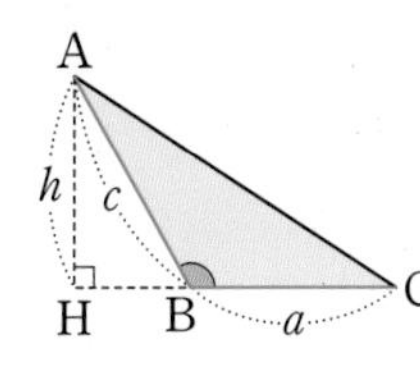

$$\Rightarrow \triangle ABC=\frac{1}{2}\times a\times \underbrace{h}_{c\sin(180^\circ-B)}$$
$$=\frac{1}{2}ac\sin(180^\circ-B)$$

* 다음 그림과 같은 $\triangle ABC$의 넓이를 구하시오.

07

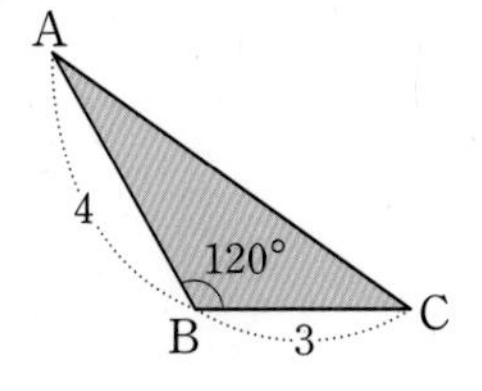

$\Rightarrow \triangle ABC=\frac{1}{2}\times 3\times \square \times \sin(180^\circ-\square)$
$=\square$

08

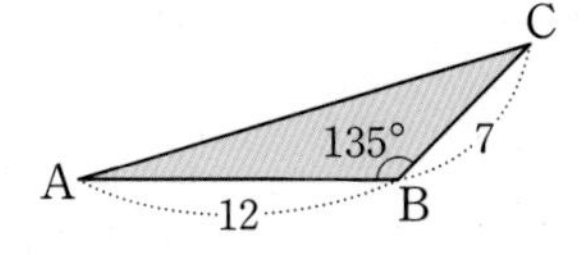

09

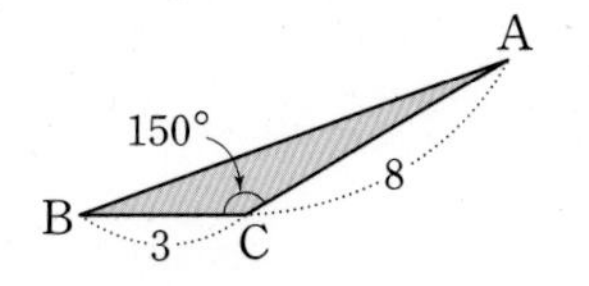

10

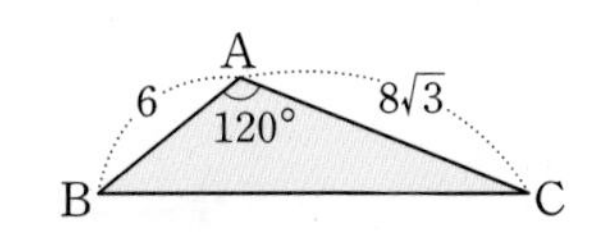

11

A 25° 8 B $10\sqrt{2}$ C 20°

∠B의 크기를 구하자!

12

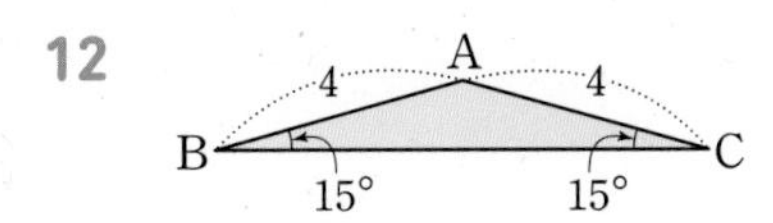

ACT 16

평행사변형의 넓이

평행사변형에서 이웃하는 두 변의 길이와 그 끼인각의 크기를 알면 평행사변형의 넓이를 구할 수 있다.

$\angle x$가 예각인 경우

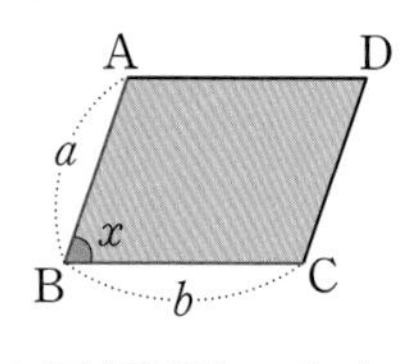

➡ $\square\mathrm{ABCD}=ab\sin x$

$\angle x$가 둔각인 경우

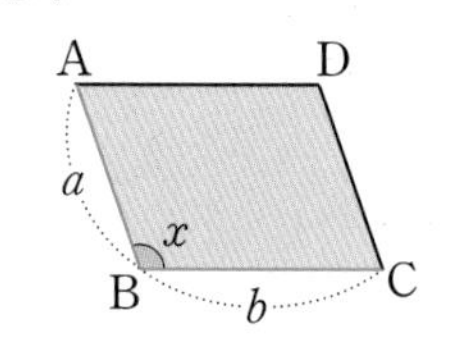

➡ $\square\mathrm{ABCD}=ab\sin(180°-x)$

01 다음은 오른쪽 그림과 같은 $\square$ABCD에서 $\angle x$가 예각일 때 넓이를 구하는 과정이다. $\square$ 안에 알맞은 것을 쓰시오.

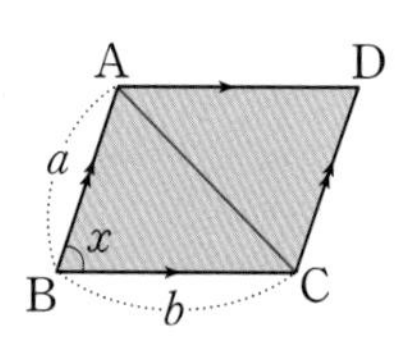

대각선 $\overline{\mathrm{AC}}$를 그으면

$\square\mathrm{ABCD}=2\triangle\mathrm{ABC}$

$=2\times\square$

$=\square$

*** 다음 그림과 같은 평행사변형 ABCD의 넓이를 구하시오.**

02

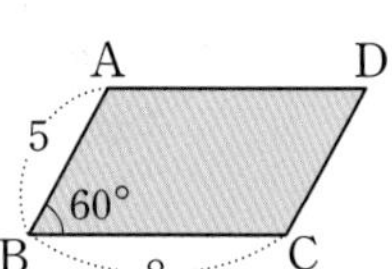

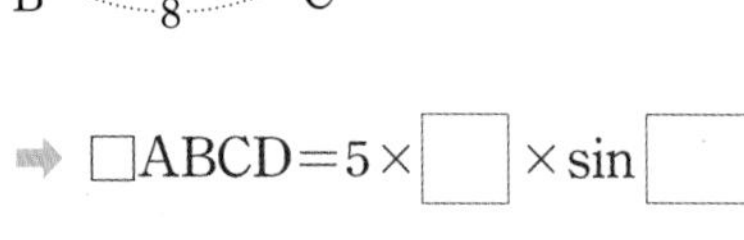

➡ $\square\mathrm{ABCD}=5\times\square\times\sin\square$

$=\square$

03

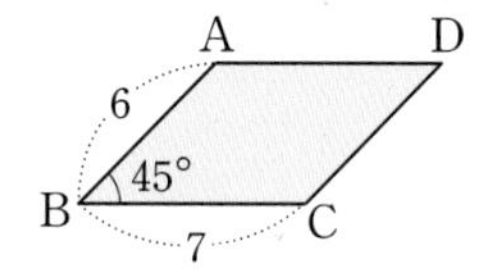

04

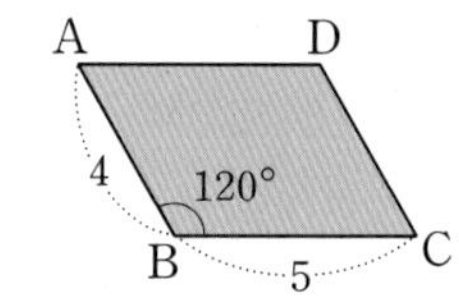

05

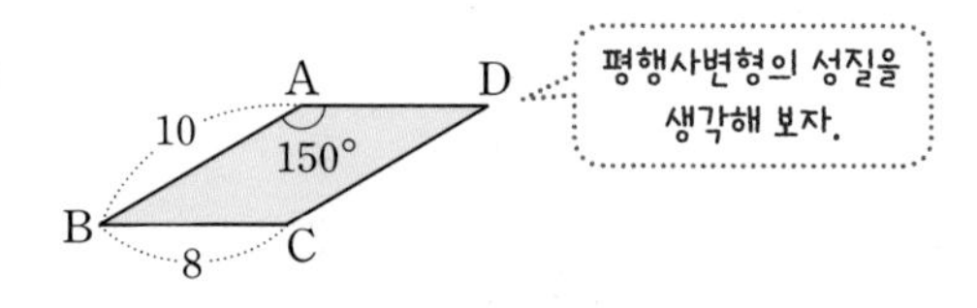

사각형의 넓이

스피드 정답 : 03쪽
친절한 풀이 : 16쪽

사각형에서 두 대각선의 길이와 두 대각선이 이루는 각의 크기를 알면 사각형의 넓이를 구할 수 있다.

$\angle x$가 예각인 경우

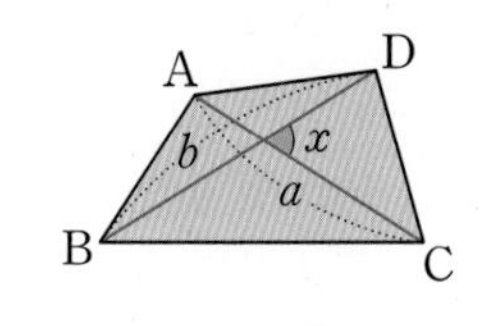

➡ $\square\text{ABCD}=\frac{1}{2}ab\sin x$

$\angle x$가 둔각인 경우

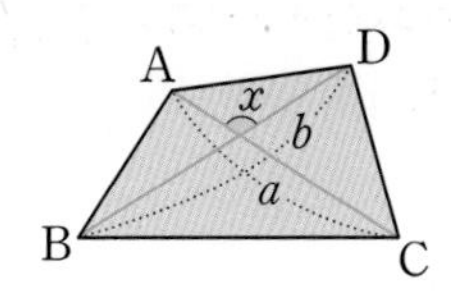

➡ $\square\text{ABCD}=\frac{1}{2}ab\sin(180°-x)$

06 다음은 오른쪽 그림과 같은 $\square\text{ABCD}$에서 $\angle x$가 예각일 때 넓이를 구하는 과정이다. □ 안에 알맞은 것을 쓰시오.

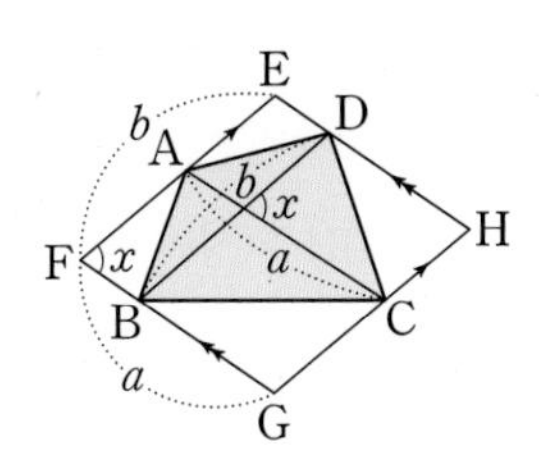

평행사변형 EFGH를 만들면

$\square\text{ABCD}=\frac{1}{2}\square\text{EFGH}$

$=\frac{1}{2}\times$ □

$=$ □

* **다음 그림과 같은 $\square\text{ABCD}$의 넓이를 구하시오.**

07

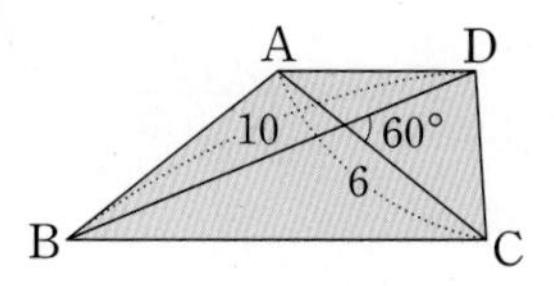

➡ $\square\text{ABCD}=\frac{1}{2}\times 6\times$ □ $\times\sin$ □

$=$ □

08

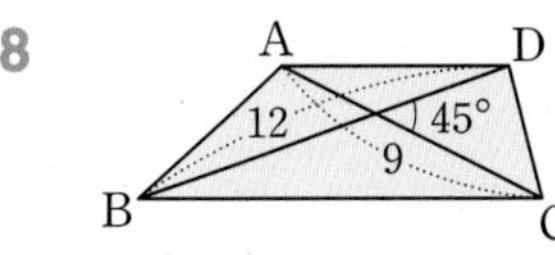

09

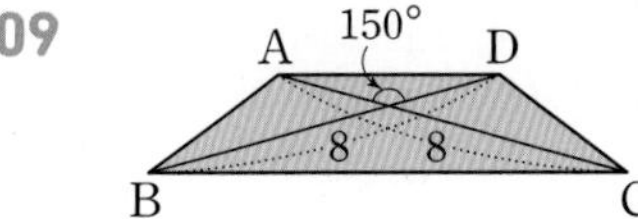

10

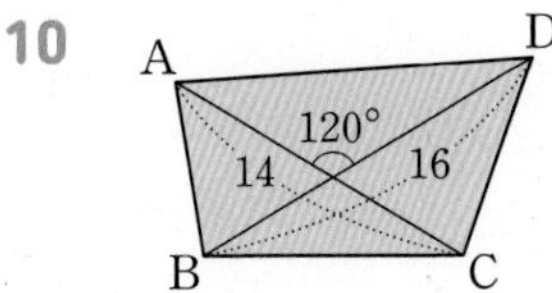

ACT+ 17 삼각비의 활용 1

스피드 정답 : 04쪽
친절한 풀이 : 16쪽

유형 1 직육면체에서 직각삼각형의 변의 길이

* 다음 직육면체의 부피를 구하시오.

01

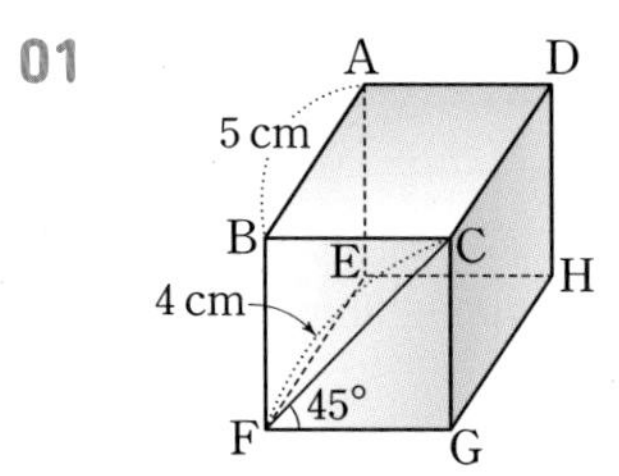

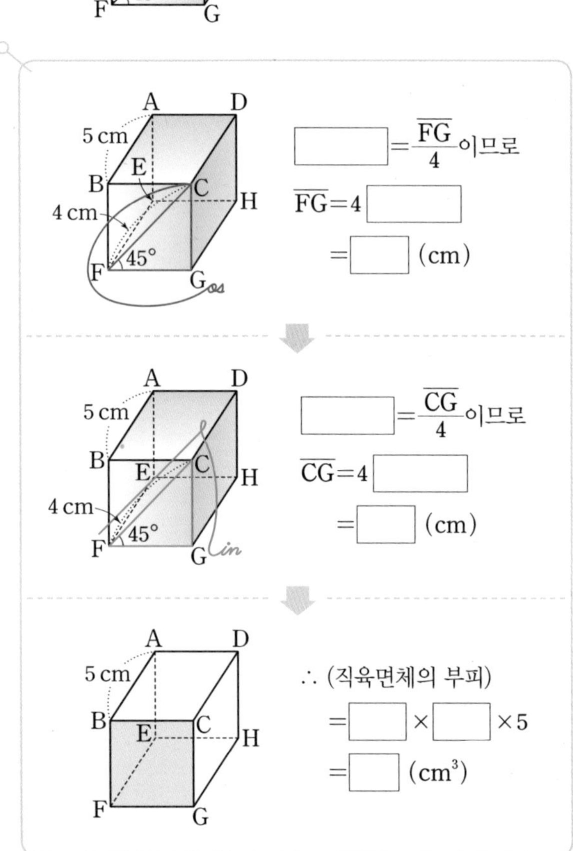

02

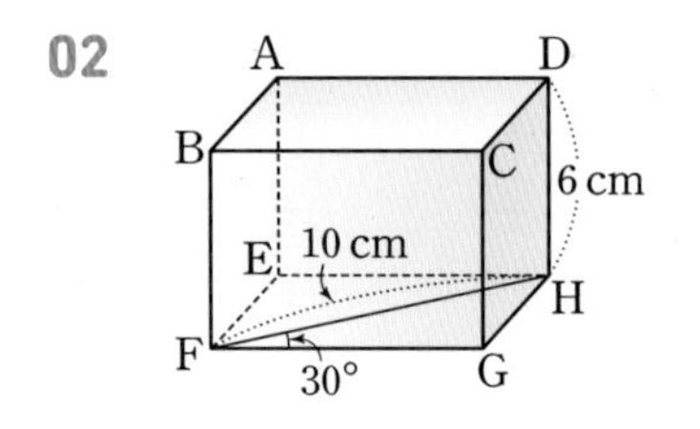

유형 2 실생활에서 직각삼각형의 변의 길이

03 오른쪽 그림과 같이 성민이가 건물에서 4 m 떨어진 지점에서 건물 꼭대기를 올려다 본 각의 크기는 64°이었다. 성민이의 눈높이가 1.8 m일 때, 이 건물의 높이를 구하시오. (단, $\sin 64°=0.9$, $\cos 64°=0.44$, $\tan 64°=2.05$로 계산한다.)

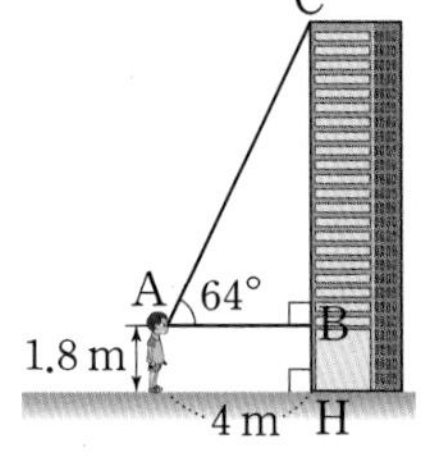

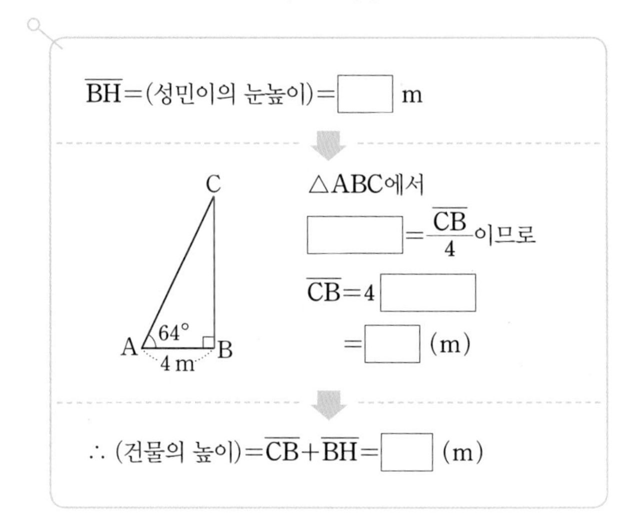

04 오른쪽 그림과 같이 건우가 나무에서 10 m 떨어진 지점에서 나무의 꼭대기를 올려다 본 각의 크기는 42°이었다. 건우의 눈높이가 1.6 m일 때, 이 나무의 높이를 구하시오. (단, $\sin 42°=0.67$, $\cos 42°=0.74$, $\tan 42°=0.9$로 계산한다.)

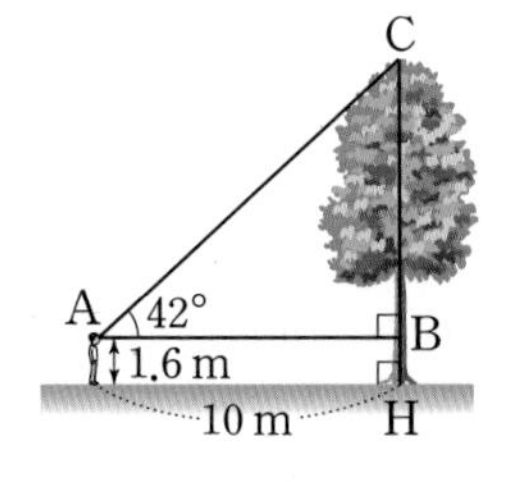

05 오른쪽 그림과 같이 지면에 수직으로 서 있던 나무가 부러져 나무의 꼭대기 부분이 지면에 닿아있다. 부러진 나무가 지면과 이루는 각의 크기가 30°, 꼭대기에서 나무까지의 거리가 9 m일 때, 부러지기 전 나무의 높이를 구하시오.

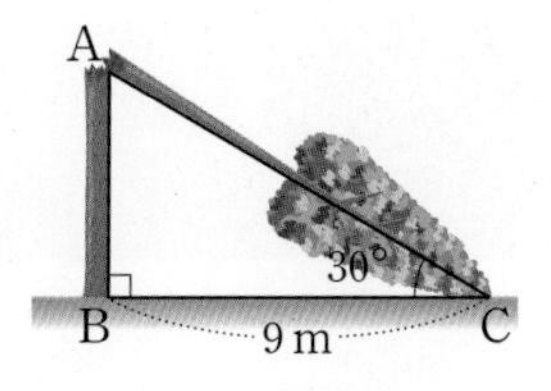

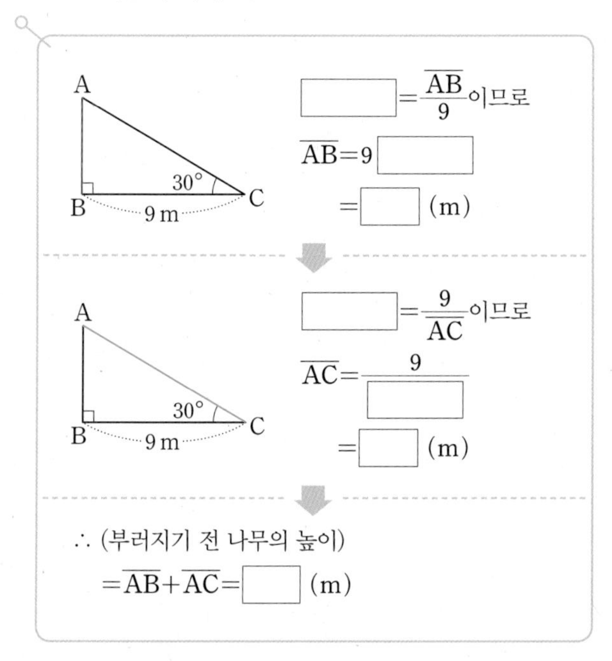

06 오른쪽 그림과 같이 지면에 수직으로 서 있던 나무가 부러져 나무의 꼭대기 부분이 지면에 닿아있다. 부러진 나무가 지면과 이루는 각의 크기가 50°, 꼭대기에서 나무까지의 거리가 8 m일 때, 부러지기 전 나무의 높이를 구하시오. (단, $\sin 50° = 0.77$, $\cos 50° = 0.64$, $\tan 50° = 1.19$로 계산한다.)

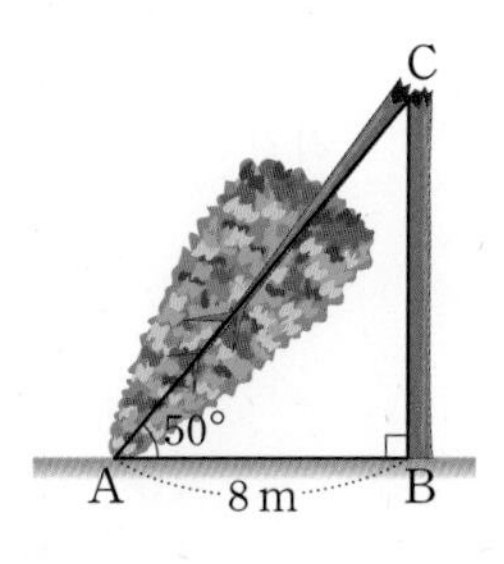

07 오른쪽 그림과 같이 24 m만큼 떨어진 두 건물 (가), (나)가 있다. (가)건물 옥상에서 (나)건물을 올려다 본 각의 크기는 30°이고, 내려다 본 각의 크기는 45°일 때, (나)건물의 높이를 구하시오.

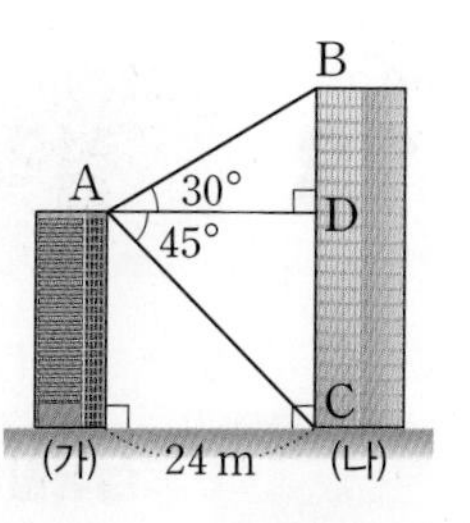

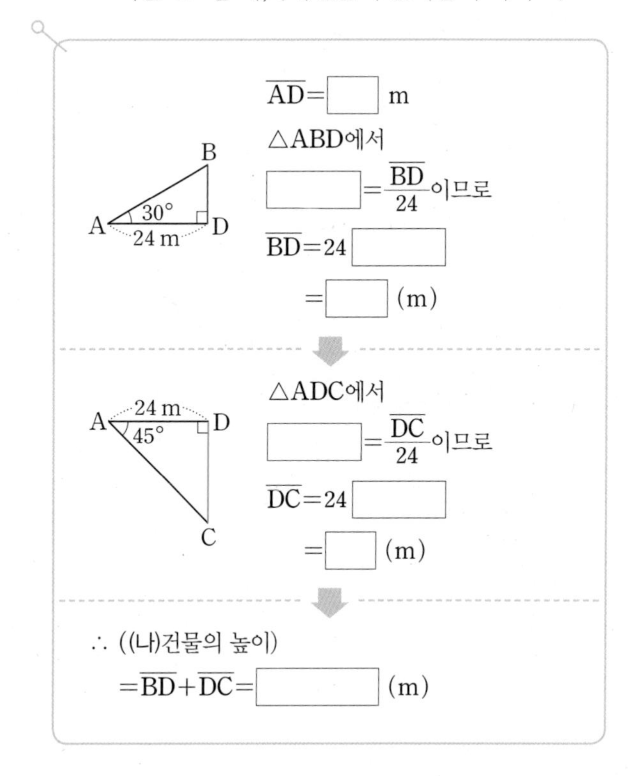

08 오른쪽 그림과 같이 30 m만큼 떨어진 두 건물 (가), (나)가 있다. (나)건물 옥상에서 (가)건물을 올려다 본 각의 크기는 60°이고, 내려다 본 각의 크기는 45°일 때, (가)건물의 높이를 구하시오.

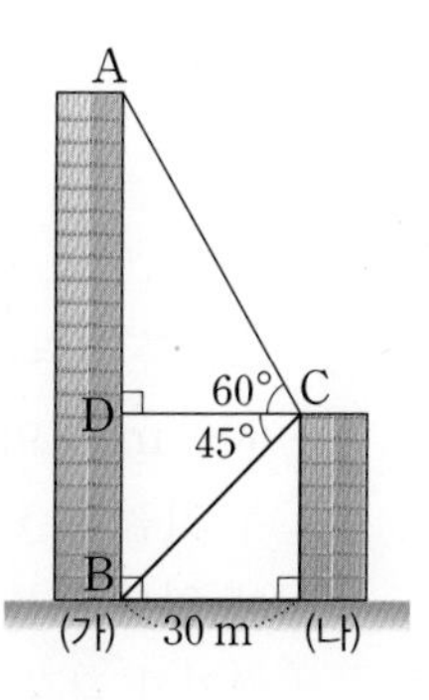

삼각비의 활용 2

스피드 정답 : 04쪽
친절한 풀이 : 16쪽

유형 1 실생활에서 일반 삼각형의 변의 길이

01 연못의 두 지점 A, C 사이의 거리를 구하기 위해 오른쪽 그림과 같이 측량하였다. 두 지점 A, C 사이의 거리를 구하시오.

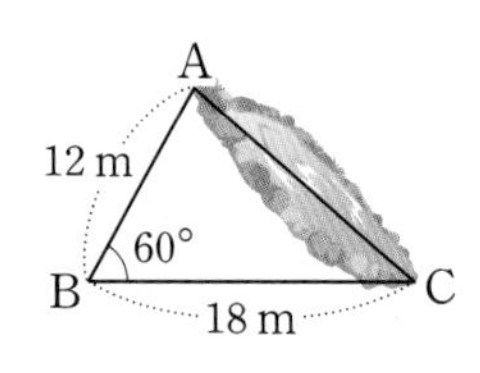

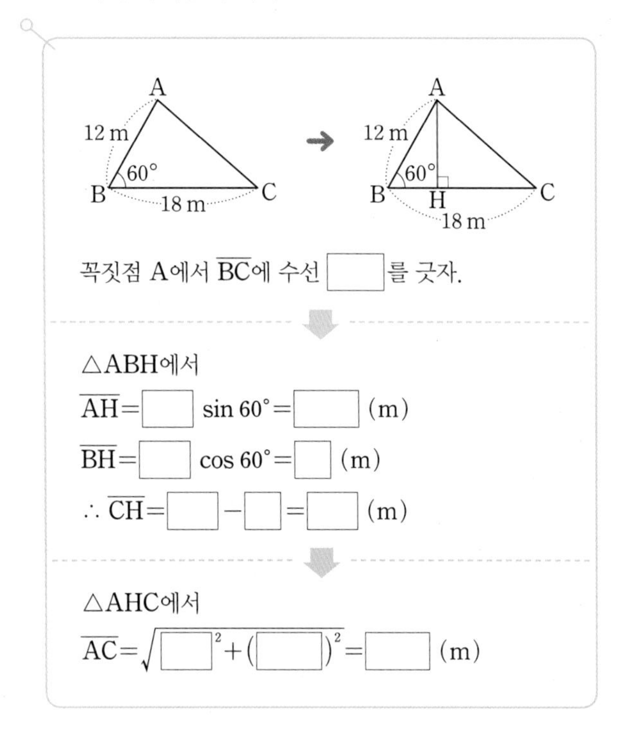

꼭짓점 A에서 $\overline{BC}$에 수선 ☐를 긋자.

△ABH에서

$\overline{AH}=$ ☐ $\sin 60°=$ ☐ (m)

$\overline{BH}=$ ☐ $\cos 60°=$ ☐ (m)

∴ $\overline{CH}=$ ☐ $-$ ☐ $=$ ☐ (m)

△AHC에서

$\overline{AC}=\sqrt{☐^2+(☐)^2}=$ ☐ (m)

02 오른쪽 그림과 같이 600 m 떨어진 바닷가의 두 지점 B, C에서 A 지점에 있는 배를 바라본 각의 크기가 각각 45°, 75°이었다. 이때 C 지점에서 배가 위치한 A 지점까지의 거리를 구하시오.

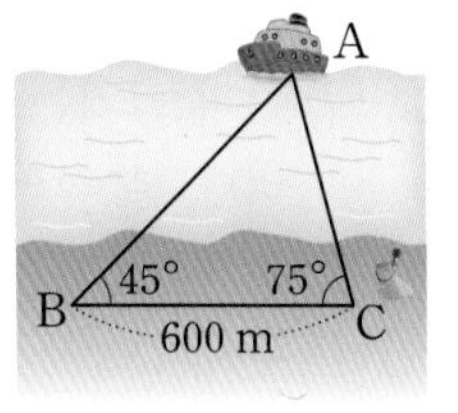

03 다음 그림과 같이 열기구를 12 m 떨어진 두 지점 B, C에서 올려다본 각의 크기가 각각 60°, 45°일 때, 열기구는 지면으로부터 몇 m 떨어져 있는지 구하시오.

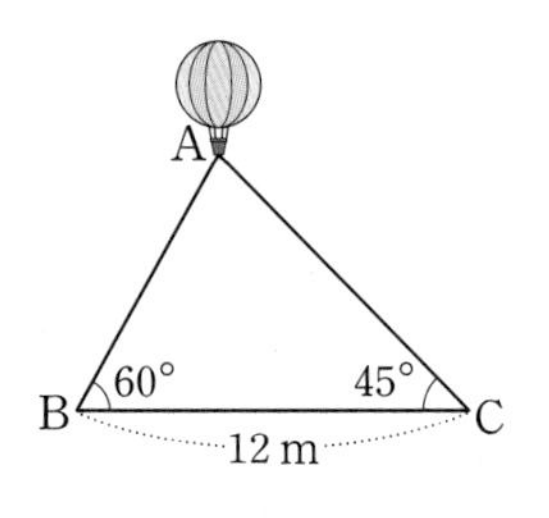

04 다음 그림과 같이 6 m 떨어진 두 지점 B, C에서 나무의 꼭대기 A 지점을 올려다 본 각의 크기가 각각 30°, 60°일 때, 나무의 높이를 구하시오.

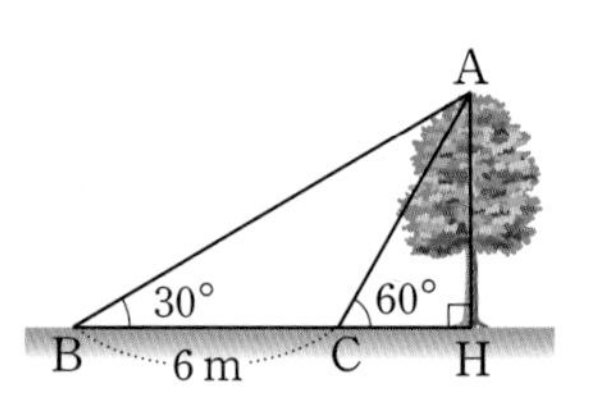

유형 2 다각형의 넓이

* 다음 그림과 같은 □ABCD의 넓이를 구하시오.

05

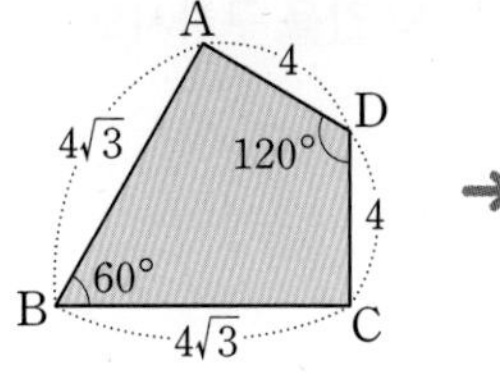

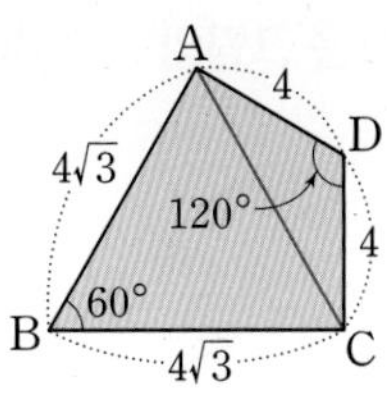

$\overline{AC}$를 그으면

$\triangle ABC=\frac{1}{2}\times\square\times\square\times\sin\square$

$=\square$

$\triangle ACD=\frac{1}{2}\times\square\times\square\times\sin(180^\circ-\square)$

$=\square$

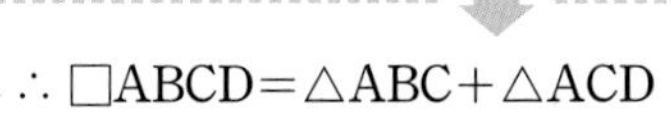

$\therefore$ □ABCD$=\triangle ABC+\triangle ACD$

$=\square$

06

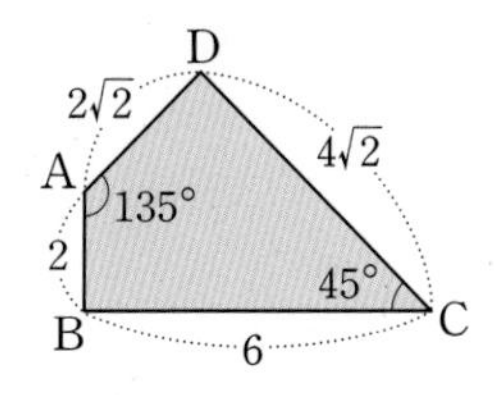

07

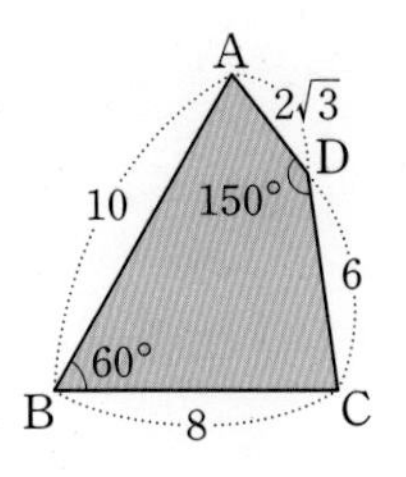

08

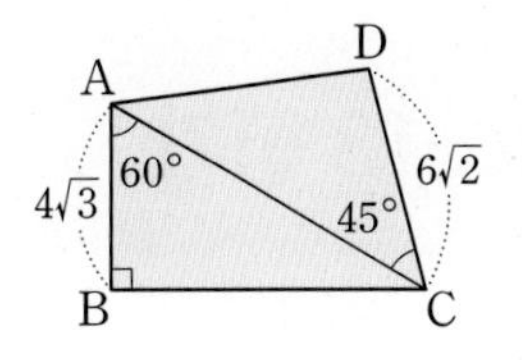

$\triangle ABC$에서 $\overline{AC}=\frac{\square}{\cos\square}=\square$

$\triangle ABC=\frac{1}{2}\times4\sqrt{3}\times\square\times\sin\square$

$=\square$

$\triangle ACD=\frac{1}{2}\times6\sqrt{2}\times\square\times\sin\square$

$=\square$

$\therefore$ □ABCD$=\triangle ABC+\triangle ACD$

$=\square$

09

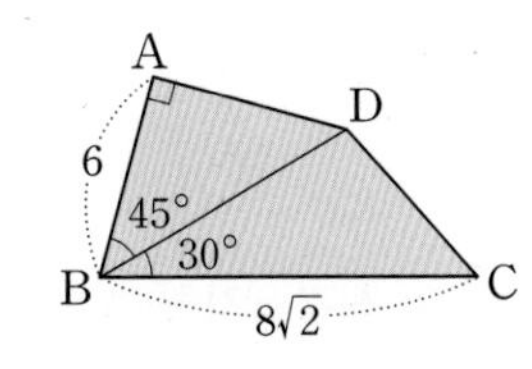

10

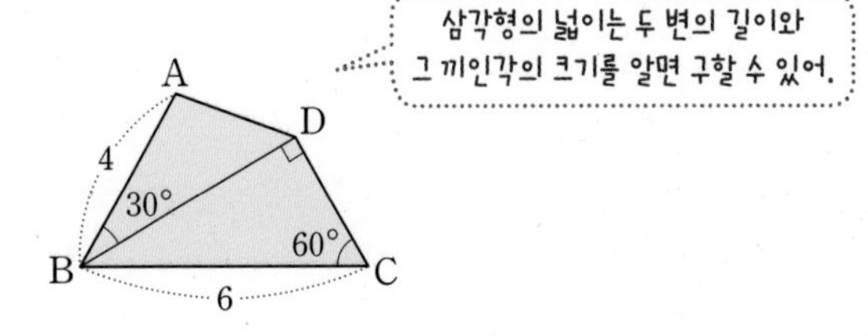

TEST 02 ACT 12~18 평가

* 다음 그림과 같이 $\angle B=90°$인 직각삼각형 ABC에서 x의 값을 구하시오. (01~02)

01

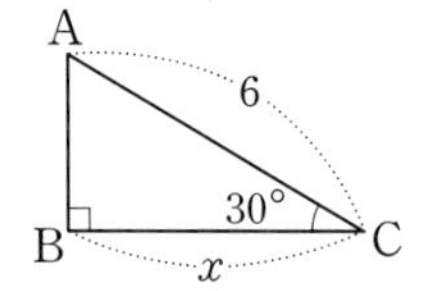

02

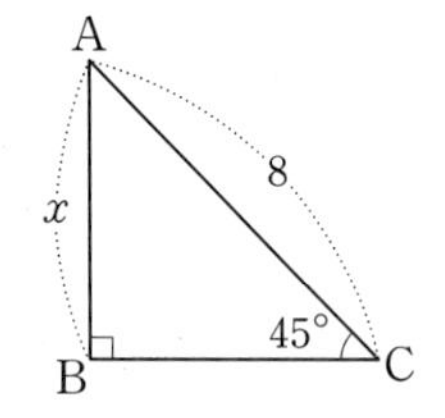

* 다음 그림과 같이 $\angle C=90°$인 직각삼각형 ABC에서 x의 값을 구하시오. (단, $\sin 48°=0.74$, $\cos 48°=0.67$, $\tan 48°=1.11$로 계산한다.) (03~04)

03

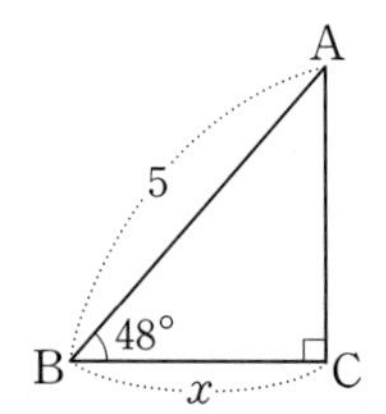

04

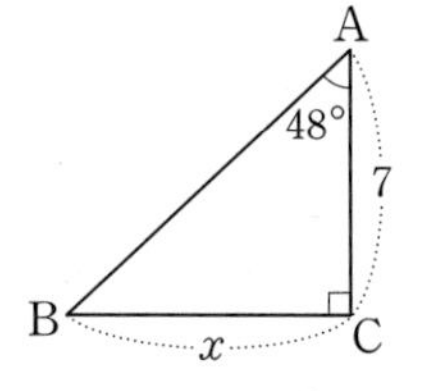

* 다음 그림의 $\triangle ABC$에서 x의 값을 구하시오. (05~06)

05

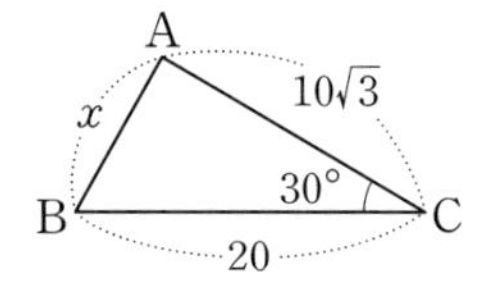

06

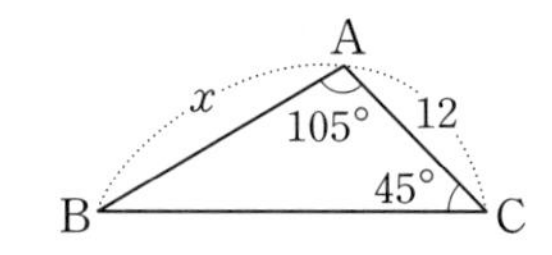

* 다음 그림의 $\triangle ABC$에서 h의 값을 구하시오. (07~08)

07

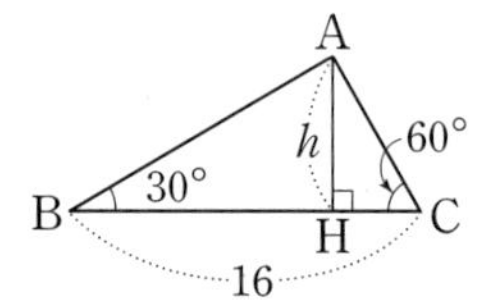

08

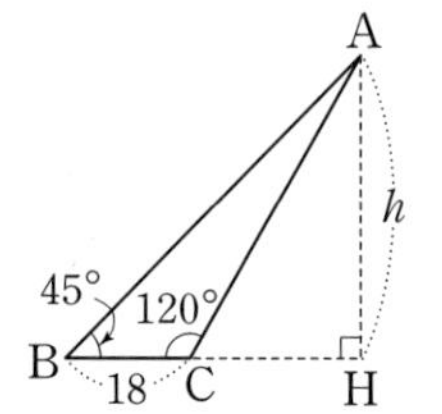

스피드 정답 : 04쪽
친절한 풀이 : 17쪽

*** 다음 그림과 같은 △ABC의 넓이를 구하시오. (09~10)**

09

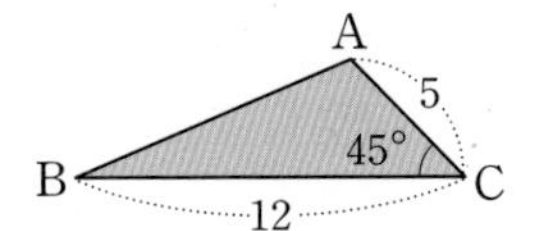

10

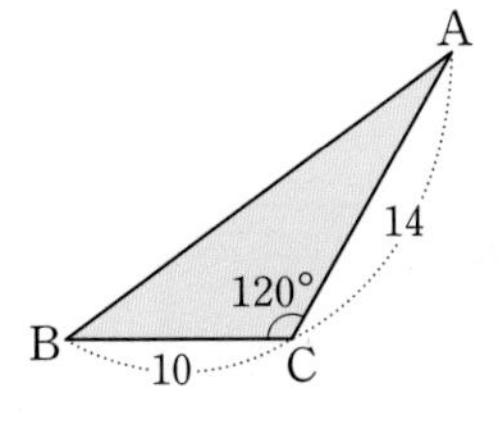

*** 다음 그림과 같은 □ABCD의 넓이를 구하시오. (11~12)**

11

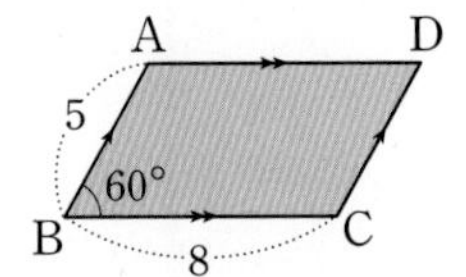

12

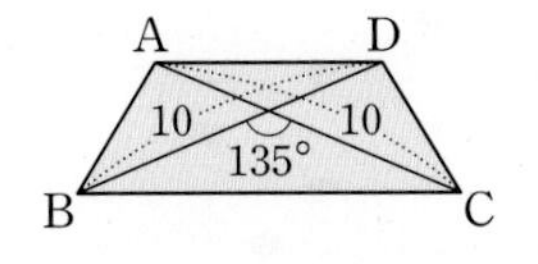

13 다음 직육면체의 부피를 구하시오.

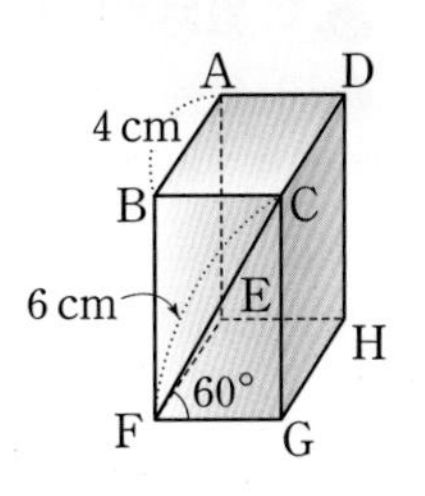

14 다음 그림에서 준원이가 연을 잡고 있는 각의 크기는 56°이고, 준원이의 손에서 연까지의 길이는 15 m이다. 지면에서 준원이의 손까지의 높이가 1.6 m일 때, 지면에서 연까지의 높이를 구하시오. (단, $\sin 56° = 0.83$, $\cos 56° = 0.56$, $\tan 56° = 1.48$로 계산한다.)

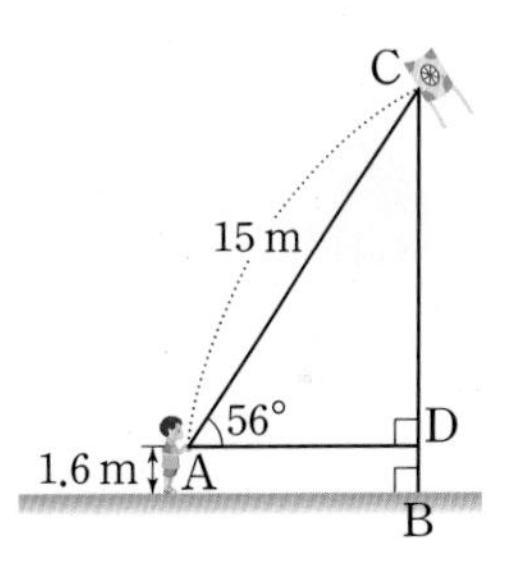

15 다음 그림과 같은 □ABCD의 넓이를 구하시오.

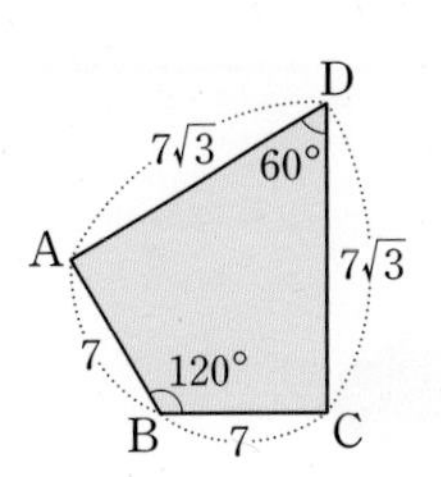

피해가는 게임

＊ 게임 방법

① 💩이 **있는** 칸은 지나갈 수 **없습니다.**
② 💩이 **없는** 칸은 **반드시 지나가야** 합니다.
③ 한번 통과한 칸은 다시 지나갈 수 없습니다.
④ 가로와 세로 방향으로만 갈 수 있으며,
대각선으로는 지나갈 수 없습니다.

예
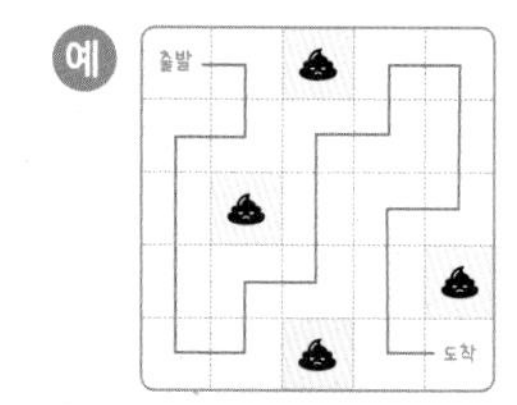

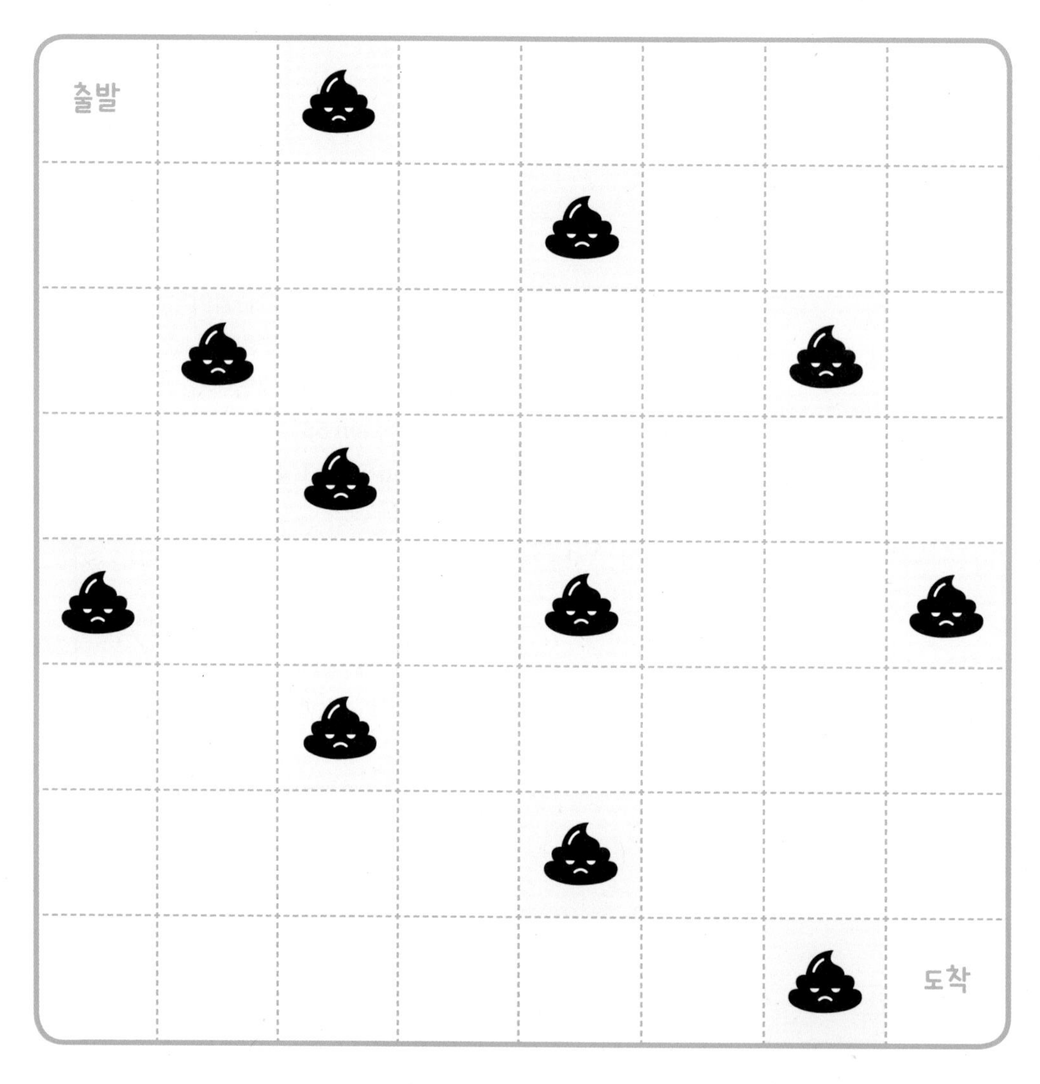

답
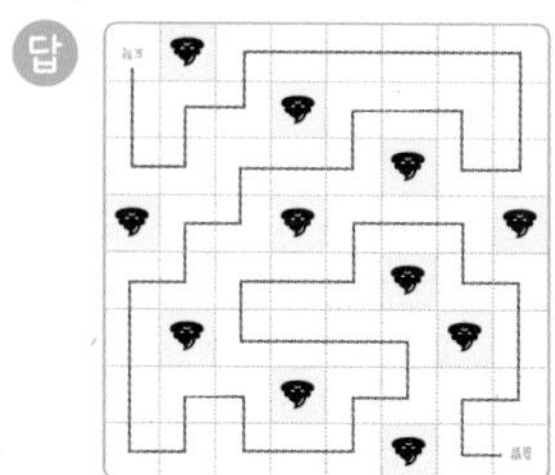

Chapter Ⅱ
원의 성질

keyword

현의 수직이등분선, 현의 길이, 접선의 길이, 삼각형의 내접원, 원에 외접하는 사각형, 원주각, 중심각, 네 점이 한 원 위에 있을 조건, 원에 내접하는 사각형, 접선과 현이 이루는 각

VISUAL IDEA 3

원과 현

현의 수직이등분선

원의 중심에서 현에 내린 수선은 그 현을 이등분한다.

$\overline{AB} \perp \overline{OM}$이면 $\overline{AM} = \overline{BM}$

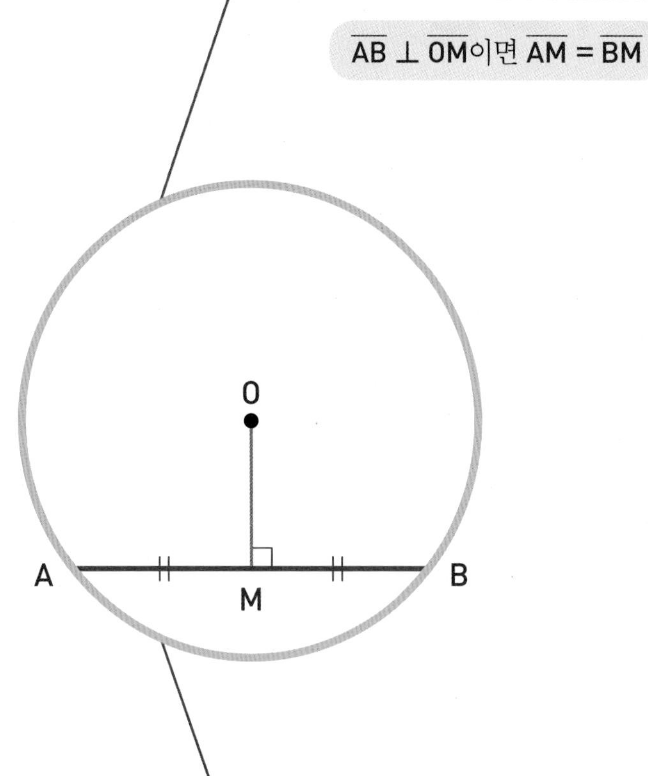

|증명|

원 O의 중심에서 현 AB에 내린 수선의 발을 M이라고 하면

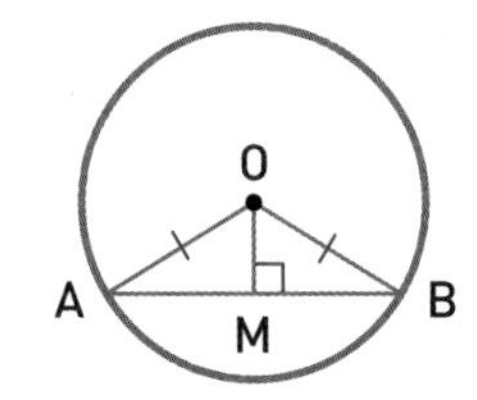

$\angle OMA = \angle OMB = 90°$,

$\overline{OA} = \overline{OB}$ (반지름), $\overline{OM}$은 공통

➡ $\triangle OAM \equiv \triangle OBM$ (RHS 합동)

$\therefore \overline{AM} = \overline{BM}$

원에서 현의 수직이등분선은 그 원의 중심을 지난다.

|증명|

원 O에서 현 AB의 수직이등분선을 l 이라고 하면 두 점 A, B로부터 같은 거리에 있는 점들은 모두 직선 l 위에 있다.

➡ 두 점 A, B로부터 같은 거리에 있는 원의 중심 O도 직선 l 위에 있다.

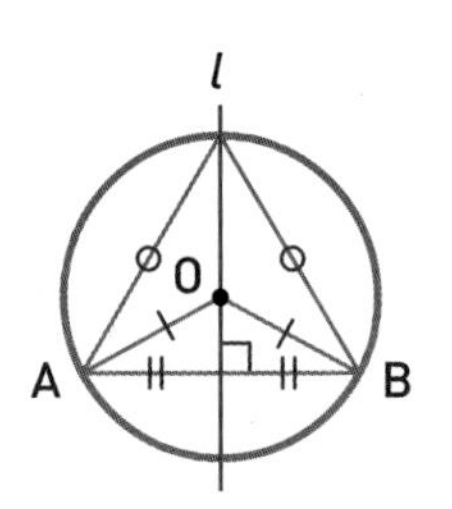

Ⓥ 현의 길이의 성질

한 원에서 중심으로부터 같은 거리에 있는 두 현의 길이는 같다.

$\overline{OM} = \overline{ON}$이면 $\overline{AB} = \overline{CD}$

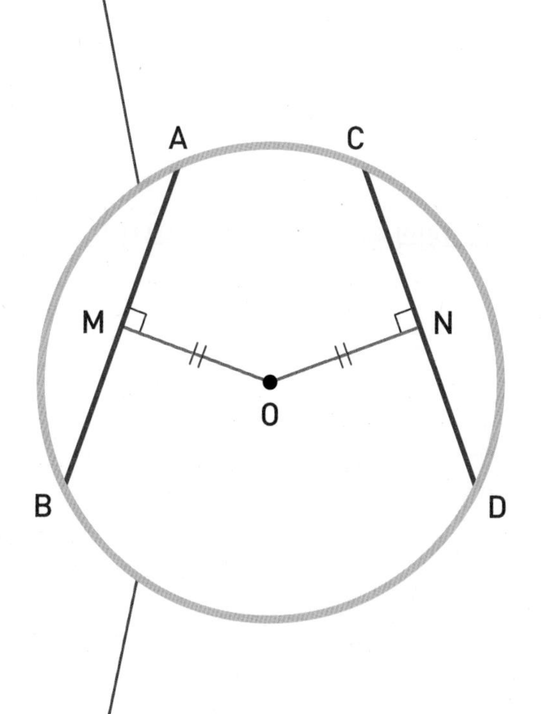

|증명|

원 O의 중심에서 같은 거리에 있는 두 현 AB, CD에 내린 수선의 발을 각각 M, N이라고 하면

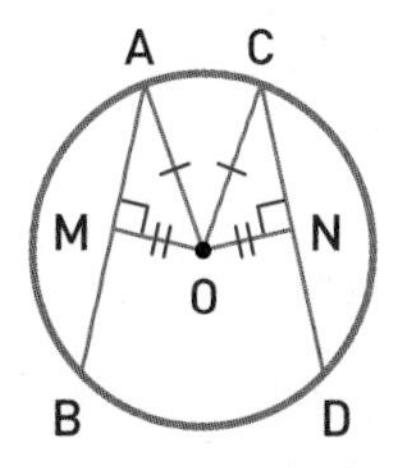

❶ $\angle OMA = \angle ONC = 90°$,
$\overline{OA} = \overline{OC}$ (반지름), $\overline{OM} = \overline{ON}$
➡ $\triangle OAM \equiv \triangle OCN$ (RHS 합동)
$\therefore \overline{AM} = \overline{CN}$

❷ $\overline{AB} = 2\overline{AM}$, $\overline{CD} = 2\overline{CN}$
$\therefore \overline{AB} = \overline{CD}$

한 원에서 길이가 같은 두 현은 원의 중심으로부터 같은 거리에 있다.

$\overline{AB} = \overline{CD}$이면 $\overline{OM} = \overline{ON}$

|증명|

원 O의 중심에서 같은 거리에 있는 두 현 AB, CD에 내린 수선의 발을 각각 M, N이라고 하면

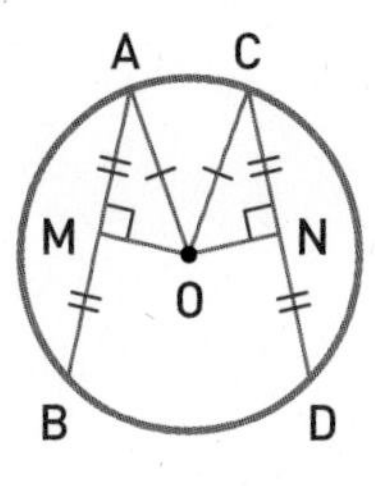

❶ $\overline{AM} = \frac{1}{2}\overline{AB}$, $\overline{CN} = \frac{1}{2}\overline{CD}$이고 $\overline{AB} = \overline{CD}$이므로 $\overline{AM} = \overline{CN}$

❷ $\angle OMA = \angle ONC = 90°$, $\overline{OA} = \overline{OC}$ (반지름), $\overline{AM} = \overline{CN}$
➡ $\triangle OAM \equiv \triangle OCN$ (RHS 합동)
$\therefore \overline{OM} = \overline{ON}$

Review : 중심각의 크기와 현, 호의 길이

스피드 정답 : 04쪽
친절한 풀이 : 19쪽

중심각의 크기와 현의 길이

한 원 또는 합동인 두 원에서

- 중심각의 크기가 같은 두 부채꼴의 현의 길이는 같다.
- 길이가 같은 두 현에 대한 중심각의 크기는 같다.
- 현의 길이는 중심각의 크기에 정비례하지 않는다.

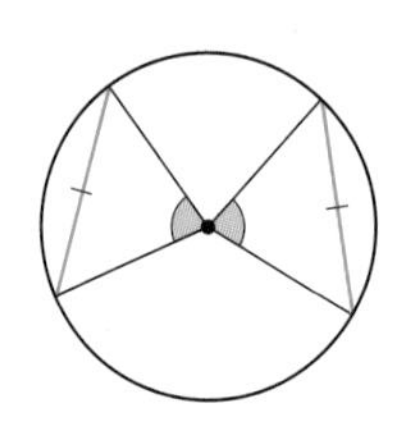

중심각의 크기와 호의 길이

한 원 또는 합동인 두 원에서

- 중심각의 크기가 같은 두 부채꼴의 호의 길이는 같다.
- 길이가 같은 두 호에 대한 중심각의 크기는 같다.
- 호의 길이는 중심각의 크기에 정비례한다.

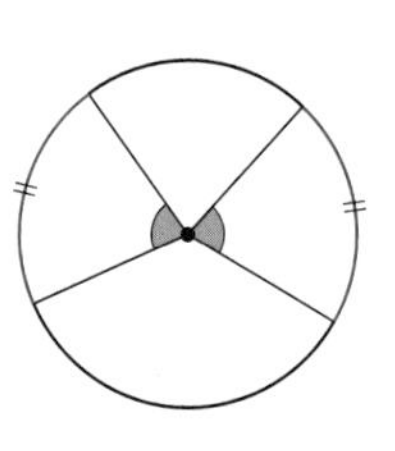

* **오른쪽 그림의 원 O에서 $\angle AOB = \angle COD = \angle DOE$일 때, 다음 중 옳은 것에는 ○표, 옳지 않은 것에는 ×표를 하시오.**

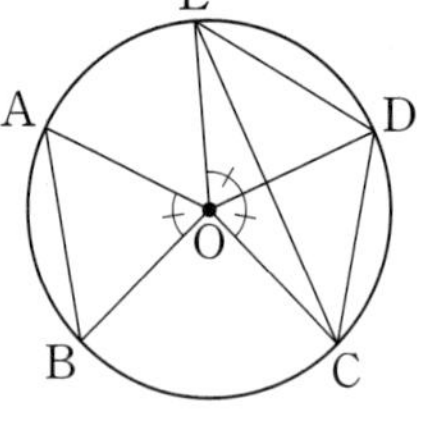
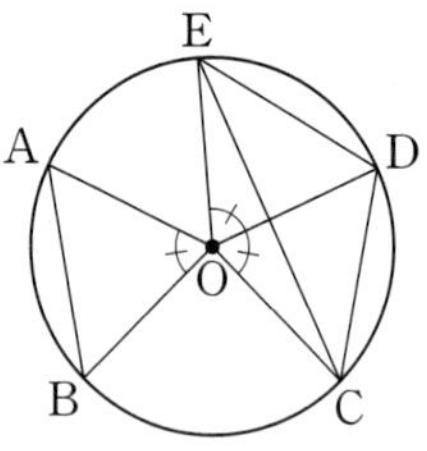

01 $\overline{AB} \neq \overline{CD}$ (　　　)

02 $\widehat{AB} = \widehat{CD}$ (　　　)

03 $2\widehat{AB} = \widehat{CE}$ (　　　)

04 $\overline{CE} = 2\overline{AB}$ (　　　)

* **다음 그림의 원 O에서 x의 값을 구하시오.**

05

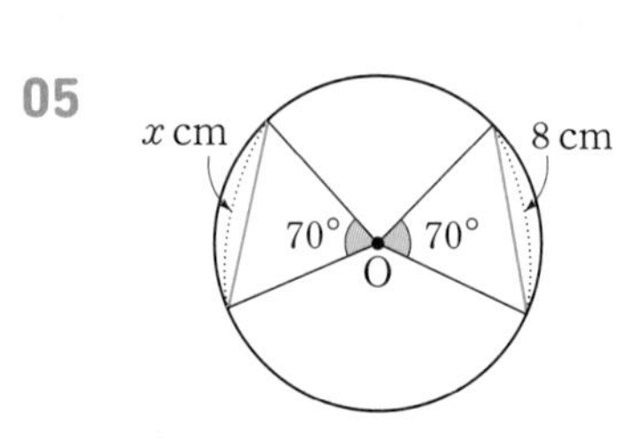

06

6 cm　x cm　50°　50°　O

07

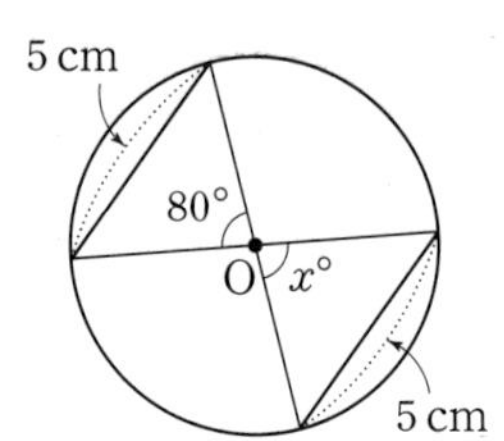

08

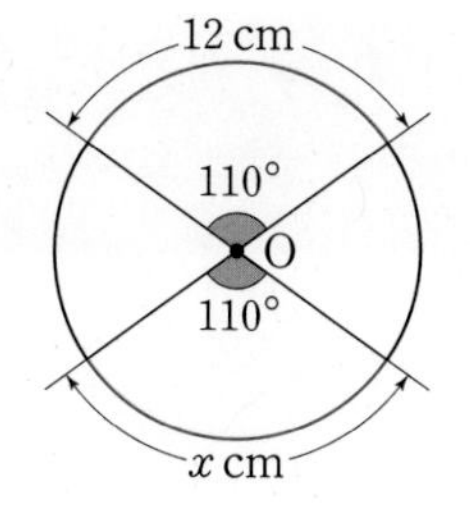

09

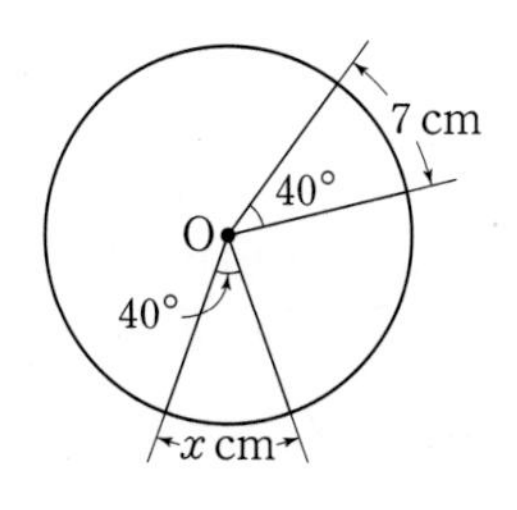

10

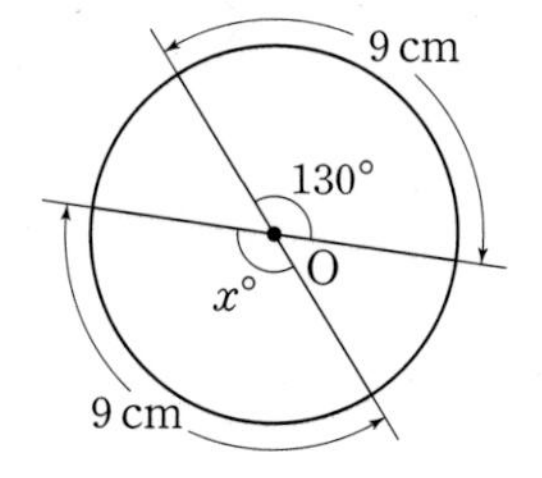

11

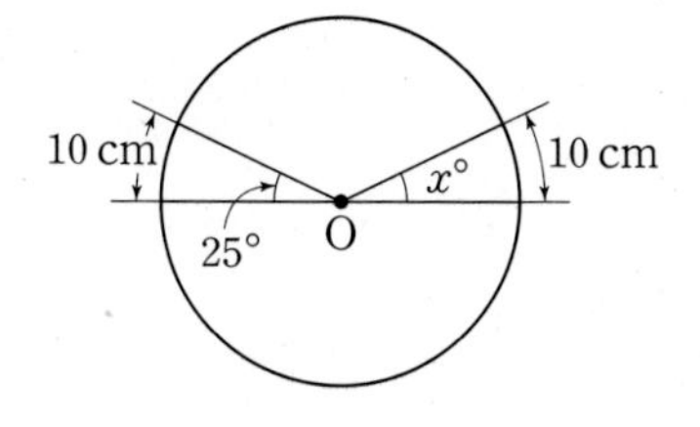

12

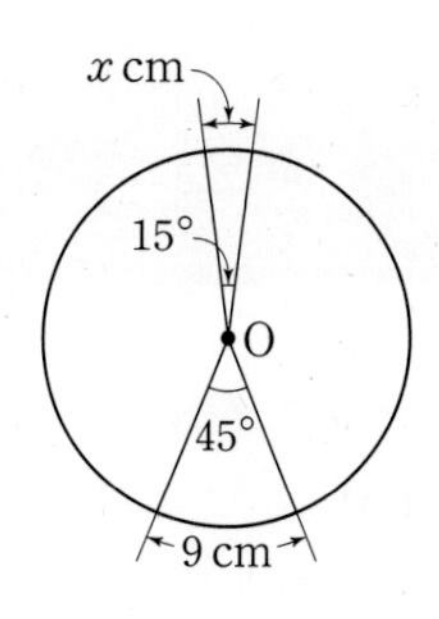

13

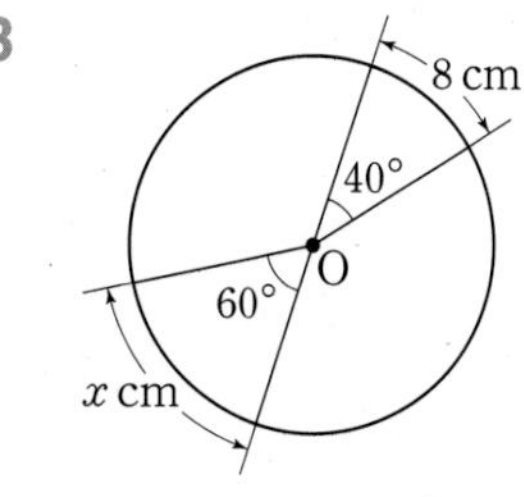

14

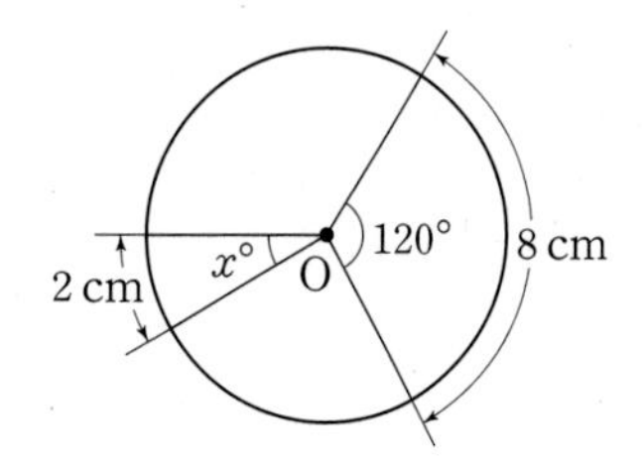

15

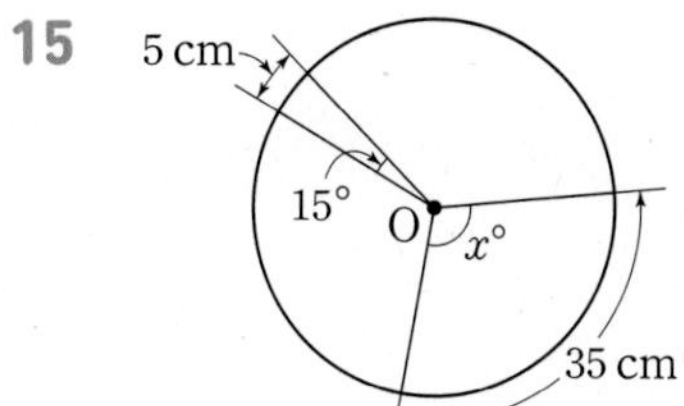

ACT 20 원의 중심과 현의 수직이등분선

스피드 정답 : 04쪽
친절한 풀이 : 19쪽

- 원의 중심에서 현에 내린 수선은 그 현을 이등분한다.
  ➡ $\overline{AB} \perp \overline{OM}$이면 $\overline{AM}=\overline{BM}$
- 원에서 현의 수직이등분선은 그 원의 중심을 지난다.

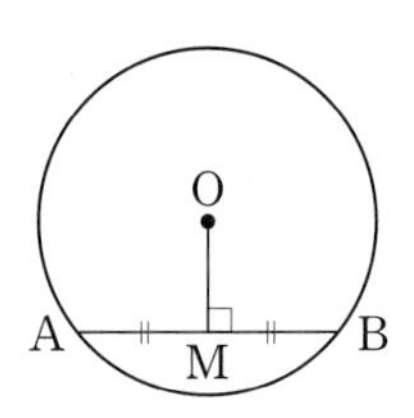

* 다음 그림의 원 O에서 x의 값을 구하시오.

01

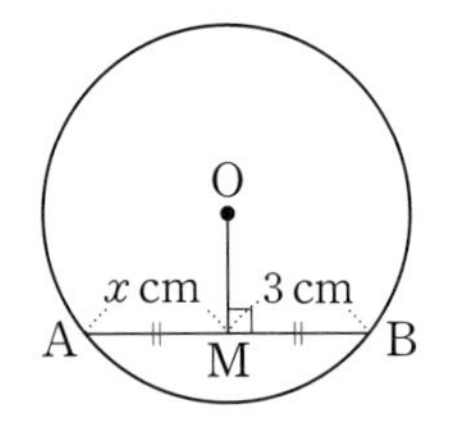

➡ $\overline{AM}=\overline{BM}=\square$ cm　　$\therefore x=\square$

02

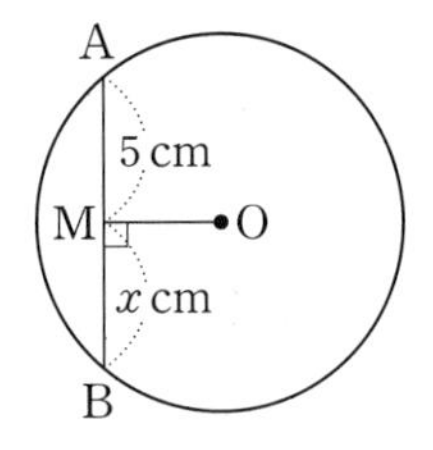

03

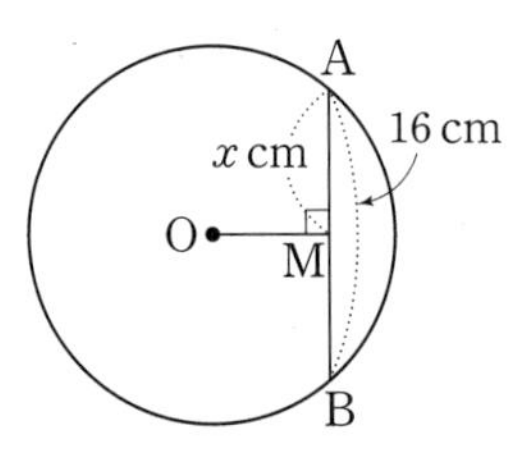

04

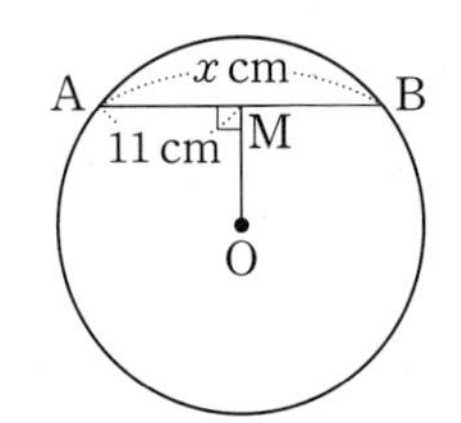

05

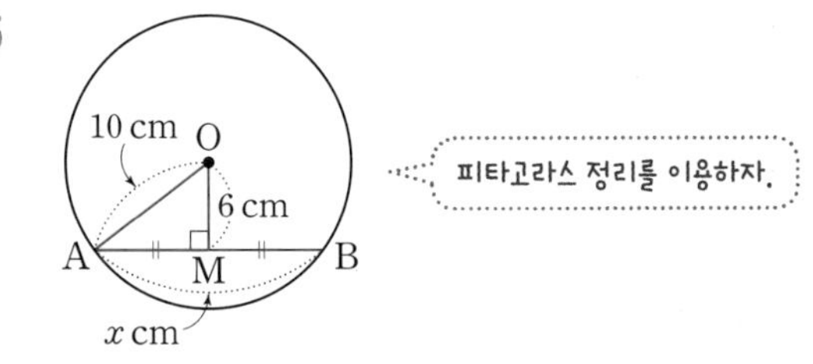

➡ △AOM에서

$\overline{AM}=\sqrt{10^2-\square^2}=\square$ (cm)이므로

$\overline{AB}=2\overline{AM}=\square$ (cm)　　$\therefore x=\square$

06

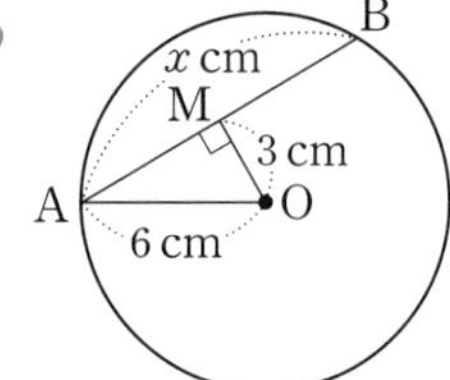

07

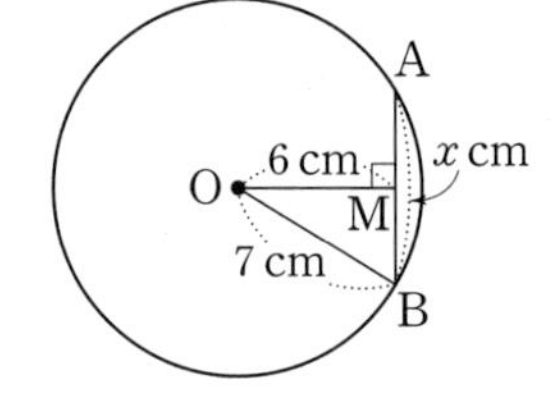

08

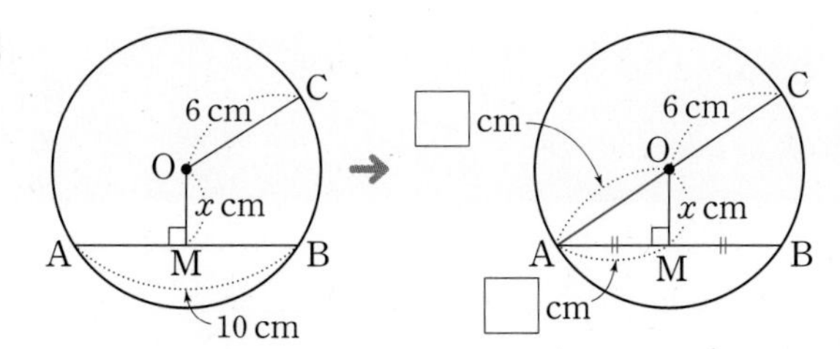

$\overline{\text{OA}}$를 그으면

$\overline{\text{OA}}=\overline{\text{OC}}=\square$ cm

$\overline{\text{AM}}=\dfrac{1}{2}\overline{\text{AB}}=\dfrac{1}{2}\times\square=\square$ (cm)

△AOM에서

$\overline{\text{OM}}=\sqrt{\square^2-\square^2}=\square$ (cm)

$\therefore x=\square$

09

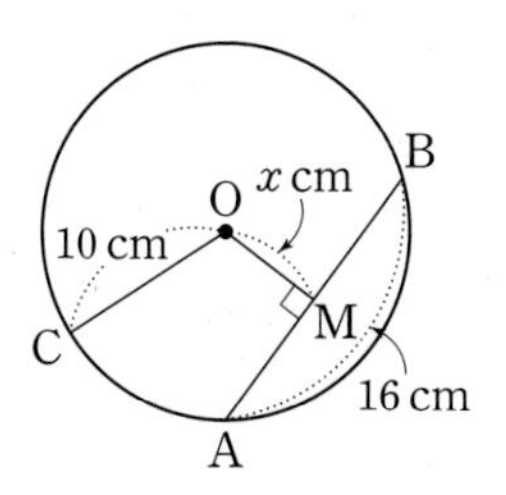

10

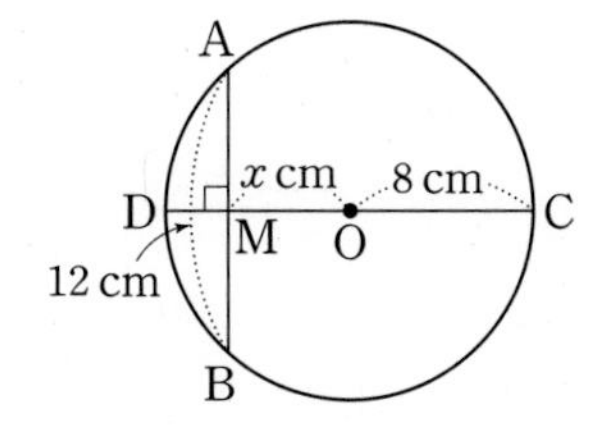

* **다음 그림의 원 O에서 반지름의 길이를 구하시오.**

11

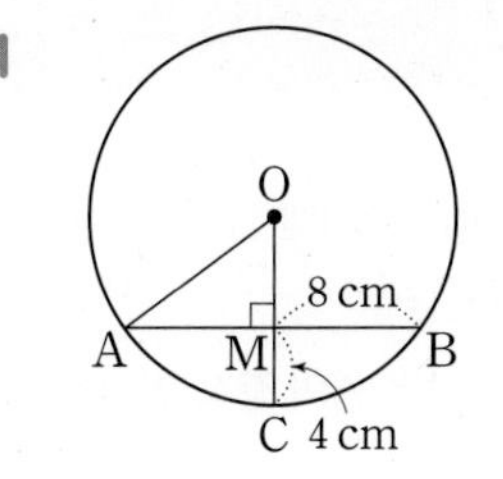

원 O의 반지름의 길이를 r cm라고 하면

$\overline{\text{OA}}=\overline{\text{OC}}=r$ cm이므로

$\overline{\text{OM}}=(r-\square)$ cm

$\overline{\text{AM}}=\overline{\text{BM}}=\square$ cm

△AOM에서

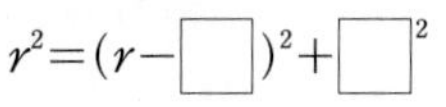

$r^2=(r-\square)^2+\square^2$

$\therefore r=\square$

따라서 원 O의 반지름의 길이는 $\square$ cm이다.

12

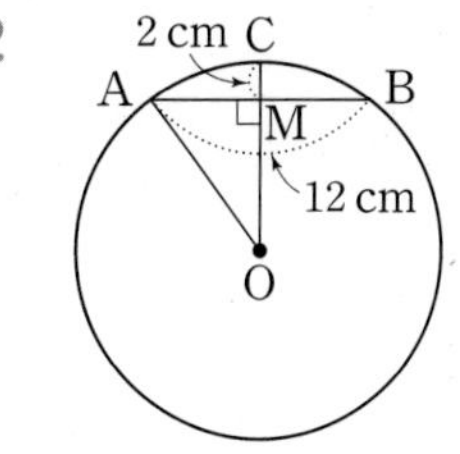

13

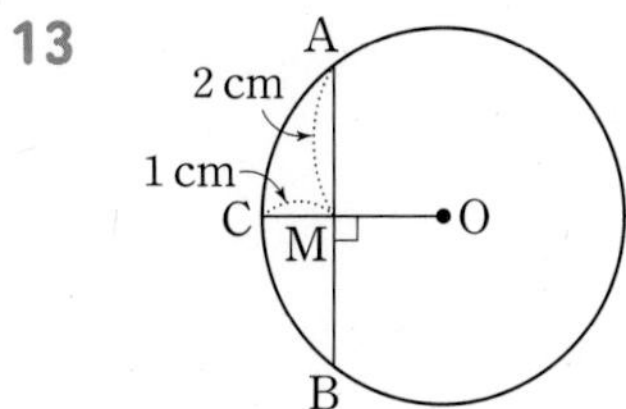

ACT 21

현의 길이

스피드 정답 : 04쪽
친절한 풀이 : 20쪽

- 한 원에서 중심으로부터 같은 거리에 있는 두 현의 길이는 서로 같다.
  ⇒ $\overline{\mathrm{OM}}=\overline{\mathrm{ON}}$이면 $\overline{\mathrm{AB}}=\overline{\mathrm{CD}}$
- 한 원에서 길이가 같은 두 현은 원의 중심으로부터 같은 거리에 있다.
  ⇒ $\overline{\mathrm{AB}}=\overline{\mathrm{CD}}$이면 $\overline{\mathrm{OM}}=\overline{\mathrm{ON}}$

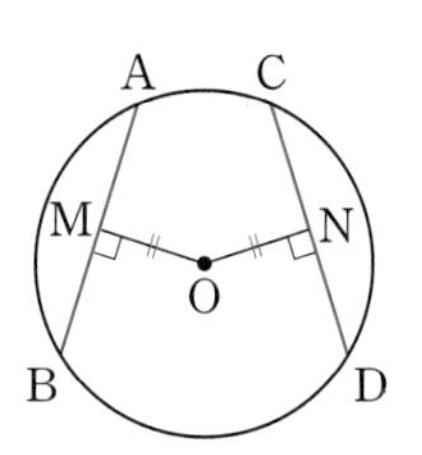

* **오른쪽 그림의 원 O에서 $\overline{\mathrm{AB}}\perp\overline{\mathrm{OM}}$, $\overline{\mathrm{CD}}\perp\overline{\mathrm{ON}}$이고 $\overline{\mathrm{AM}}=\overline{\mathrm{CN}}$일 때, 다음 중 옳은 것에는 ○표, 옳지 <u>않은</u> 것에는 ×표를 하시오.**

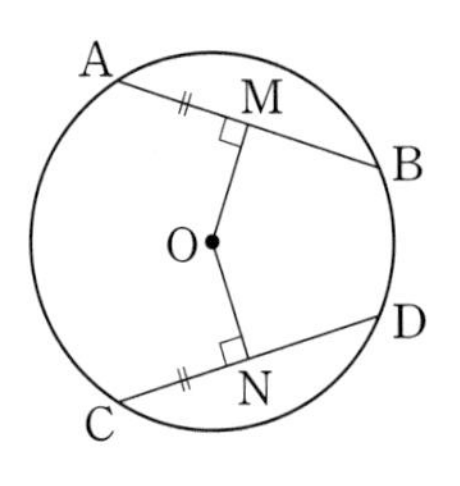

01 $\overline{\mathrm{AB}}=\overline{\mathrm{CD}}$ ( )

02 $\overline{\mathrm{OM}}=\overline{\mathrm{BM}}$ ( )

03 $\widehat{\mathrm{AB}}=\widehat{\mathrm{CD}}$ ( )

04 $\overline{\mathrm{OM}}=\overline{\mathrm{ON}}$ ( )

05 $\widehat{\mathrm{AB}}=\widehat{\mathrm{AC}}$ ( )

* **다음 그림의 원 O에서 x의 값을 구하시오.**

06

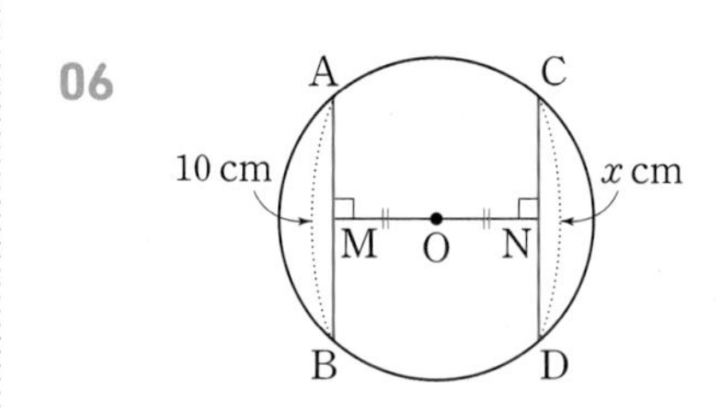

07

08

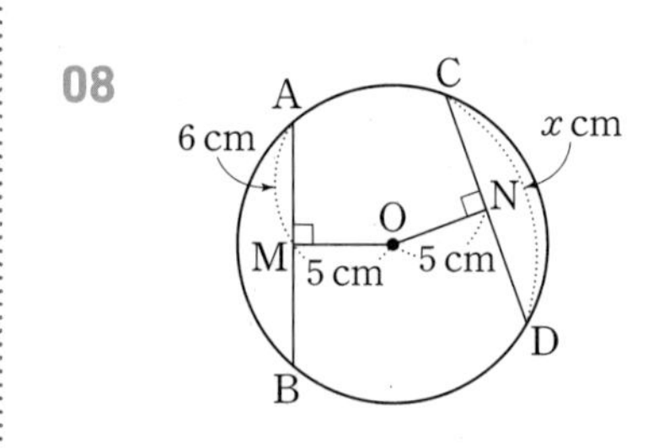

09

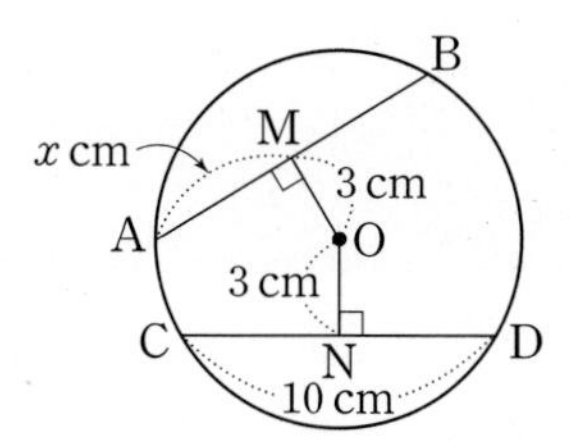

10

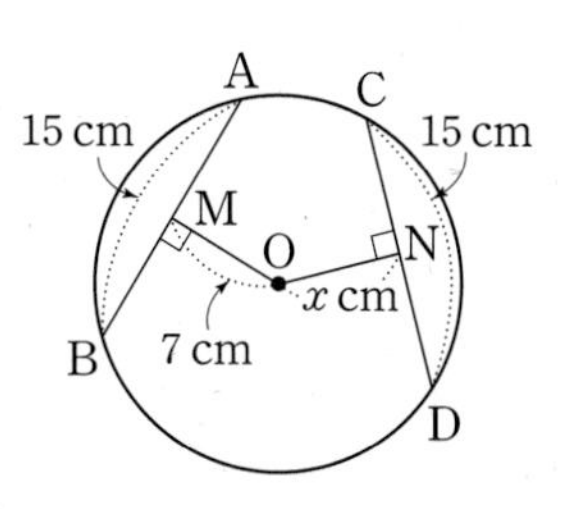

11

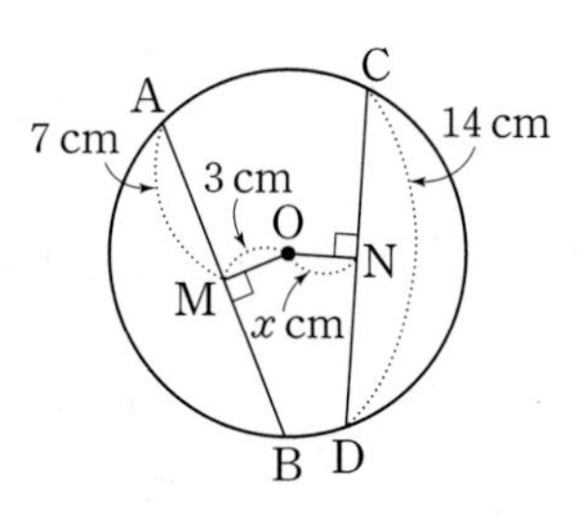

12

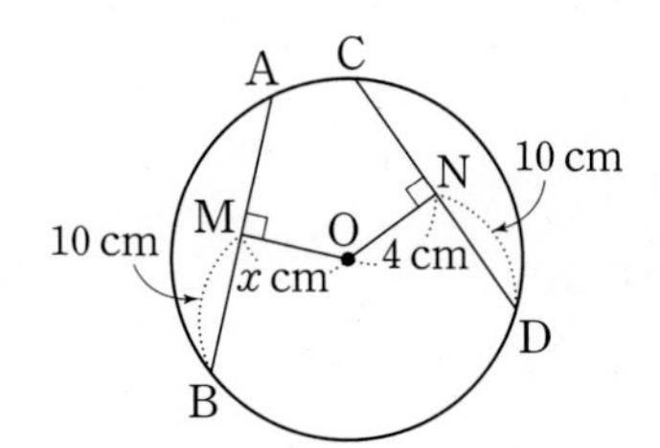

13

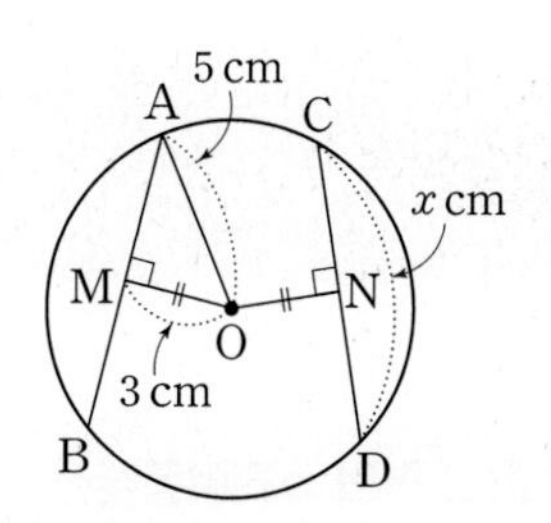

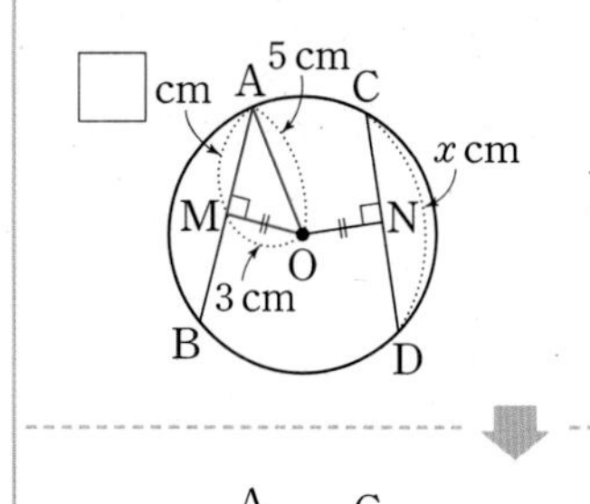

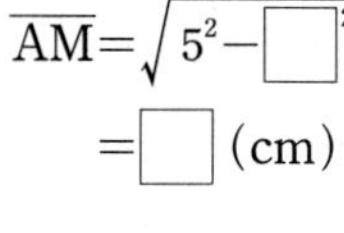

$\triangle$AOM에서

$\overline{AM}=\sqrt{5^2-\square^2}$

$=\square$ (cm)

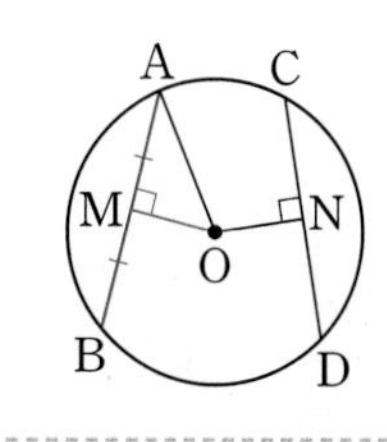

$\overline{AB}\perp\overline{OM}$이므로

$\overline{AB}=\square\,\overline{AM}$

$=\square$ (cm)

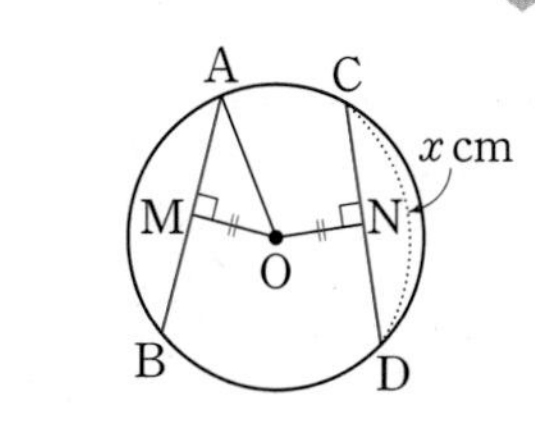

$\overline{CD}=\overline{AB}=\square$ cm

$\therefore x=\square$

14

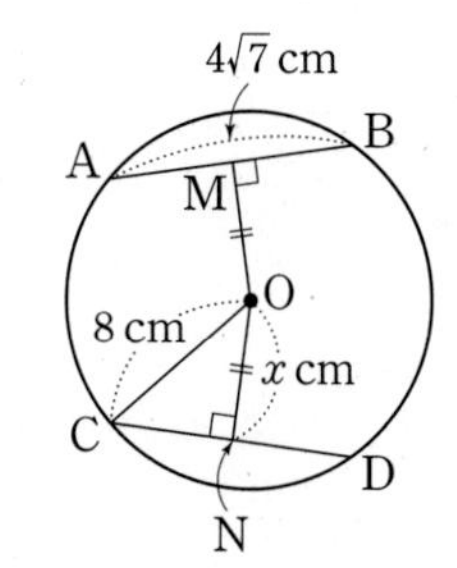

현의 활용

스피드 정답 : 05쪽
친절한 풀이 : 20쪽

유형 1 원의 일부분에서 현의 수직이등분선

＊ 다음 그림에서 $\widehat{AB}$는 원의 일부분이다. $\overline{AM}=\overline{BM}$, $\overline{AB}\perp\overline{CM}$일 때, 이 원의 반지름의 길이를 구하시오.

01

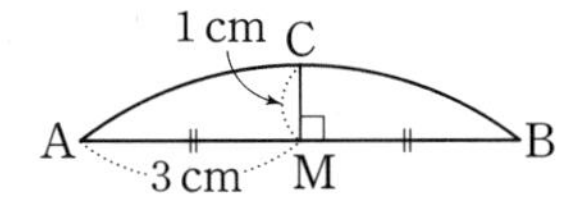

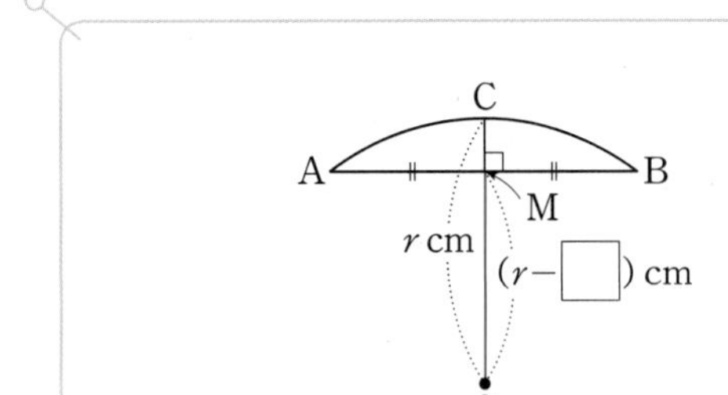

원의 중심을 점 O, 반지름의 길이를 r cm라고 하면
$\overline{OM}=(r-\square)$ cm

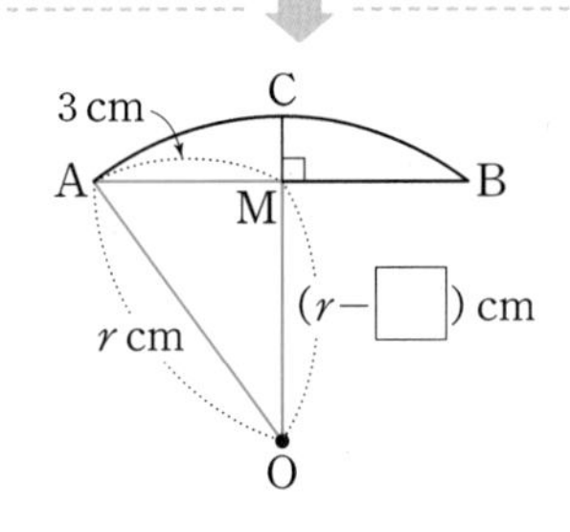

$\overline{OA}$를 그으면 △OAM에서
$r^2=(r-\square)^2+\square^2$ $\quad\therefore r=\square$
따라서 원의 반지름의 길이는 □ cm이다.

02

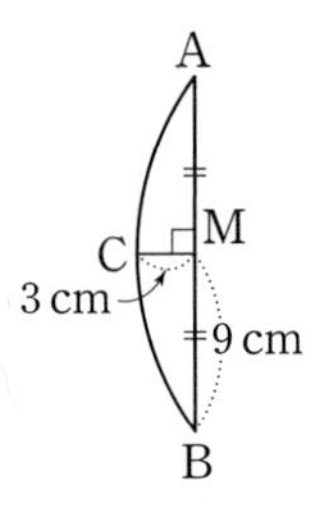

03

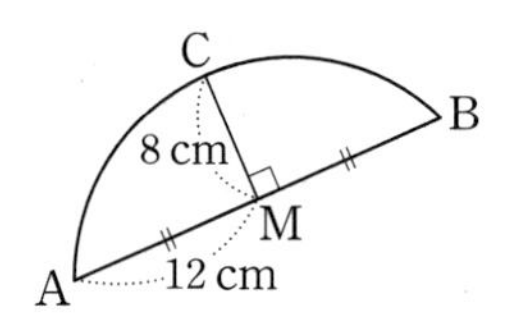

04

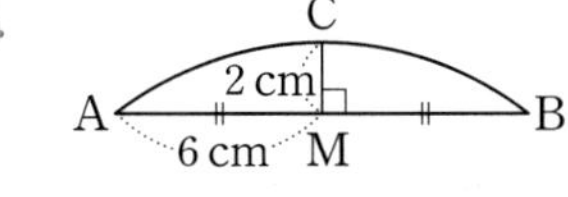

05

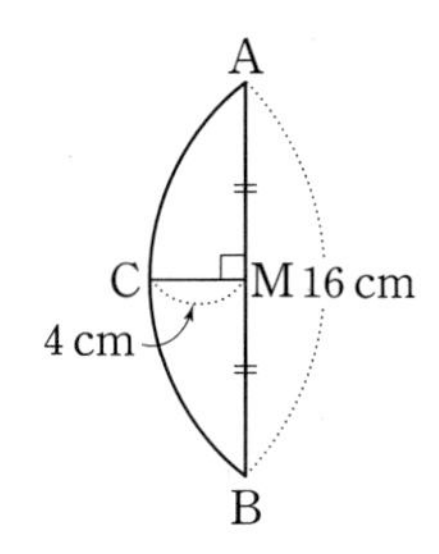

06

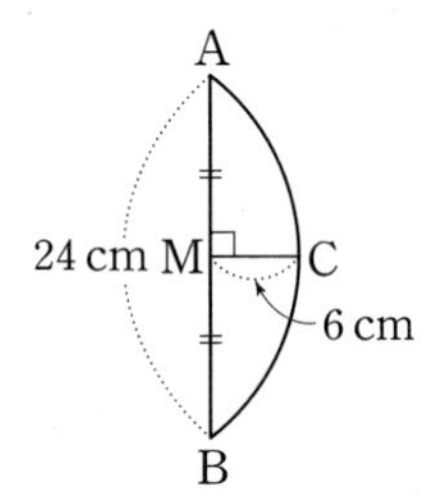

유형 2 삼각형에서 현의 길이의 활용

* **다음 그림의 원 O에서 $\overline{OM}=\overline{ON}$일 때, $\angle x$의 크기를 구하시오.**

07

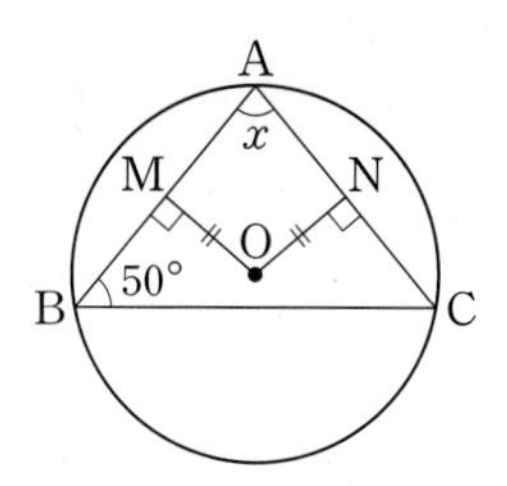

$\overline{OM}=\overline{ON}$이므로

$\overline{AB}=$ $\square$

따라서 $\triangle ABC$는

$\square$ 삼각형이다

이등변삼각형의 두 밑각의 크기는 서로 같으므로

$\angle ACB=\angle ABC$

$=\square$

삼각형의 세 내각의 크기의 합은 $\square$ 이므로

$\angle x=180^\circ-2\times\square$

$=\square$

08

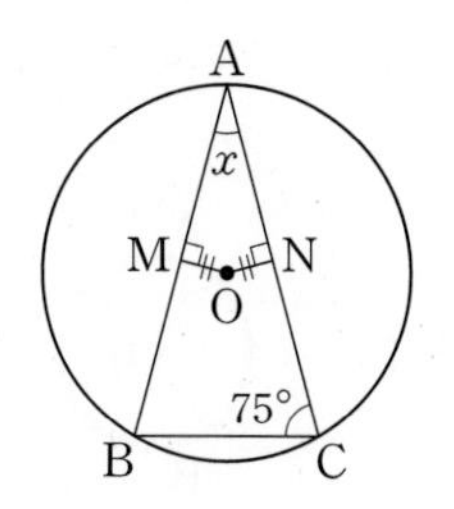

09

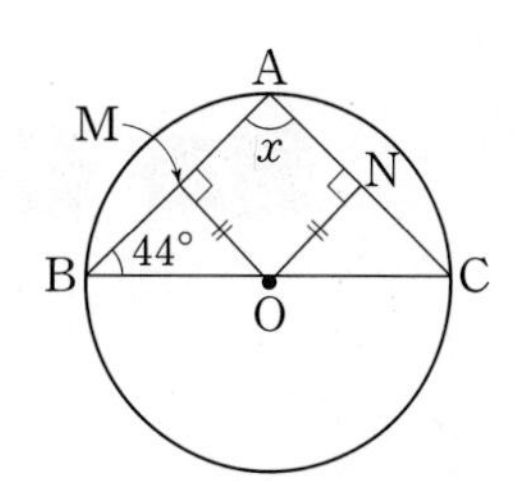

10

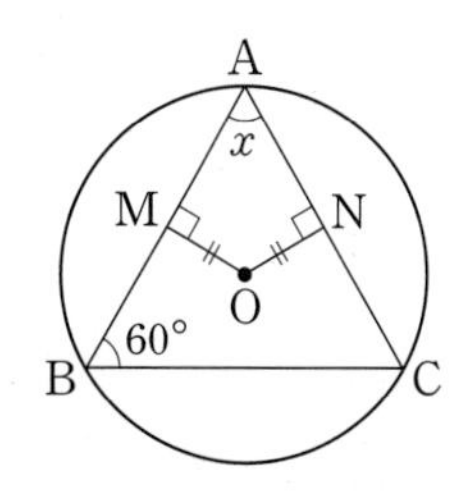

11

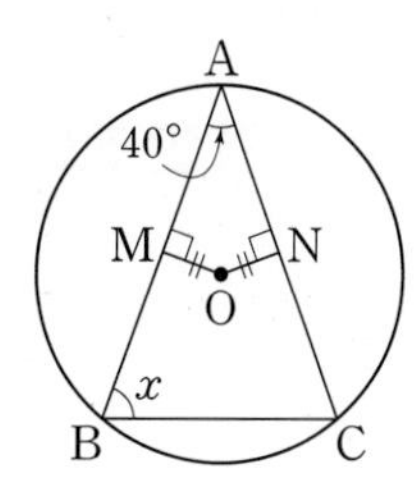

12

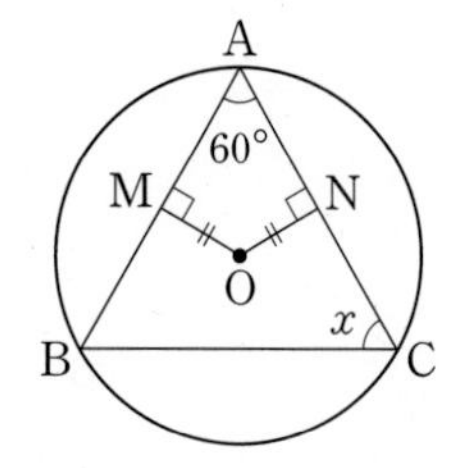

VISUAL IDEA 4

원과 접선

V 원의 접선의 길이

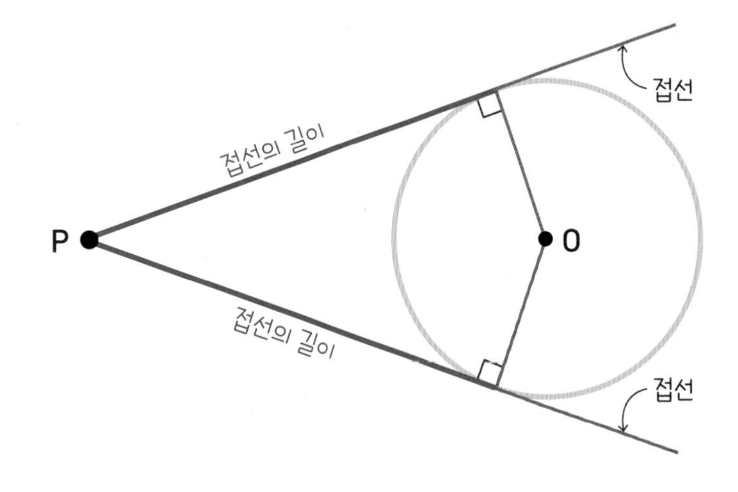

▶ **접선**

원과 직선이 한 점에서 만날 때, 이 직선을 **접선**이라고 한다.

▶ **접선의 길이**

원 O 밖의 한 점 P에서 이 원에 그을 수 있는 접선은 2개이다.
이때 점 P에서 접점까지의 거리를 **접선의 길이**라고 한다.

▶ **접선의 성질**

원 밖의 한 점에서 그 원에 그은 두 접선의 길이는 같다.

|증명|

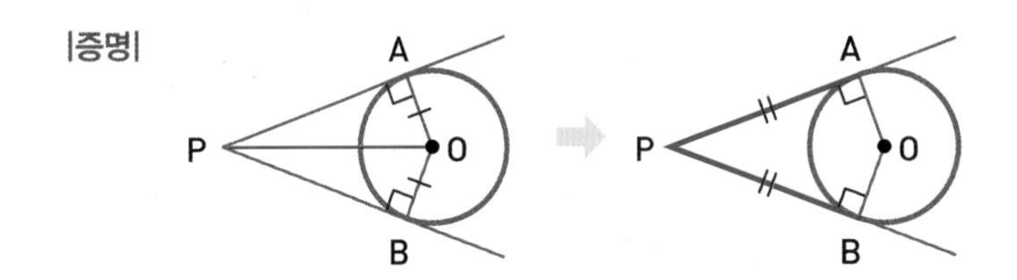

$\overrightarrow{PA}$, $\overrightarrow{PB}$가 원 O의 접선일 때
$\overline{PO}$를 그으면
$\angle PAO = \angle PBO = 90°$,
$\overline{OA} = \overline{OB}$ (반지름), $\overline{OP}$는 공통
➡ $\triangle PAO \equiv \triangle PBO$ (RHS 합동)
$\therefore \overline{PA} = \overline{PB}$

참고

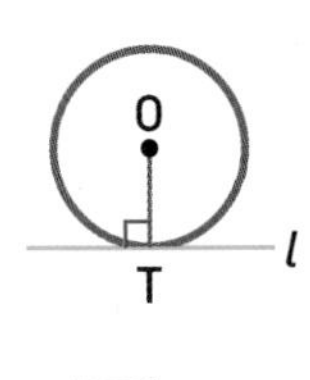

$\overline{OT} \perp l$

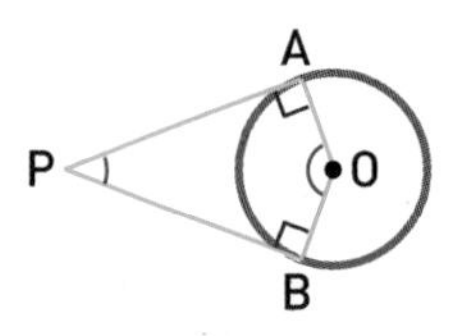

$\angle APB + \angle AOB = 180°$

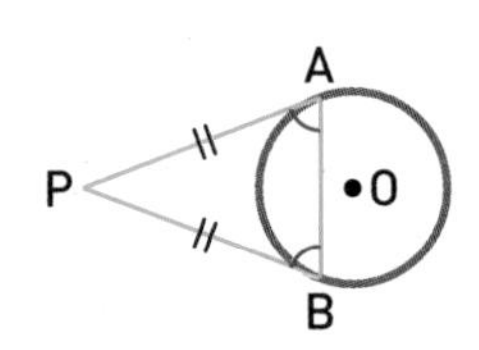

$\angle PAB = \angle PBA$

A 삼각형과 사각형의 내접원

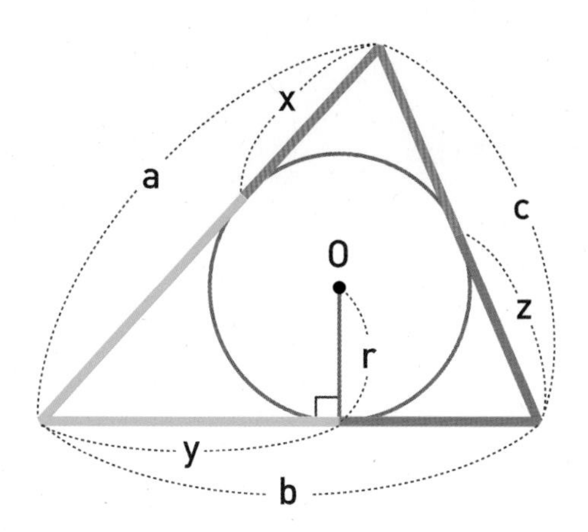

▶ 둘레

$$a+b+c=2(x+y+z)$$

▶ 넓이

$$(\text{넓이})=\frac{1}{2}r(a+b+c)$$

둘레의 증명

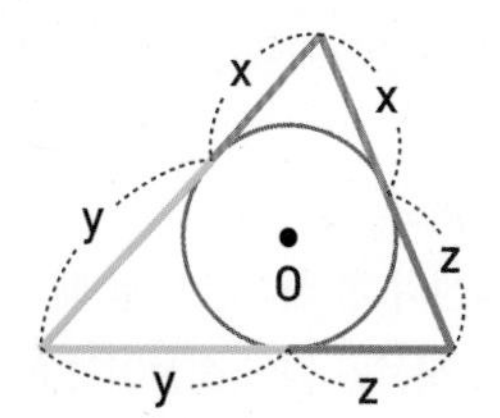

$a=x+y,\ b=y+z,\ c=z+x$

$\Rightarrow a+b+c$

$=(x+y)+(y+z)+(z+x)$

$=2(x+y+z)$

넓이의 증명

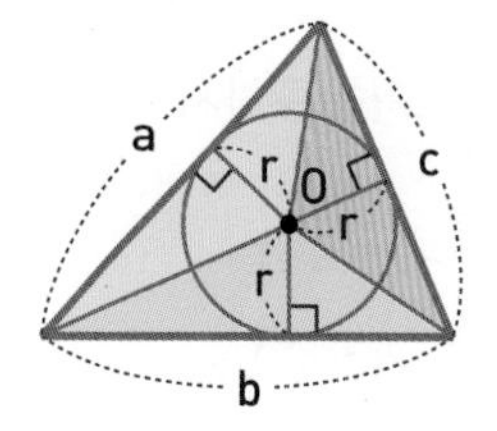

$\frac{1}{2}\times a\times r+\frac{1}{2}\times b\times r+\frac{1}{2}\times c\times r$

$=\frac{1}{2}r(a+b+c)$

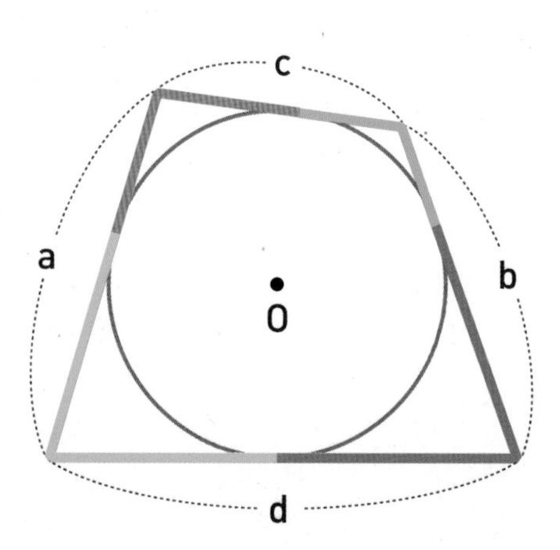

$$a+b=c+d$$

원에 외접하는 사각형에서 두 쌍의 대변의 길이의 합은 같다.

↔ 두 쌍의 대변의 길이의 합이 같은 사각형은 원에 외접한다.

외접사각형의 증명

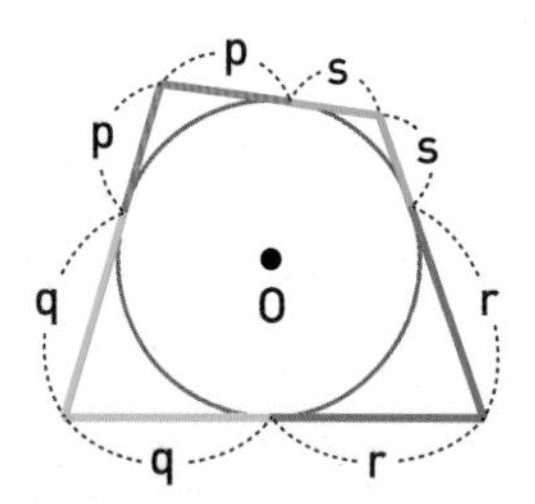

$a+b=(p+q)+(s+r)$

$=(p+s)+(q+r)$

$=c+d$

ACT 23

원의 접선과 반지름

스피드 정답 : 05쪽
친절한 풀이 : 21쪽

접선과 접점

원과 직선이 한 점에서 만날 때, 이 직선은 원에 접한다고 한다.
이때 이 직선을 원의 접선이라 하고, 접선이 원과 만나는 점을 접점이라고 한다.

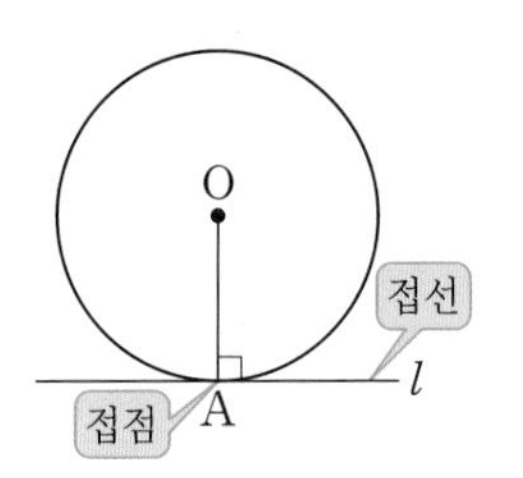

원의 접선과 반지름

원의 접선은 그 접점을 지나는 원의 반지름과 서로 수직이다. ➡ $l \perp \overline{\mathrm{OA}}$

* **다음 그림에서 $\overline{\mathrm{PA}}$는 원 O의 접선이고 점 A는 접점일 때, $\angle x$의 크기를 구하시오.**

01

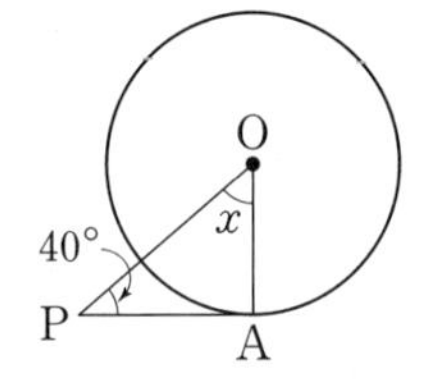

02

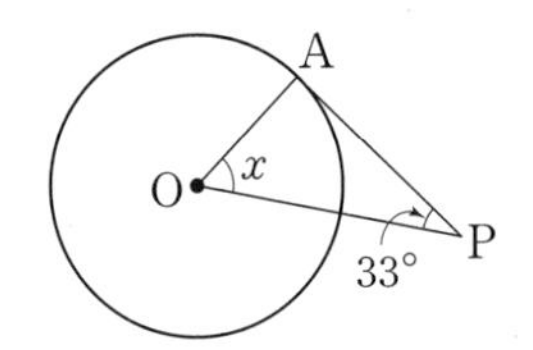

03

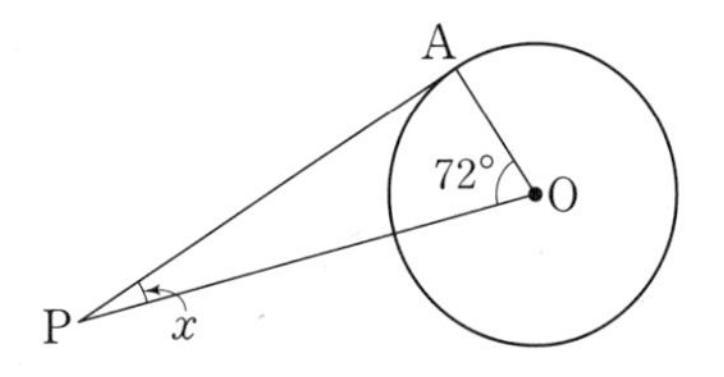

04

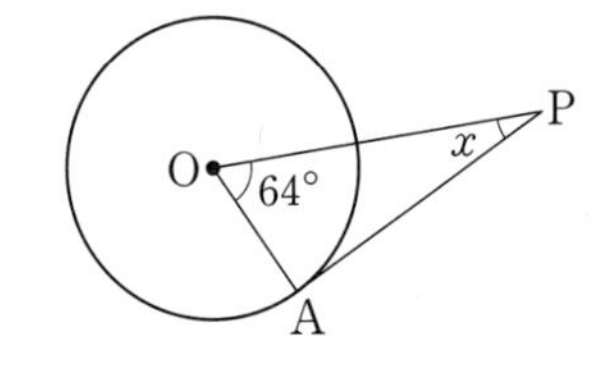

* **다음 그림에서 $\overline{\mathrm{PA}}$, $\overline{\mathrm{PB}}$는 원 O의 접선이고 두 점 A, B는 접점일 때, $\angle x$의 크기를 구하시오.**

05

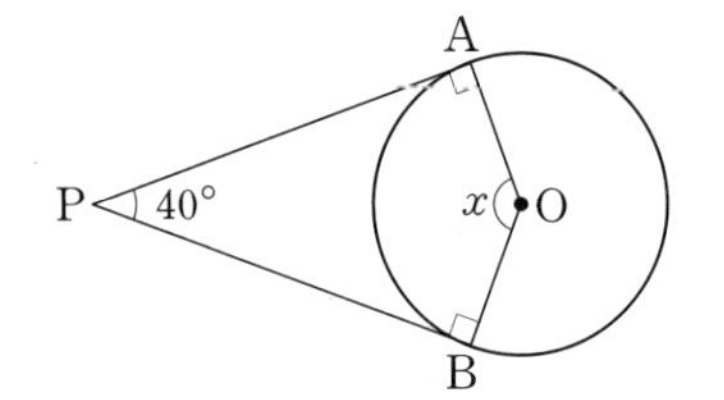

➡ □APBO에서

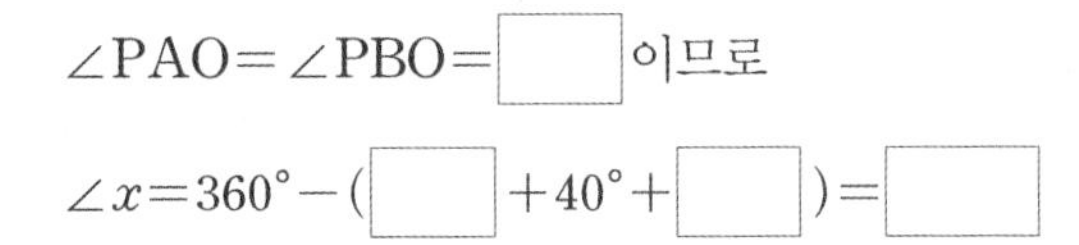

$\angle \mathrm{PAO} = \angle \mathrm{PBO} =$ □ 이므로

$\angle x = 360° - ($ □ $+ 40° +$ □ $) =$ □

06

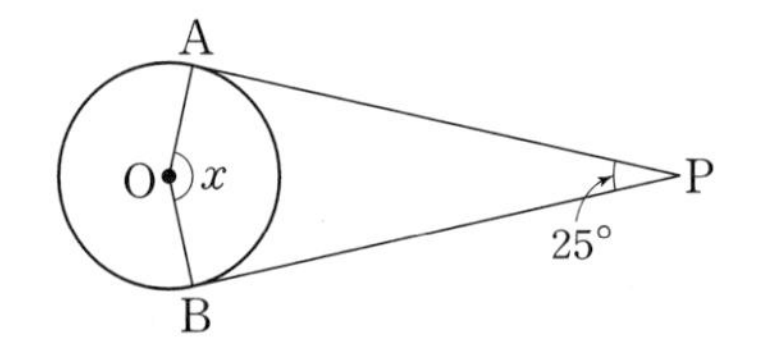

07

P, x, A, 120°, O, B

* **다음 그림에서 $\overline{PA}$는 원 O의 접선이고 점 A는 접점일 때, x의 값을 구하시오.**

08

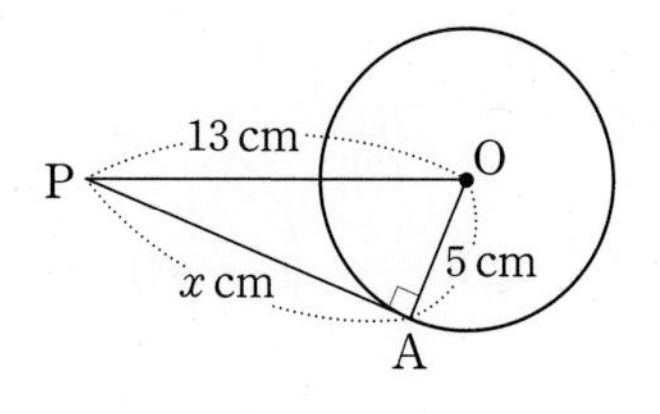

➡ △OPA는 ∠PAO=☐인 직각삼각형이므로

$\overline{PA}=\sqrt{13^2-\square^2}=\square$ (cm)

$\therefore x=\square$

09

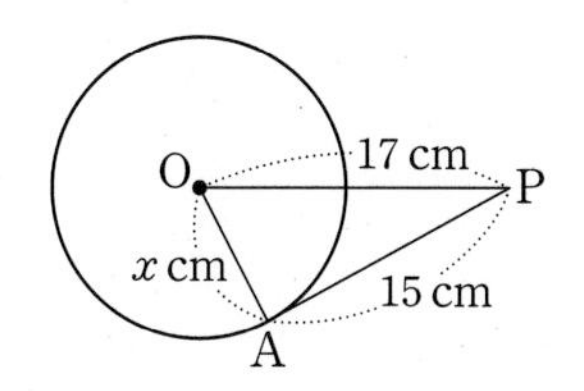

10

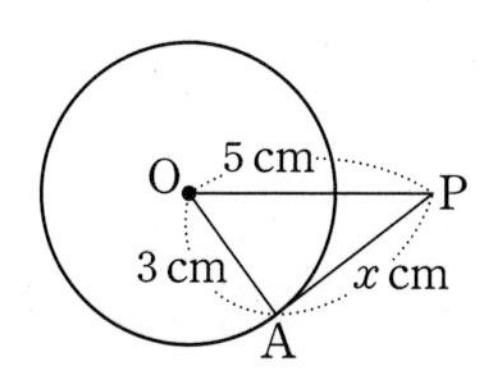

11

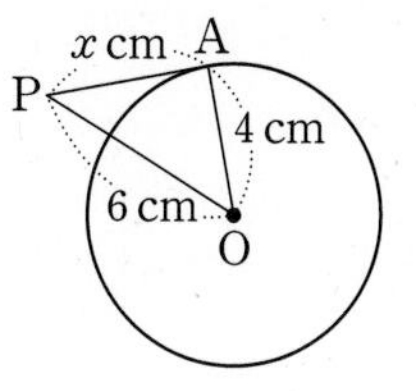

12

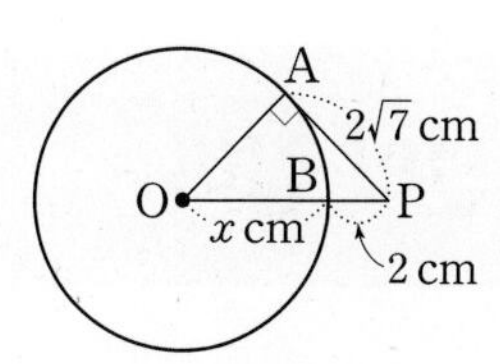

➡ △OPA는 ∠PAO=☐인 직각삼각형이고

$\overline{OA}=\overline{OB}=\square$ cm이므로

$(\square+2)^2=\square^2+(2\sqrt{7})^2$

$\therefore x=\square$

13

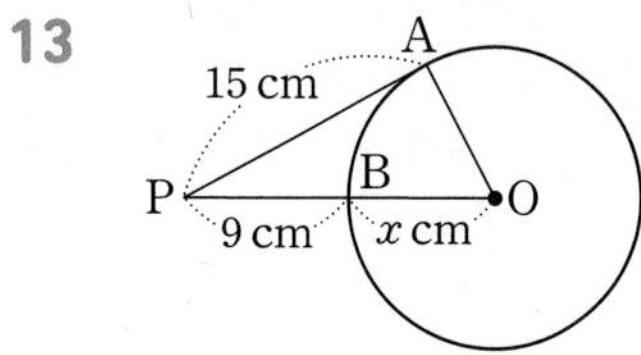

14

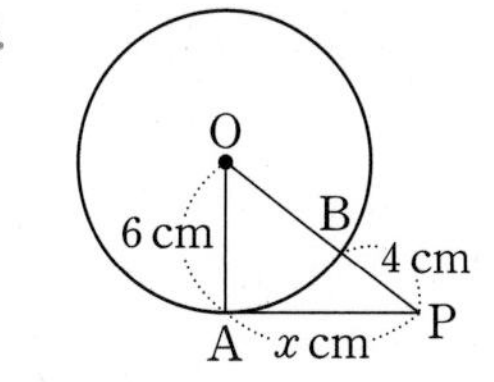

15

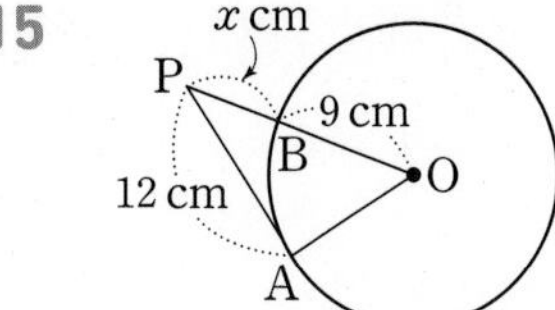

ACT 24

원의 접선의 길이

스피드 정답 : 05쪽
친절한 풀이 : 21쪽

- **접선의 길이** : 원 밖의 한 점 P에서 원 O에 접선을 그었을 때, 점 P에서 접점까지의 거리
- 원 밖의 한 점에서 원에 그을 수 있는 접선은 2개이다.
- 원 밖의 한 점에서 원에 그은 두 접선의 길이는 서로 같다.
  ➡ $\overline{PA}=\overline{PB}$

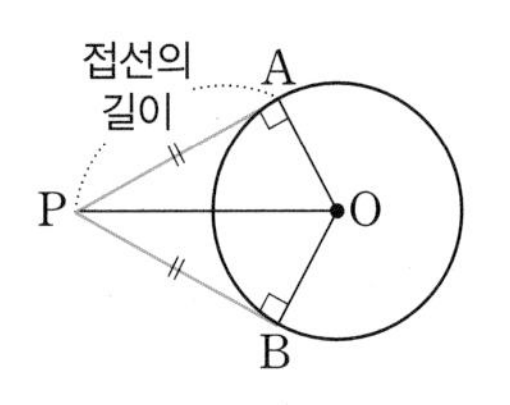

* **아래 그림에서 $\overline{PA}$, $\overline{PB}$는 원 O의 접선이고 두 점 A, B는 접점일 때, 다음 중 옳은 것에는 ○표, 옳지 않은 것에는 ×표를 하시오.**

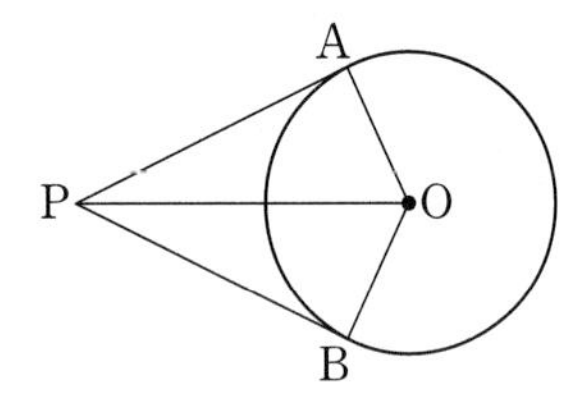

01 $\overline{PB}=\overline{PO}$ 

02 $\angle PAO=90°$ 

03 $\overline{PA}^2=\overline{PO}^2-\overline{OA}^2$ 

04 $\triangle APO \equiv \triangle BPO$ ( )

05 $\angle APO \neq \angle BPO$ ( )

* **다음 그림에서 $\overline{PA}$, $\overline{PB}$는 원 O의 접선이고 두 점 A, B는 접점일 때, x의 값을 구하시오.**

06

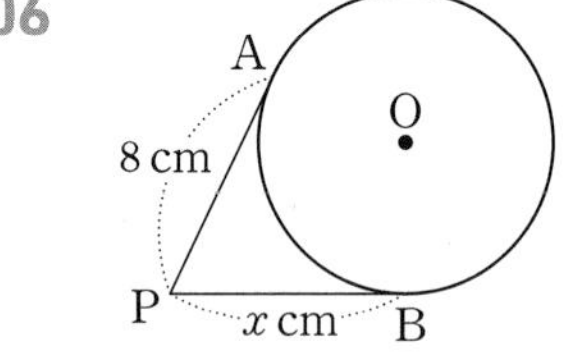

07

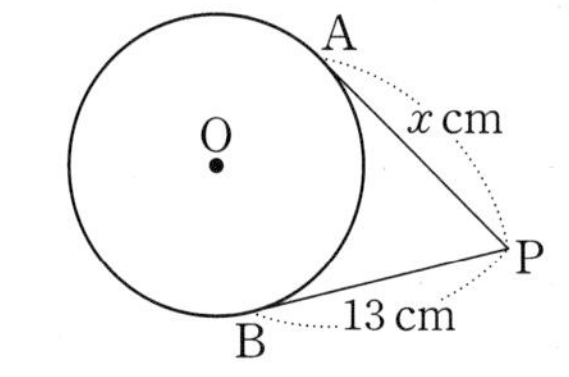

08

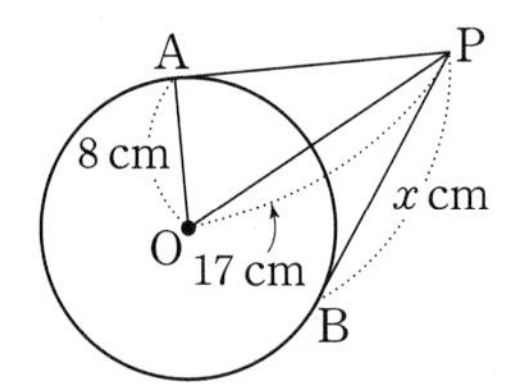

09

P 12 cm A
x cm
O
5 cm
B

* 다음 그림에서 $\overline{PA}$, $\overline{PB}$는 원 O의 접선이고 두 점 A, B는 접점일 때, $\angle x$의 크기를 구하시오.

10

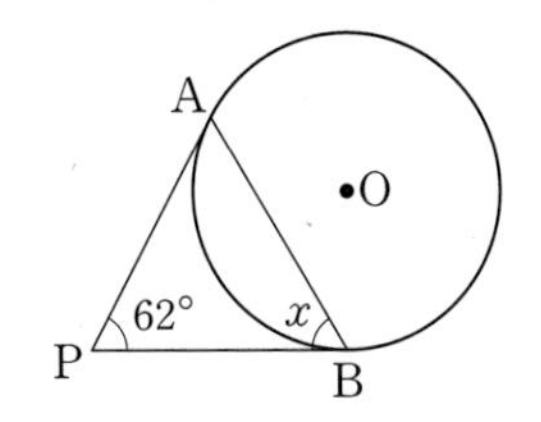

➡ △PAB는 $\overline{PA}=\overline{PB}$인 □ 삼각형이므로

$\angle PAB=\angle$□

$\therefore \angle x=\frac{1}{2}\times(180^\circ-$□$)=$□

11

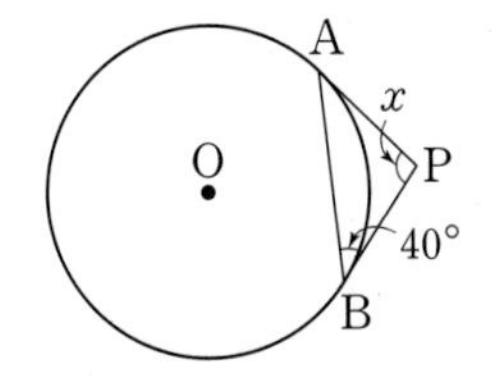

12

A
O
x
P
40°
B

13

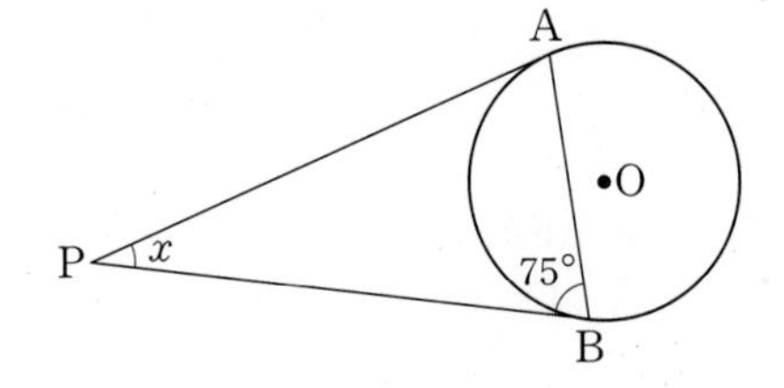

* 다음 그림에서 $\overline{AD}$, $\overline{AE}$, $\overline{BC}$는 원 O의 접선이고 세 점 D, E, F는 접점일 때, x의 값을 구하시오.

14

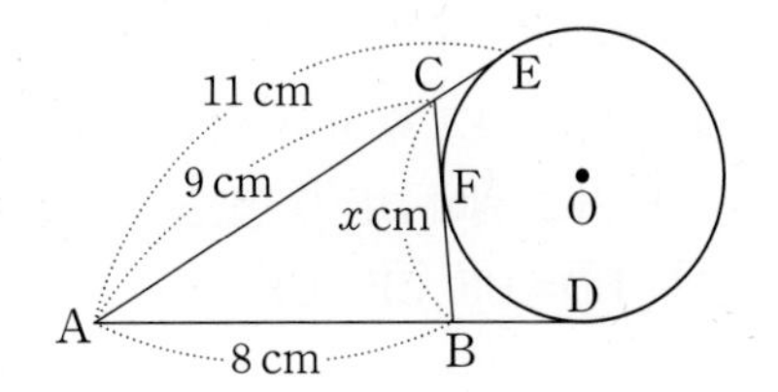

11 cm C E
9 cm F O
x cm
A D
8 cm B

$\overline{AD}=\overline{AE}=$□ cm

$\overline{BF}=\overline{BD}=$□$-8=$□ (cm)

$\overline{CF}=\overline{CE}=11-$□$=$□ (cm)

$\overline{BC}=\overline{BF}+\overline{CF}=$□$+$□$=$□ (cm)

$\therefore x=$□

15

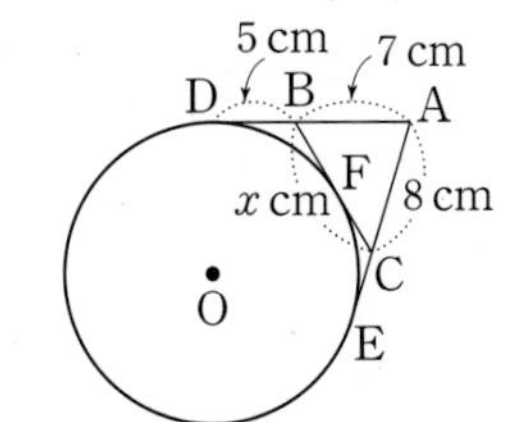

16

A x cm C E
5 cm
F
7 cm
O
9 cm B
D

ACT 25

삼각형의 내접원

스피드 정답 : 05쪽
친절한 풀이 : 22쪽

원 O가 $\triangle ABC$에 내접하고 세 점 D, E, F는 접점일 때

- 원 밖의 한 점에서 그 원에 그은 두 접선의 길이는 같다.
  ➡ $\overline{AD}=\overline{AF}$, $\overline{BD}=\overline{BE}$, $\overline{CE}=\overline{CF}$
- ($\triangle ABC$의 둘레의 길이)$=a+b+c=2(x+y+z)$

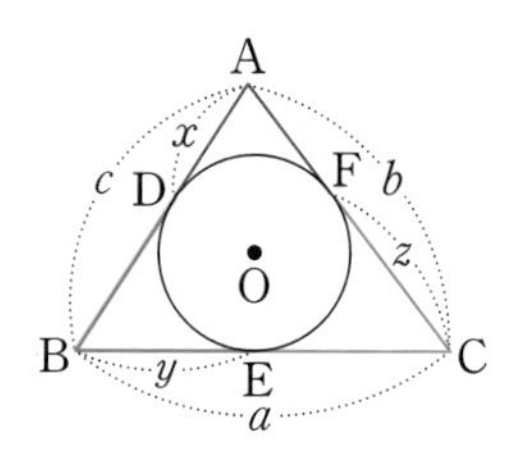

＊ 다음 그림에서 원 O는 $\triangle ABC$의 내접원이고 세 점 D, E, F는 접점일 때, x의 값을 구하시오.

01

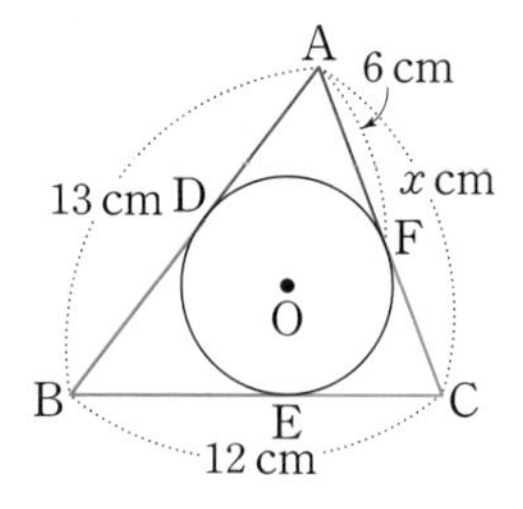

➡ $\overline{AD}=\overline{AF}=\square$ cm

$\overline{BE}=\overline{BD}=13-\square=\square$ (cm)

$\overline{CF}=\overline{CE}=12-\square=\square$ (cm)

$\overline{AC}=\overline{AF}+\overline{FC}=\square$ (cm) $\therefore x=\square$

02

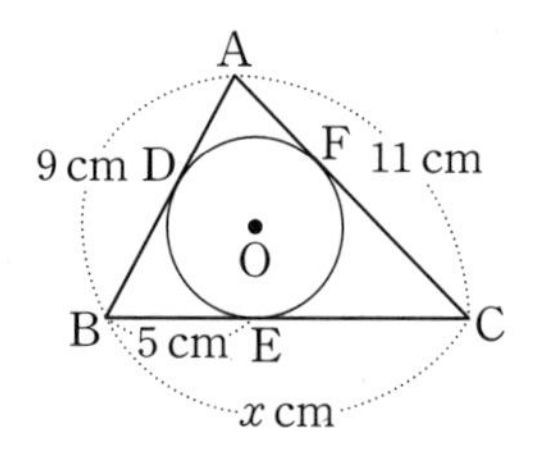

03

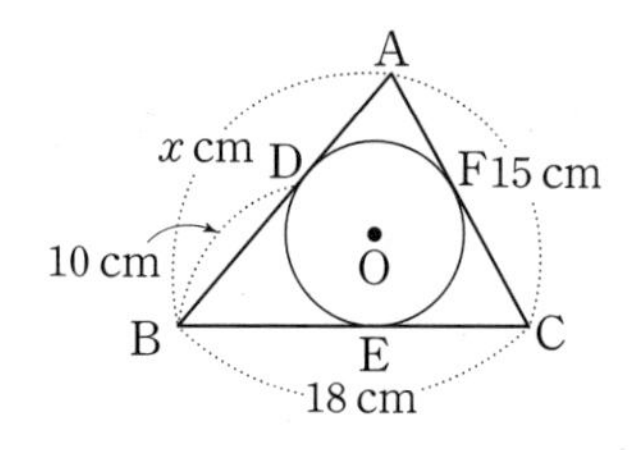

04

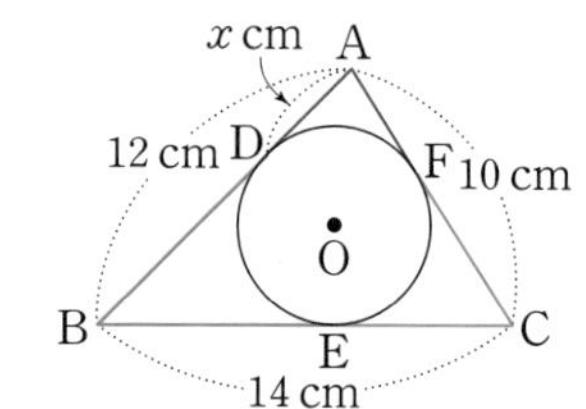

➡ $\overline{AD}=\overline{AF}=\square$ cm이므로

$\overline{BE}=\overline{BD}=(\square-x)$ cm

$\overline{CE}=\overline{CF}=(\square-x)$ cm

$\overline{BC}=\overline{BE}+\overline{EC}$이므로

$14=(12-x)+(\square-x)$ $\quad\therefore x=\square$

05

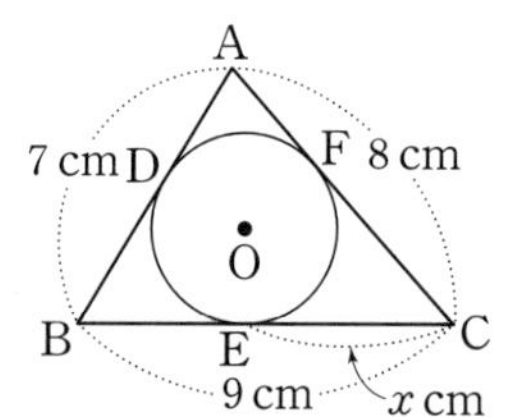

06

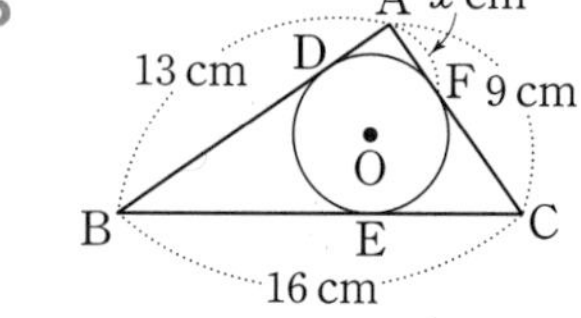

＊ **다음 그림에서 원 O는 $\triangle$ABC의 내접원이고 세 점 D, E, F는 접점일 때, $\triangle$ABC의 둘레의 길이를 구하시오.**

07

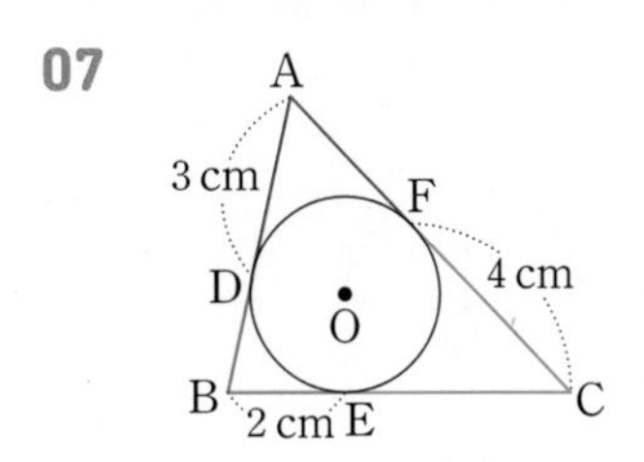

➡ ($\triangle$ABC의 둘레의 길이)

$=2\times(3+\square+4)=\square$ (cm)

08

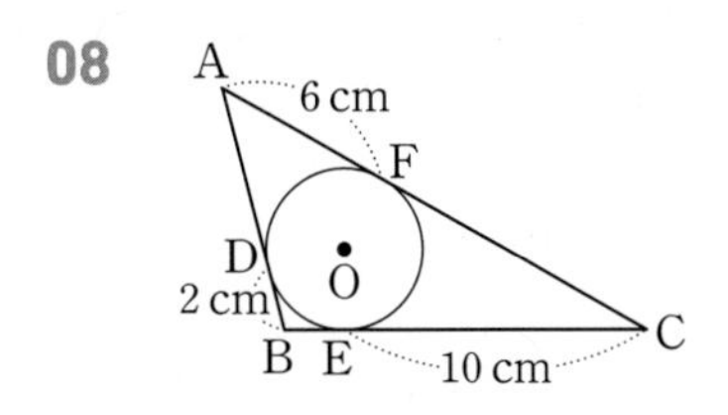

09

10

＊ **다음 그림에서 원 O는 직각삼각형 ABC의 내접원이고 세 점 D, E, F는 접점일 때, r의 값을 구하시오.**

11

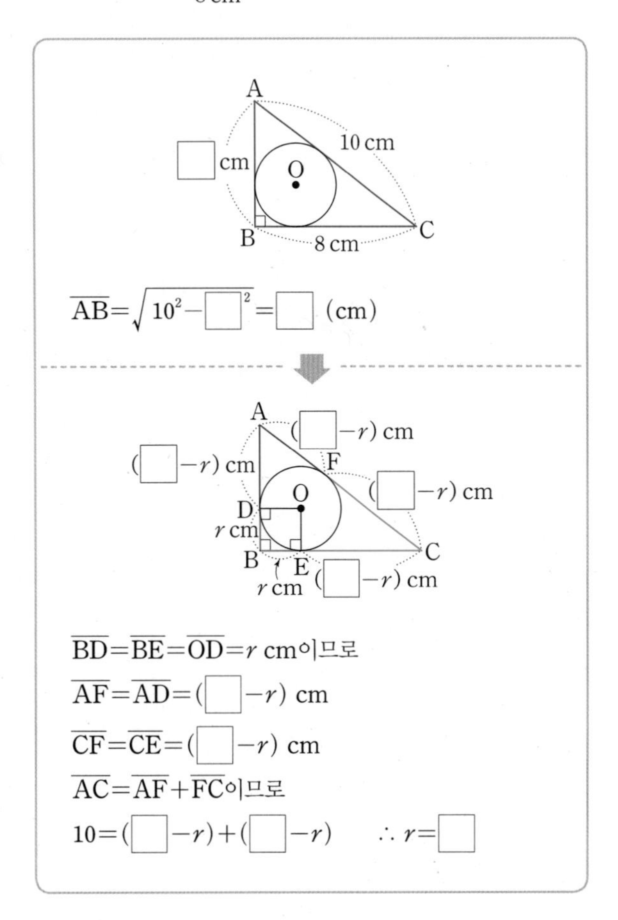

12

ACT 26

원에 외접하는 사각형의 성질

스피드 정답 : 05쪽
친절한 풀이 : 22쪽

• 원에 외접하는 사각형의 두 쌍의 대변의 길이의 합은 서로 같다.
⇒ $\overline{AB}+\overline{DC}=\overline{AD}+\overline{BC}$
• 대변의 길이의 합이 같은 사각형은 원에 외접한다.

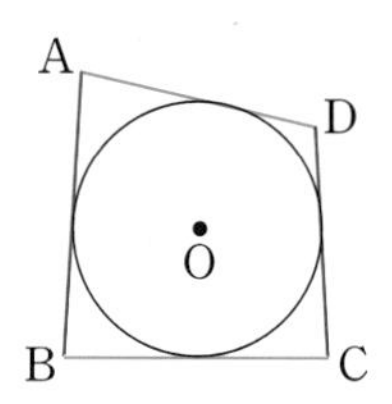

* 오른쪽 그림에서 □ABCD가 원 O에 외접하고 네 점 E, F, G, H가 접점일 때, 다음 중 옳은 것에는 ○표, 옳지 않은 것에는 ×표를 하시오.

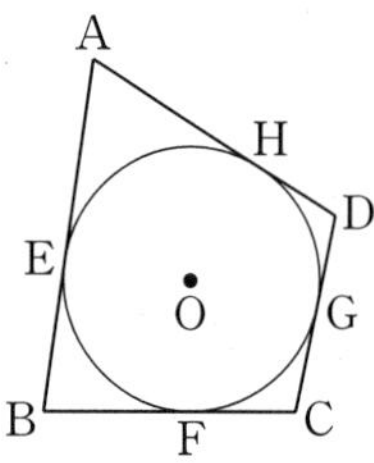

01 $\overline{AH}=\overline{DH}$ ( )

02 $\overline{BE}=\overline{BF}$ ( )

03 $\overline{AD}=\overline{CD}$ ( )

04 $\overline{AB}=\overline{CD}$ ( )

05 $\overline{AB}+\overline{DC}=\overline{AD}+\overline{BC}$ ( )

* 다음 그림에서 □ABCD가 원 O에 외접할 때, x의 값을 구하시오.

06

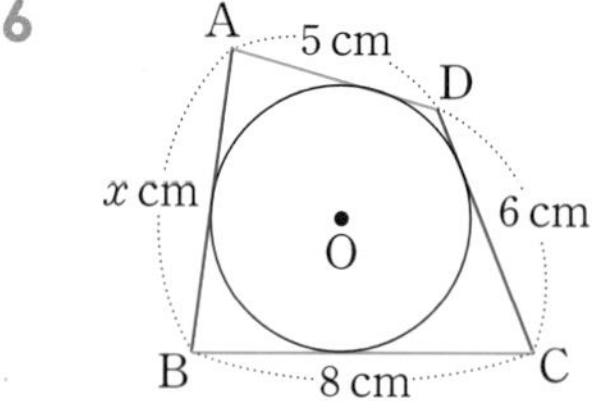

⇒ $\overline{AB}+\overline{DC}=\overline{AD}+\overline{BC}$이므로

$x+\square=5+\square$ ∴ $x=\square$

07

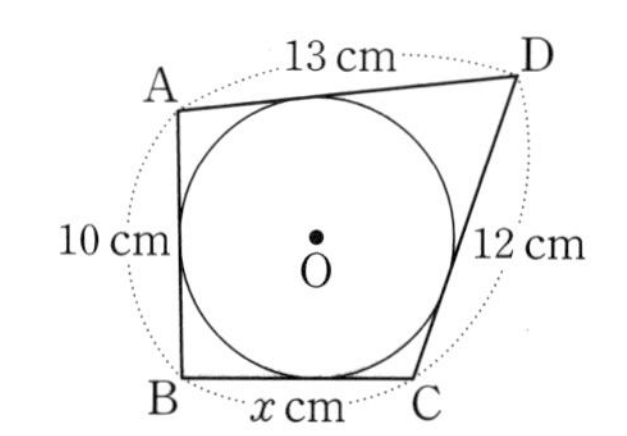

08

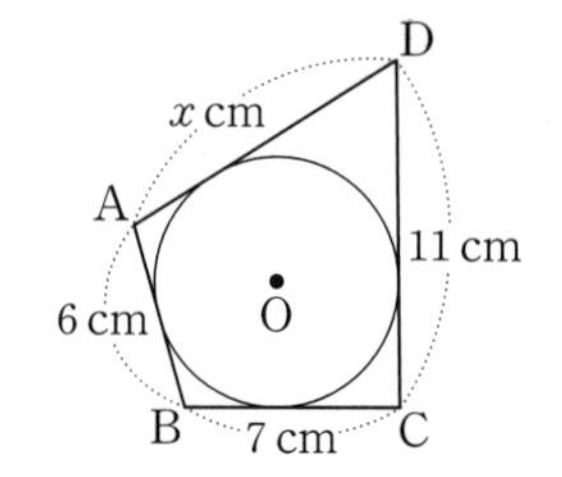

* 다음 그림에서 □ABCD가 원 O에 외접할 때, □ABCD의 둘레의 길이를 구하시오.

09

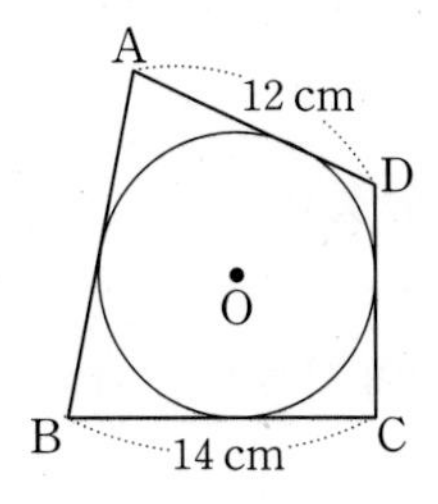

➡ $\overline{AB}+\overline{DC}=\overline{AD}+\overline{BC}$

$=12+\square=\square$ (cm)이므로

(□ABCD의 둘레의 길이)

$=2\times\square=\square$ (cm)

10

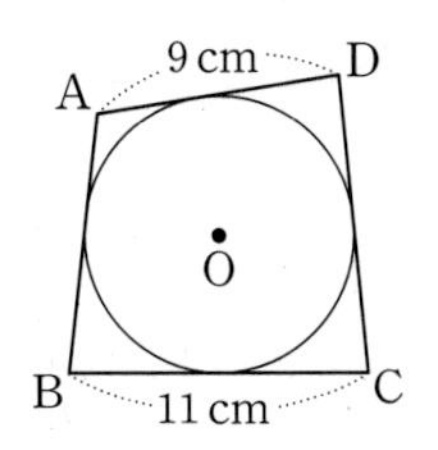

11

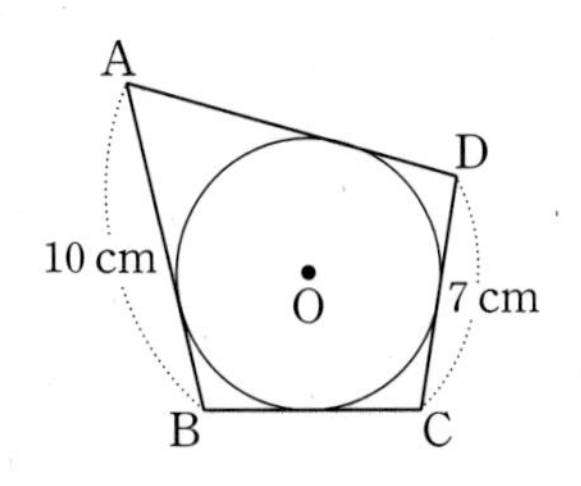

12

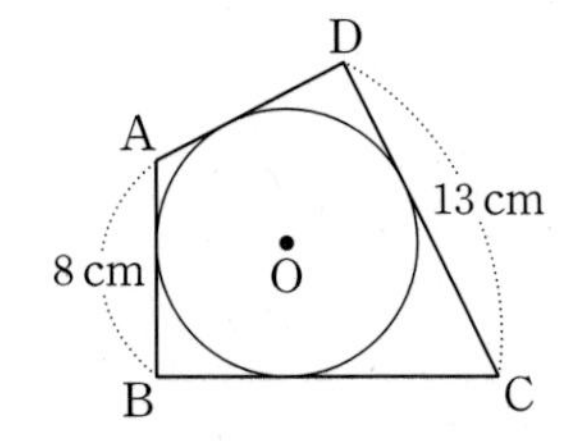

* 다음 그림에서 □ABCD가 원 O에 외접하고 네 점 E, F, G, H가 접점일 때, x의 값을 구하시오.

13

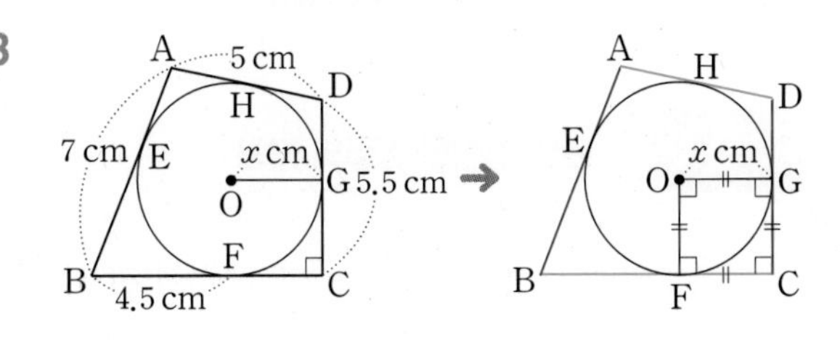

➡ $\overline{CF}=\overline{CG}=\overline{OG}=\square$ cm이고

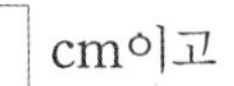

$\overline{AB}+\overline{DC}=\overline{AD}+\overline{BC}$이므로

$7+5.5=5+(\square+x)$ $\therefore x=\square$

14

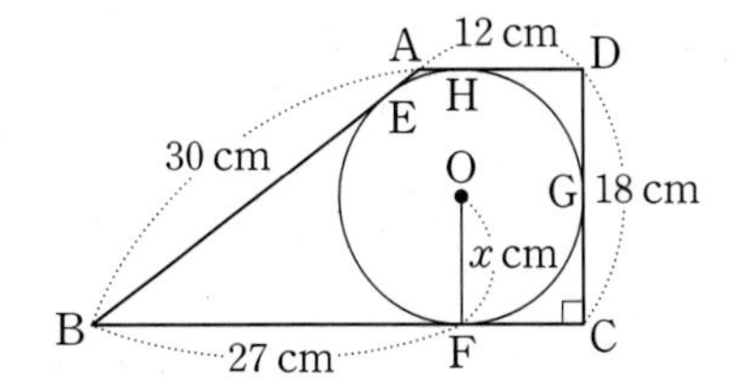

15

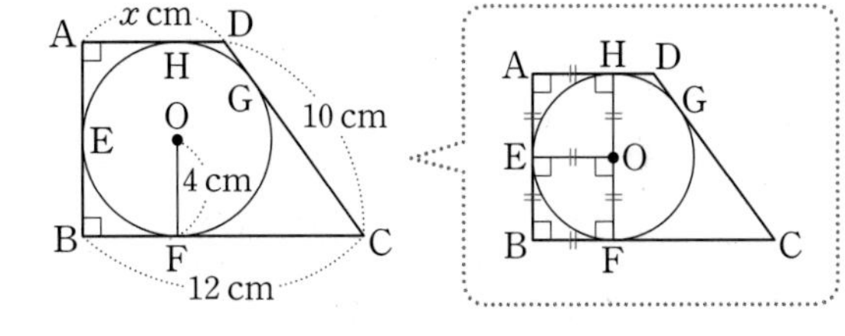

16

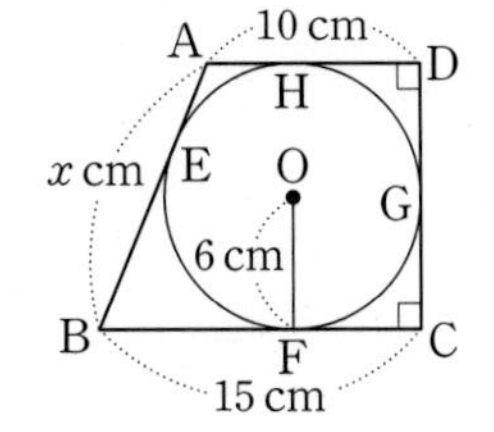

ACT+ 27

원의 접선의 활용

스피드 정답 : 05쪽
친절한 풀이 : 23쪽

유형 1 원의 접선의 성질의 활용

* 다음 그림에서 $\overline{AD}$, $\overline{AE}$, $\overline{BC}$가 원 O의 접선이고 세 점 D, E, F가 접점일 때, △ABC의 둘레의 길이를 구하시오.

01

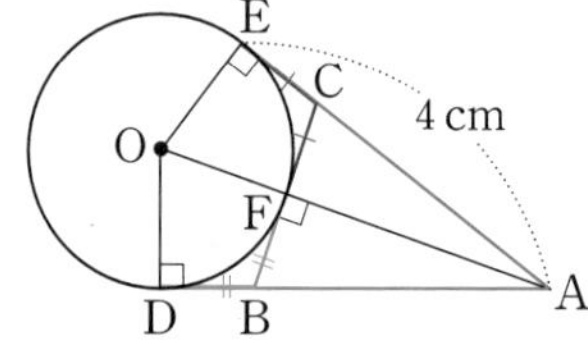

$\overline{BD}=\square$, $\overline{CE}=\square$

(△ABC의 둘레의 길이)
$=\overline{AB}+\overline{BC}+\overline{CA}$
$=\overline{AB}+\overline{BF}+\overline{CF}+\overline{CA}$
$=(\overline{AB}+\square)+(\square+\overline{CA})$
$=\square+\overline{AE}$
$=\square\,\overline{AE}=\square$ (cm)

02

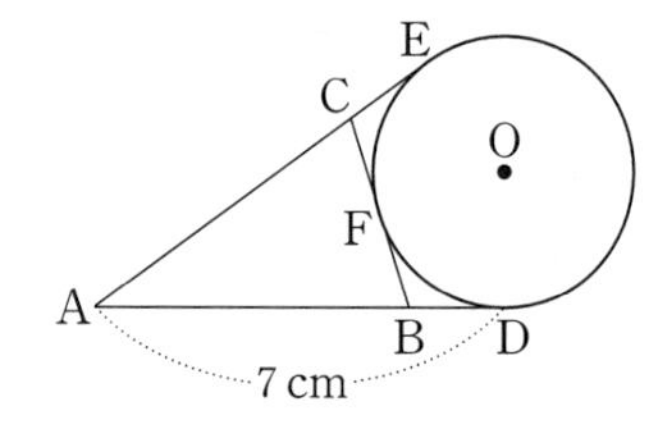

03

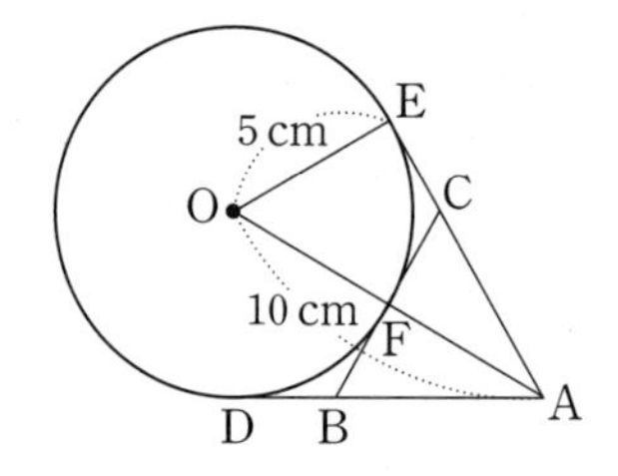

유형 2 반원에서의 접선의 성질

* 다음 그림에서 $\overline{AB}$는 반원 O의 지름이고 $\overline{AD}$, $\overline{BC}$, $\overline{CD}$는 반원에 접할 때, $\overline{AB}$의 길이를 구하시오.

04

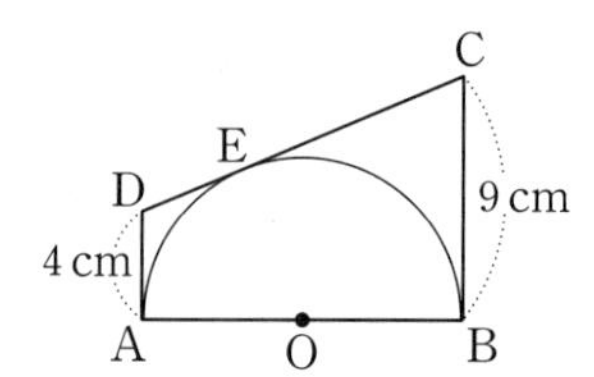

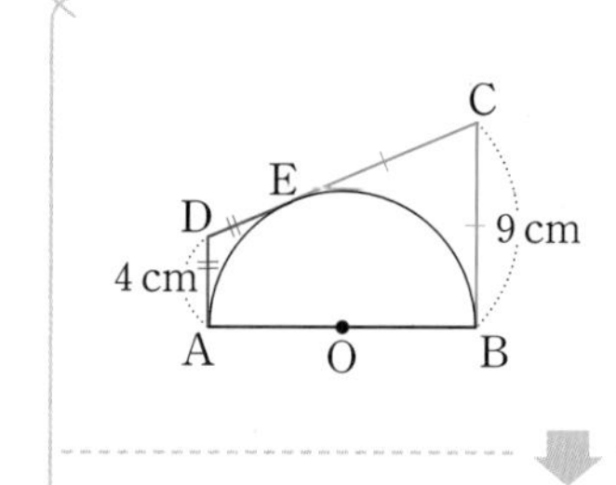

$\overline{DE}=\overline{DA}=\square$ cm
$\overline{CE}=\overline{CB}=\square$ cm
$\therefore \overline{DC}=\overline{DE}+\overline{EC}$
$=\square$ (cm)

꼭짓점 D에서 $\overline{BC}$에 내린 수선의 발을 H라고 하면
$\overline{BH}=\overline{AD}=\square$ cm
$\therefore \overline{CH}=9-\square$
$=\square$ (cm)

△DHC에서
$\overline{DH}=\sqrt{13^2-\square^2}=\square$ (cm)이므로
$\overline{AB}=\overline{DH}=\square$ cm

05

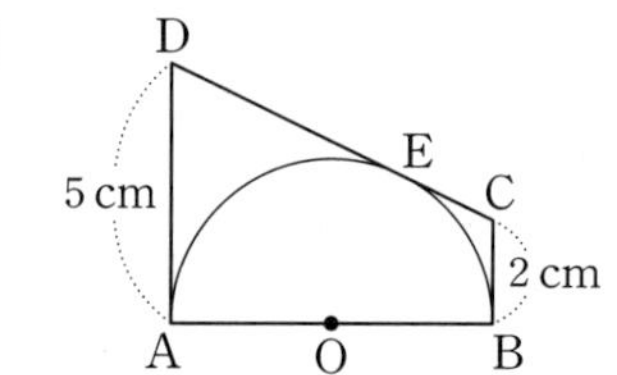

유형 3 동심원에서의 접선의 성질

＊ 다음 그림에서 두 원의 중심은 O로 같고 큰 원의 현 AB가 작은 원의 접선일 때, $\overline{AB}$의 길이를 구하시오.

06

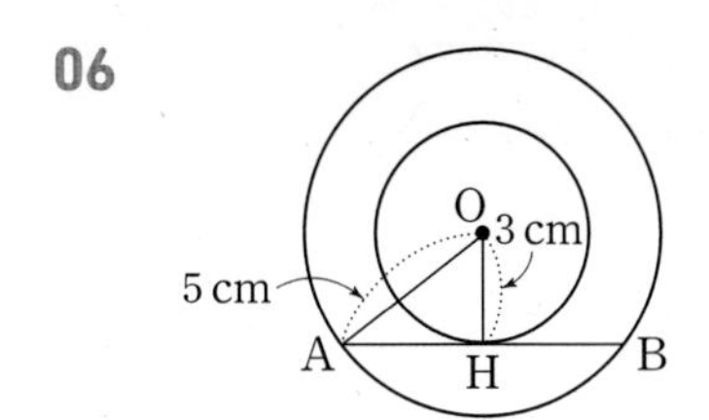

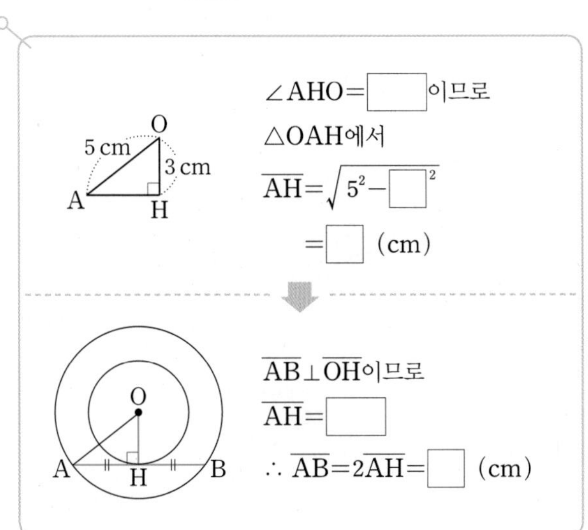

07

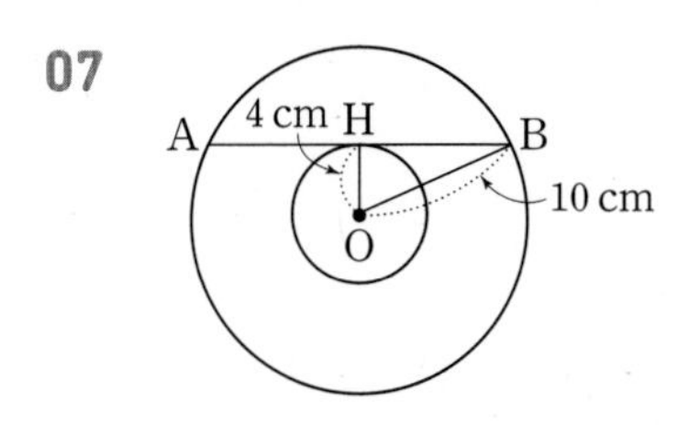

08

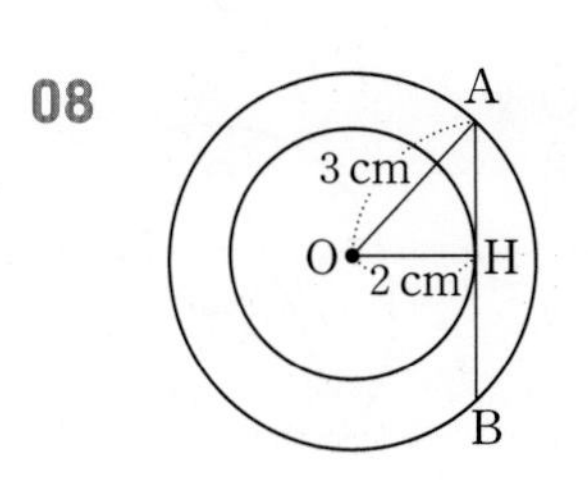

유형 4 외접사각형의 성질의 활용

＊ 다음 그림과 같이 직사각형 ABCD의 세 변과 접하는 원 O에서 $\overline{DE}$가 원 O의 접선일 때, x의 값을 구하시오.

09

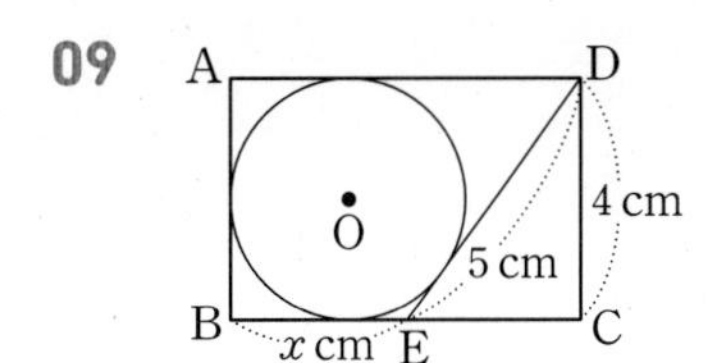

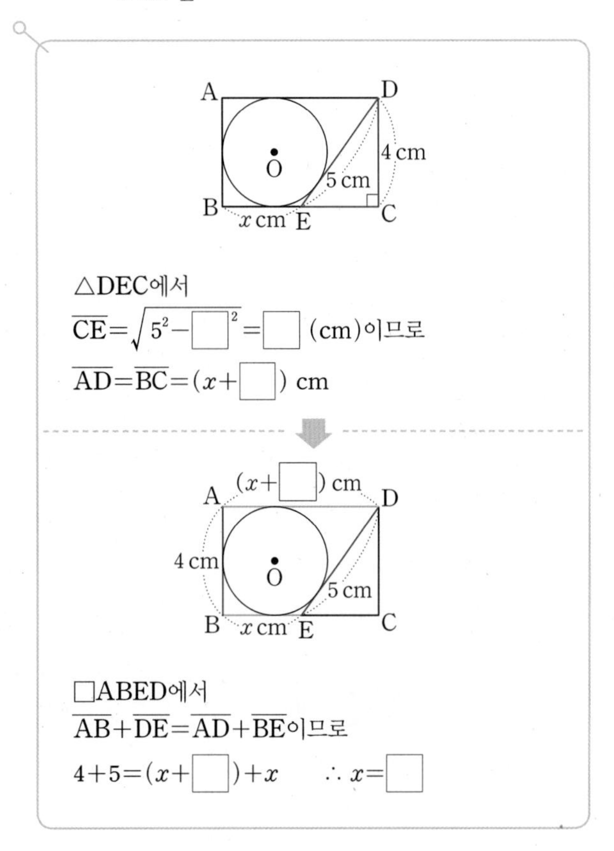

10

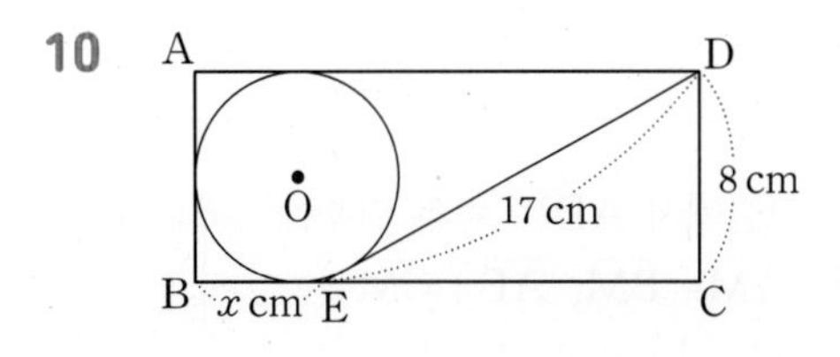

TEST 03

ACT 19~27 평가

* 다음 그림의 원 O에서 x의 값을 구하시오. (01~03)

01

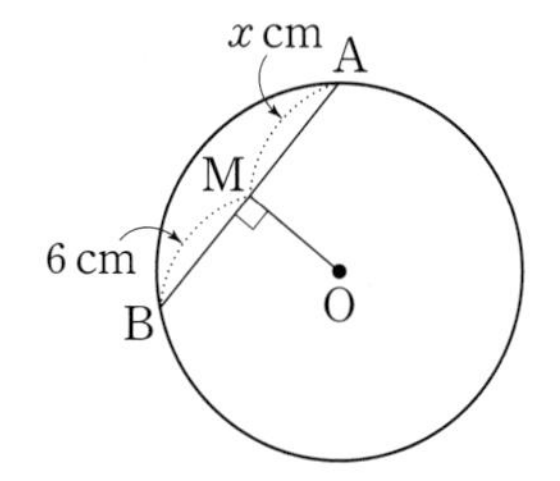

02

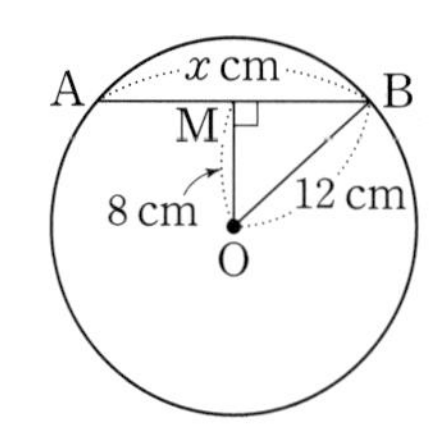

03

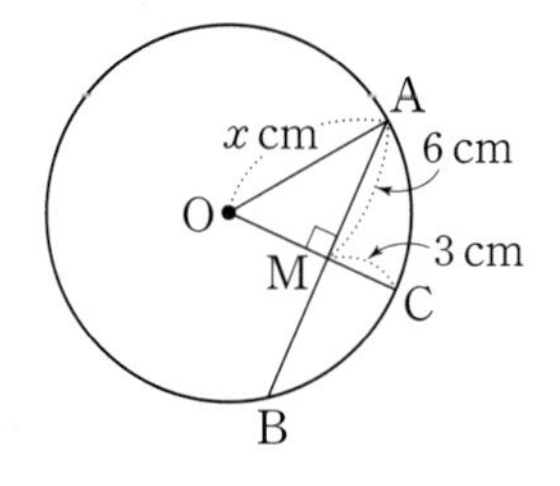

04 오른쪽 그림에서 $\widehat{AB}$는 원의 일부분이다. $\overline{AM}=\overline{BM}$, $\overline{AB}\perp\overline{CM}$일 때, 이 원의 반지름의 길이를 구하시오.

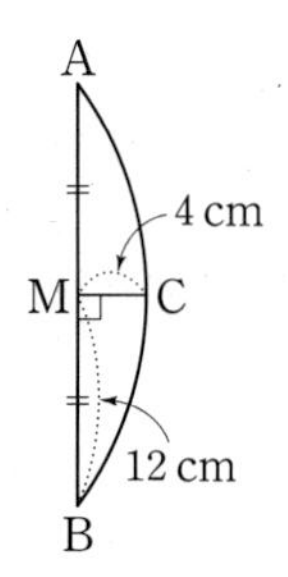

* 다음 그림의 원 O에서 x의 값을 구하시오. (05~07)

05

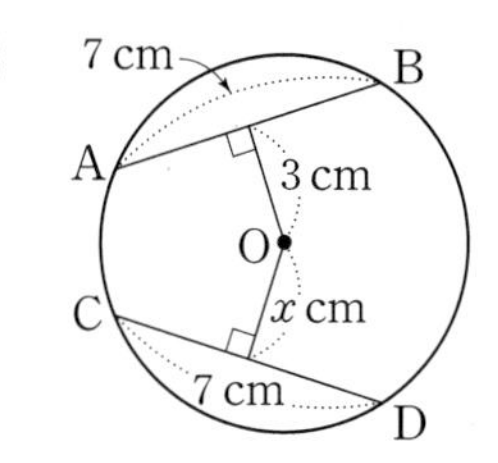

06

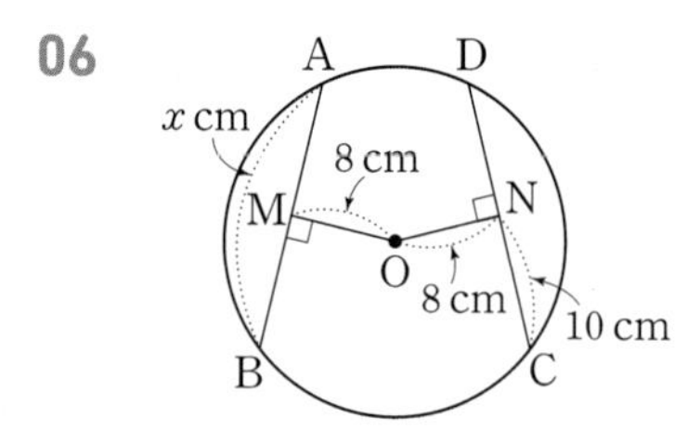

07

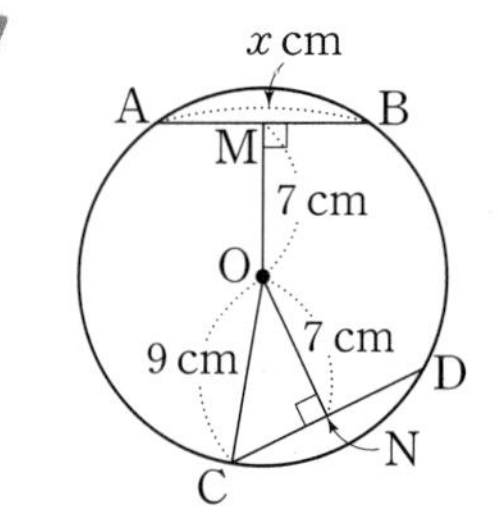

08 오른쪽 그림과 같이 원 O에 $\triangle ABC$가 내접하고 있다. $\overline{OM}=\overline{ON}$일 때, $\angle x$의 크기를 구하시오.

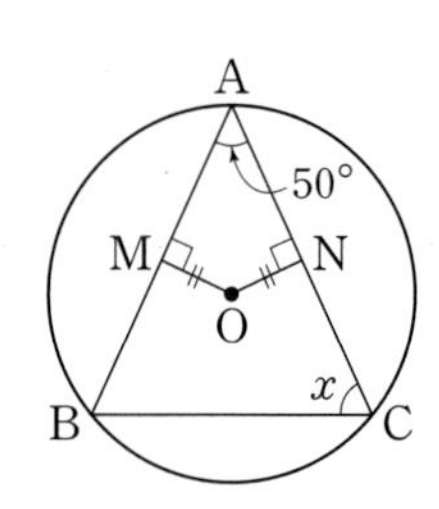

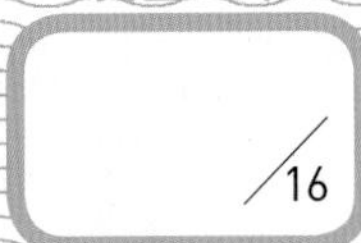

09 오른쪽 그림에서 $\overline{PA}$, $\overline{PB}$는 원 O의 접선이고 두 점 A, B는 접점일 때, $\angle x$의 크기를 구하시오.

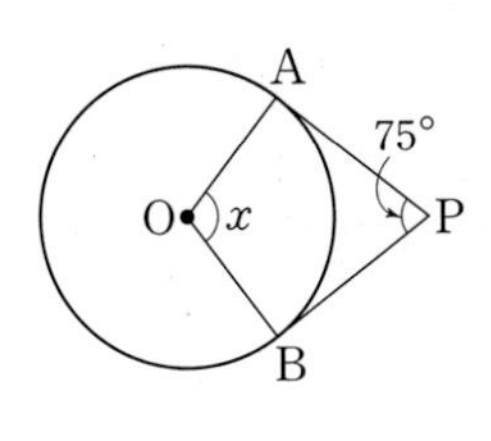

10 오른쪽 그림에서 $\overline{PA}$는 원 O의 접선이고 점 A는 접점일 때, x의 값을 구하시오.

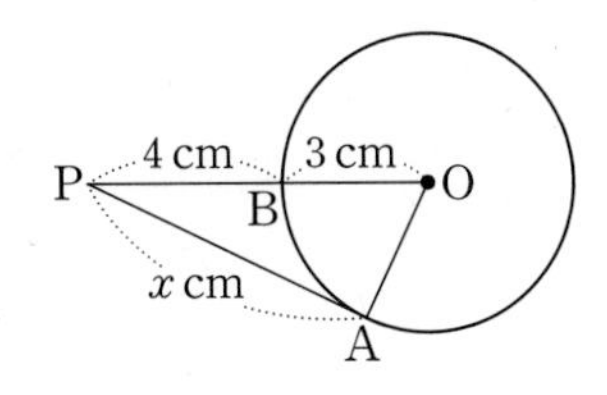

11 오른쪽 그림에서 원 O는 △ABC의 내접원이고 세 점 D, E, F는 접점일 때, x의 값을 구하시오.

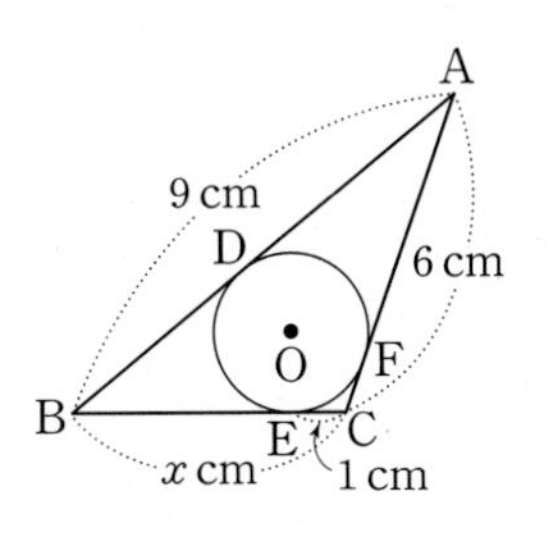

12 오른쪽 그림에서 원 O는 △ABC의 내접원이고 세 점 D, E, F는 접점일 때, △ABC의 둘레의 길이를 구하시오.

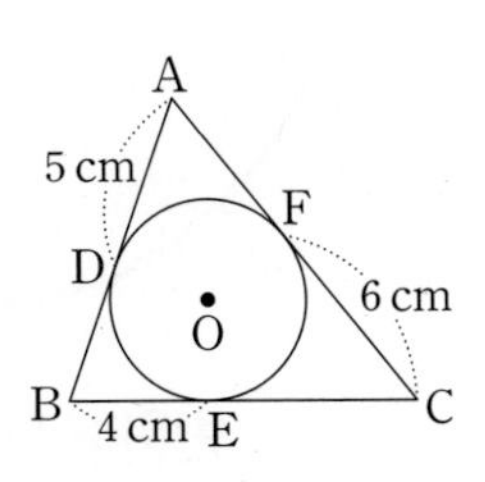

13 오른쪽 그림에서 원 O는 직각삼각형 ABC의 내접원이고 세 점 D, E, F는 접점일 때, r의 값을 구하시오.

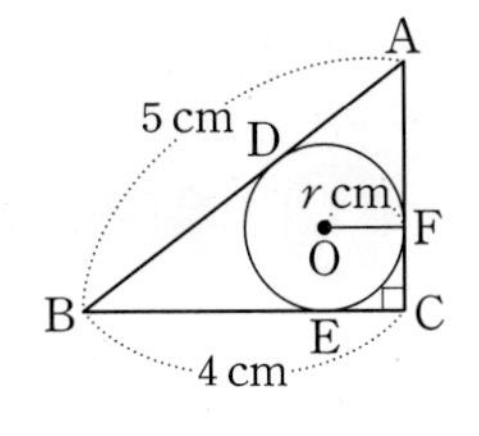

* **다음 그림에서 □ABCD가 원 O에 외접할 때, x의 값을 구하시오. (14~15)**

14

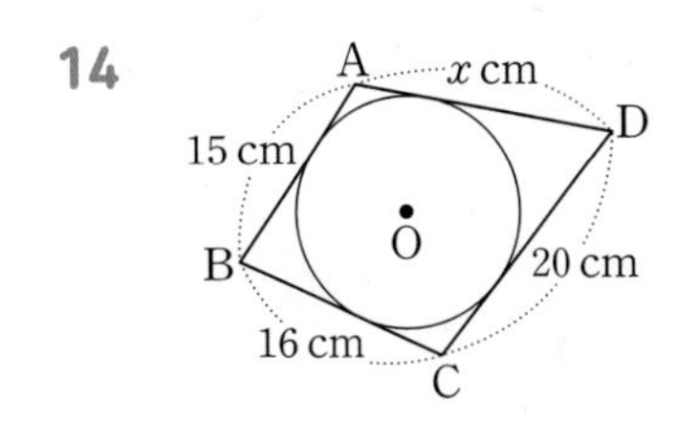

15

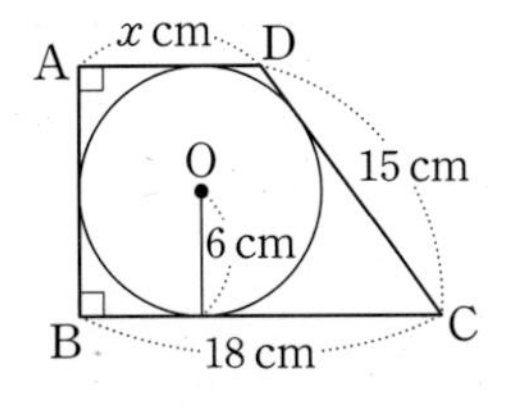

16 오른쪽 그림과 같이 직사각형 ABCD의 세 변과 접하는 원 O에서 $\overline{DE}$가 원 O의 접선일 때, x의 값을 구하시오.

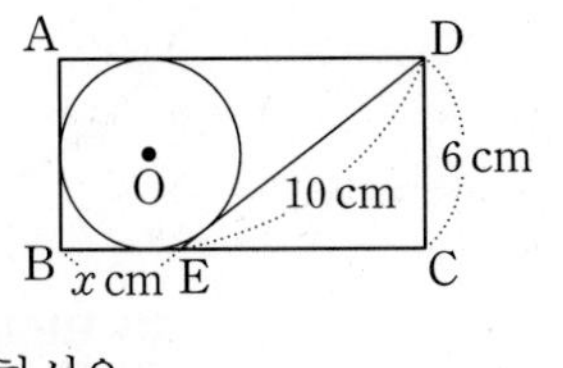

VISUAL IDEA 5

원주각

원주각 “같은 호에 대해서 원주각은 중심각의 절반!”

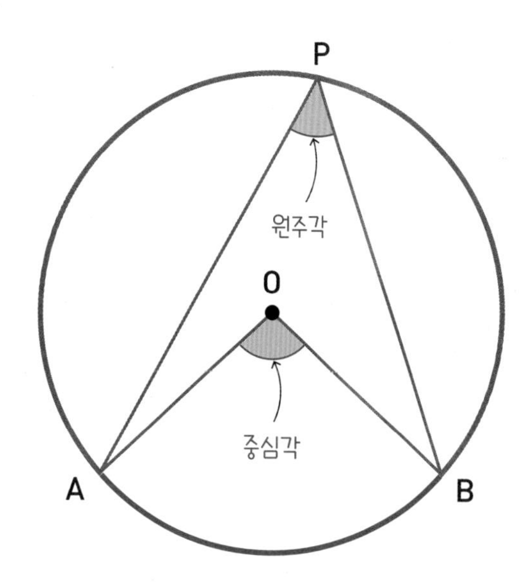

▶ **원주각**

원 O에서 $\overset{\frown}{AB}$를 제외한 원 위의 한 점을 P라고 할 때, ∠APB를 $\overset{\frown}{AB}$에 대한 원주각이라고 한다.

▶ **원주각과 중심각의 크기**

한 원에서 한 호에 대한 원주각의 크기는 그 호에 대한 중심각의 크기의 $\frac{1}{2}$이다.

$$\angle APB = \frac{1}{2}\angle AOB$$

▶ **원주각의 성질**

1

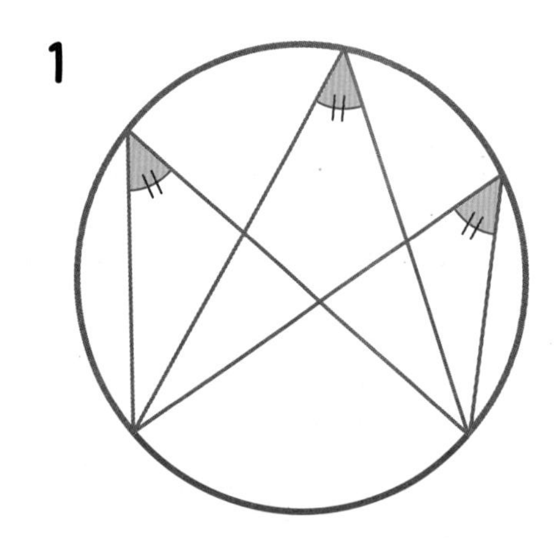

한 원에서 같은 호에 대한 원주각의 크기는 모두 같다.

2

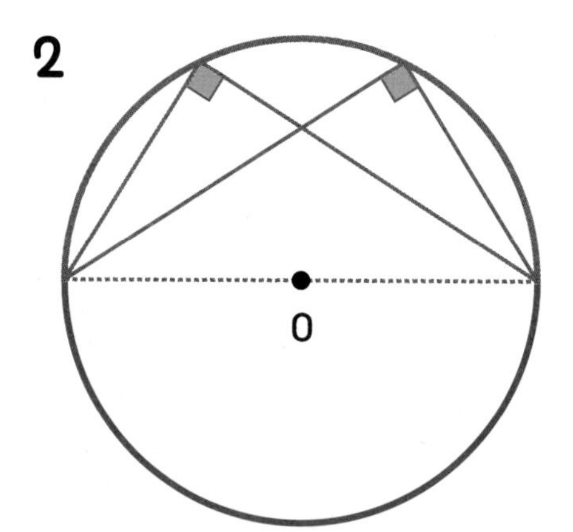

반원에 대한 원주각의 크기는 항상 90°이다.

원주각의 크기와 호의 길이

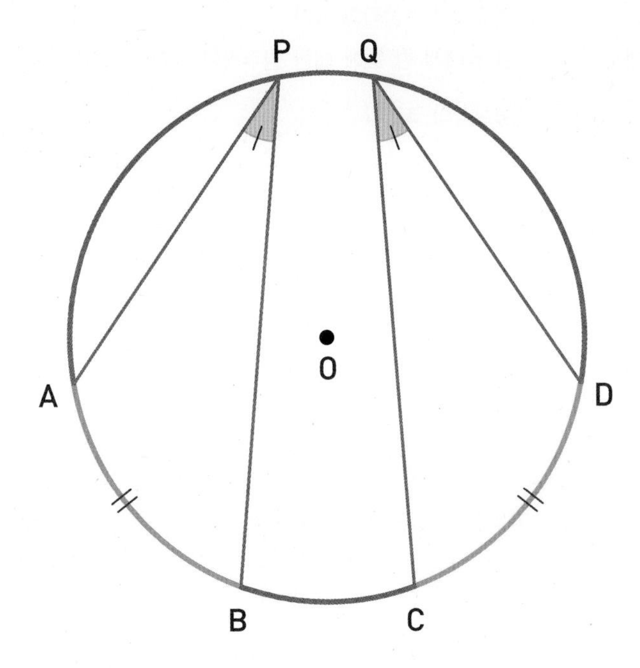

• 길이가 같은 호에 대한 원주각의 크기는 서로 같다.

$\widehat{AB} = \widehat{CD}$이면 $\angle APB = \angle CQD$

• 크기가 같은 원주각에 대한 호의 길이는 서로 같다.

$\angle APB = \angle CQD$이면 $\widehat{AB} = \widehat{CD}$

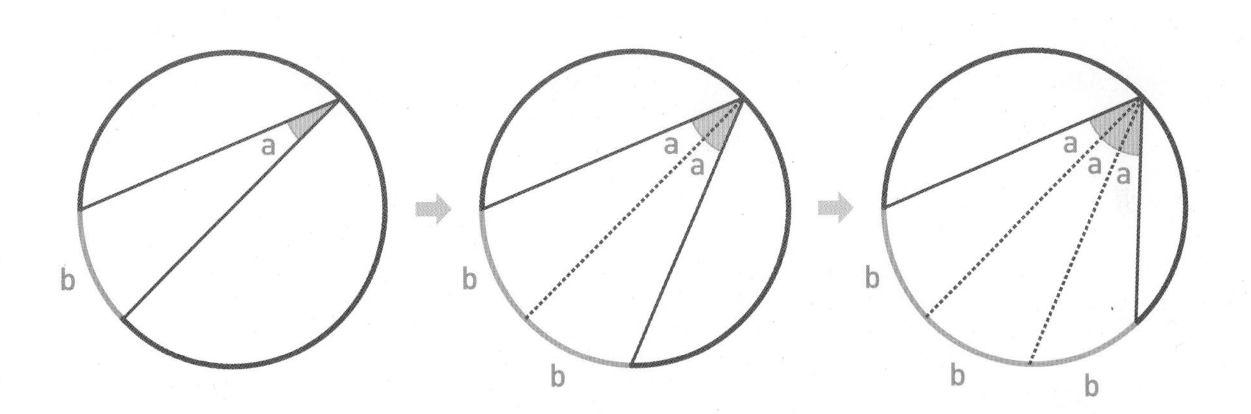

"호의 길이는 원주각의 크기에 정비례한다."

원주각의 크기가 1배, 2배, 3배……가 되면 호의 길이도 1배, 2배, 3배……가 된다.

주의 현의 길이는 원주각의 크기에 정비례하지 않는다.

ACT 28 원주각과 중심각의 크기

스피드 정답 : 05쪽
친절한 풀이 : 24쪽

원주각

원 O에서 호 AB 위에 있지 않은 원 위의 점 P에 대하여 ∠APB를 호 AB에 대한 원주각이라고 한다.

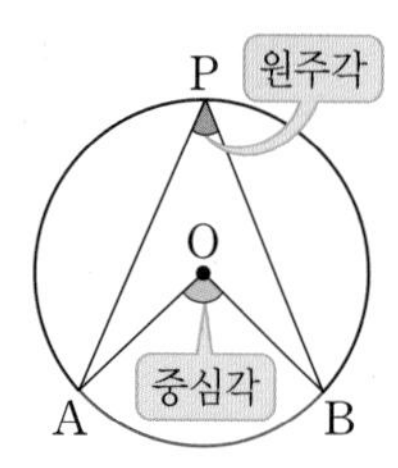

원주각과 중심각의 크기

한 원에서 한 호에 대한 원주각의 크기는 그 호에 대한 중심각의 크기의 $\frac{1}{2}$이다.

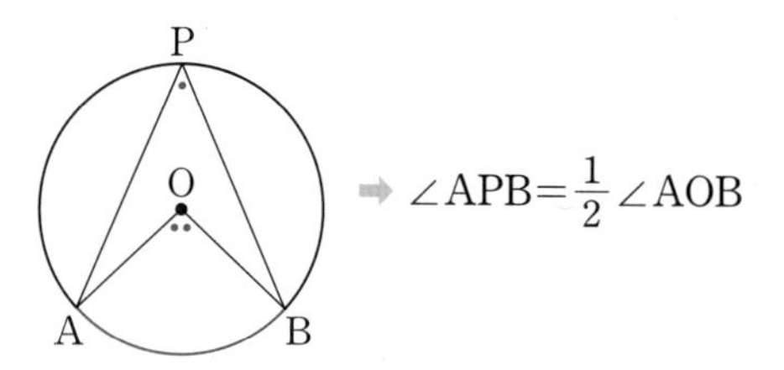

* **다음 그림의 원 O에서 $\angle x$의 크기를 구하시오.**

01

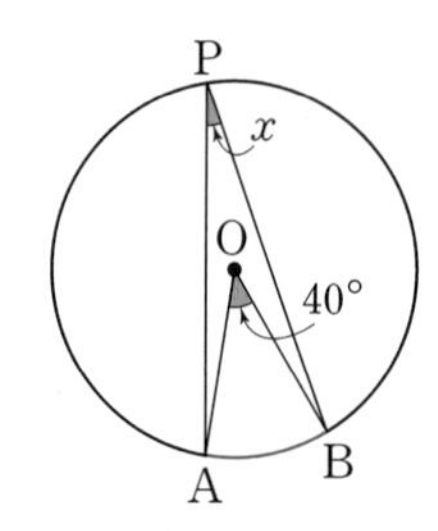

➡ $\angle$APB= ☐ $\angle$AOB이므로

$\angle x$= ☐ $\times 40°$= ☐

02

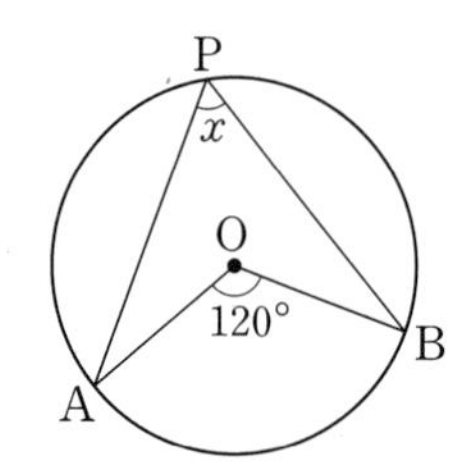

03

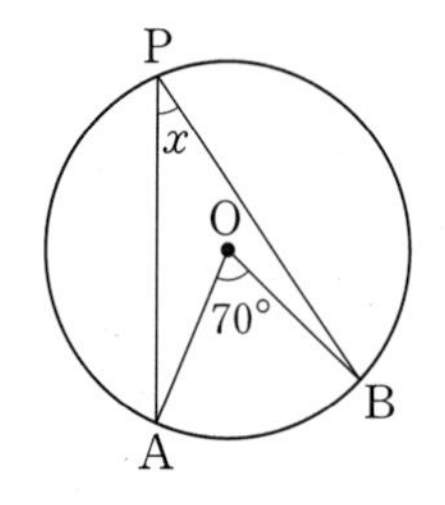

04

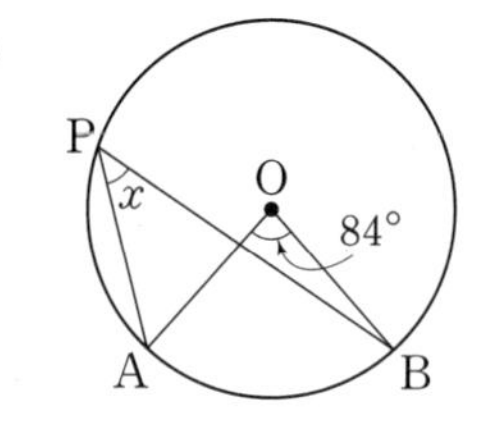

05

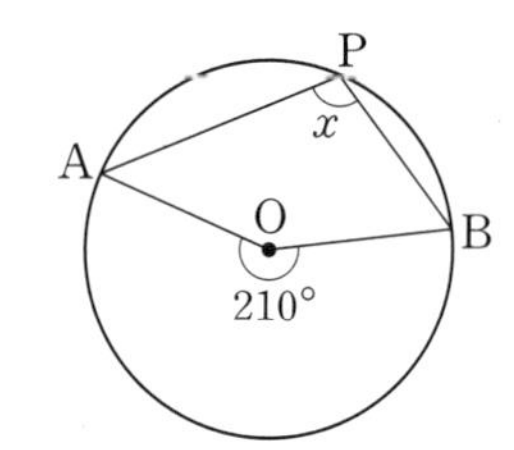

06

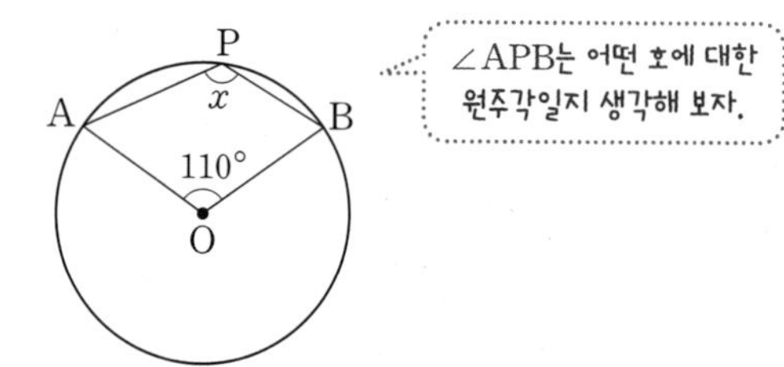

07

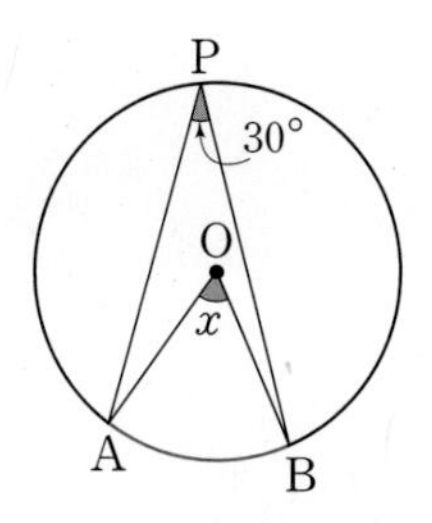

➡ ∠AOB=☐ ∠APB이므로

∠x=☐×30°=☐

08

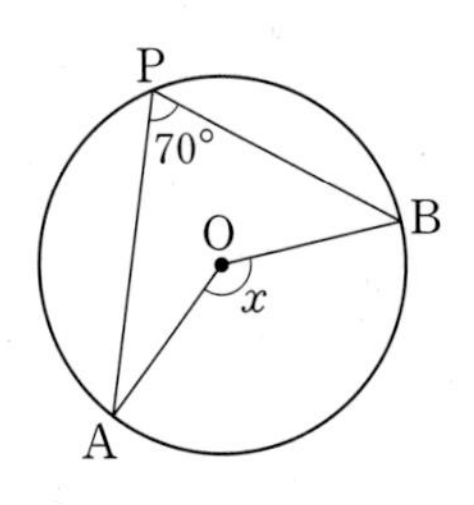

09

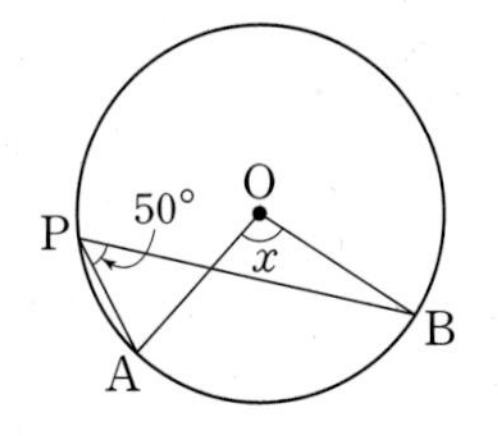

10

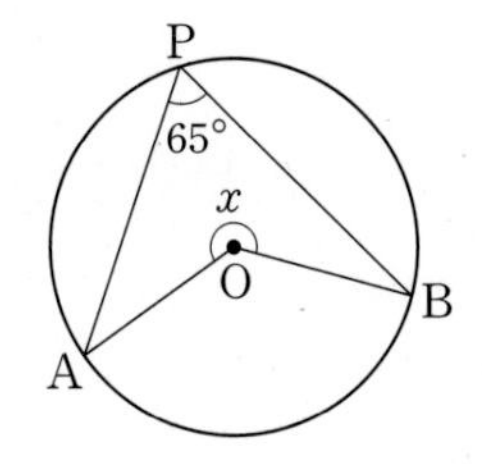

11

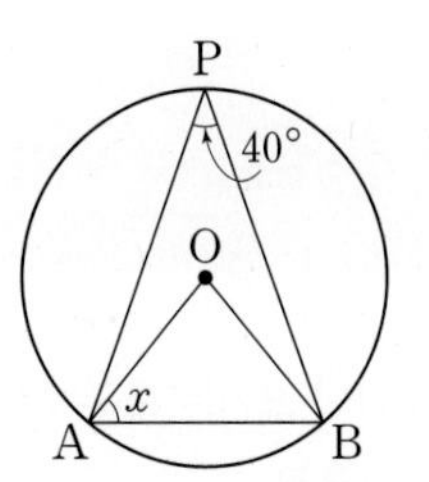

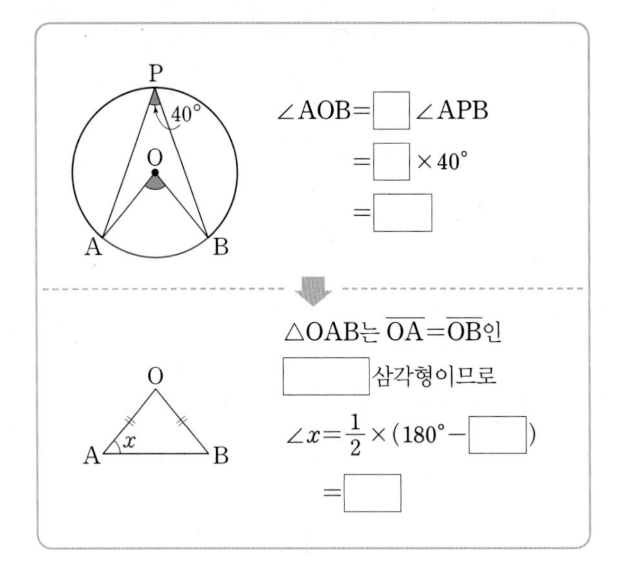

12

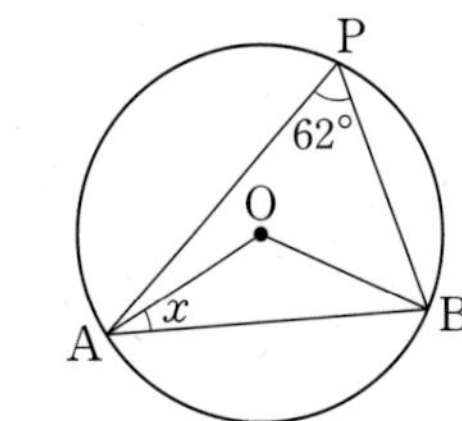

13

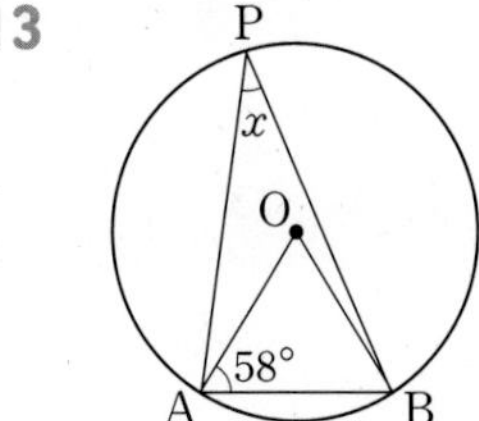

ACT 29

원주각의 성질

한 원에서 한 호에 대한 원주각의 크기는 모두 같다.

➡ $\angle AP_1B = \angle AP_2B = \angle AP_3B$

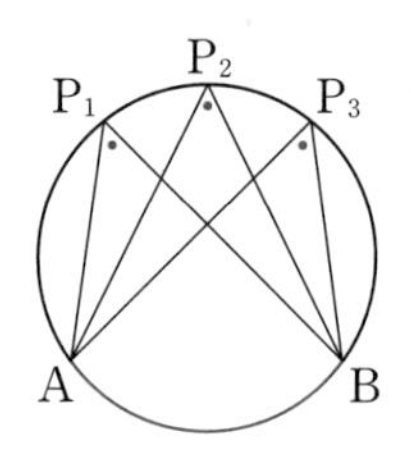

* **다음 그림에서 $\angle x$의 크기를 구하시오.**

01

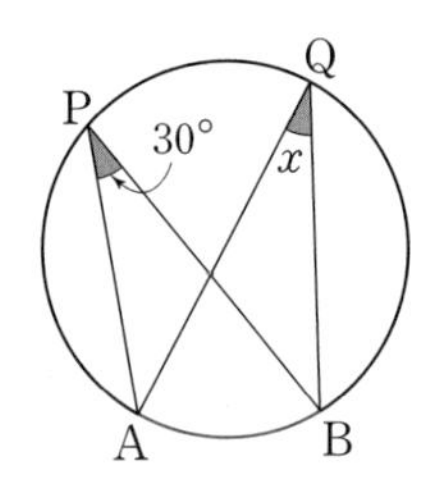

➡ $\angle x = \angle APB =$ □

02

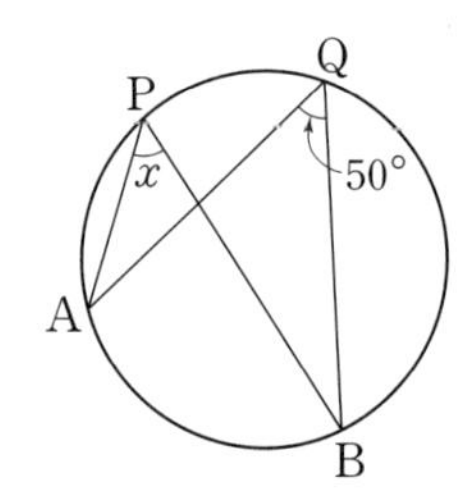

* **다음 그림의 원 O에서 $\angle x$, $\angle y$의 크기를 각각 구하시오.**

03

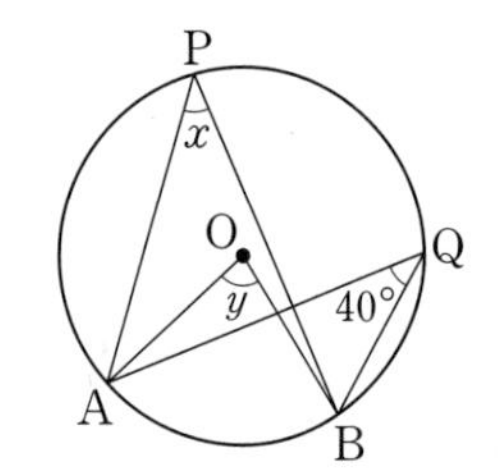

04

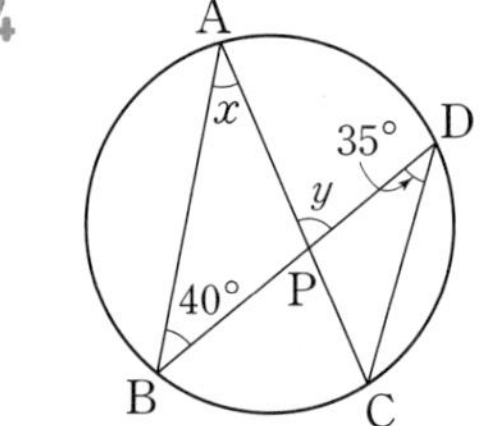

$\angle x = \angle BDC =$ □

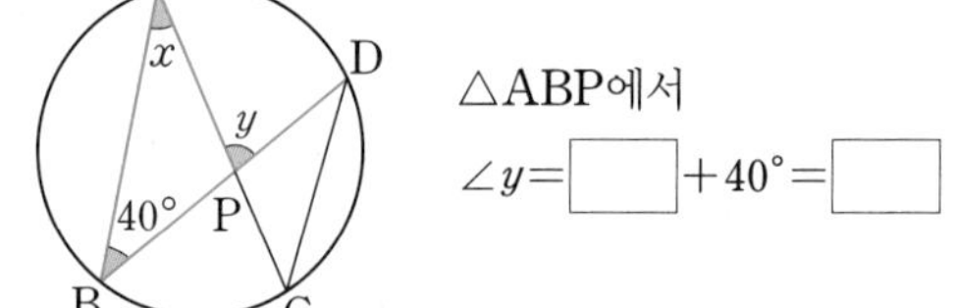

△ABP에서

$\angle y =$ □ $+ 40° =$ □

05

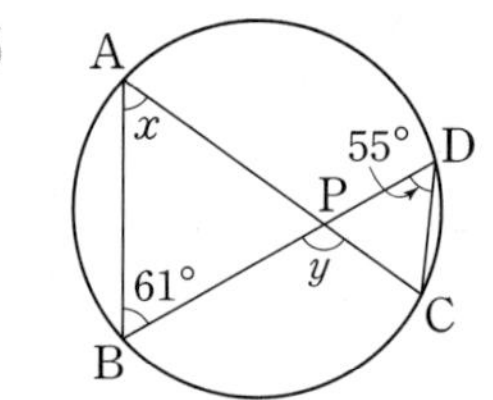

스피드 정답 : 06쪽
친절한 풀이 : 24쪽

반원에 대한 원주각의 크기는 90°이다.

➡ $\overline{AB}$가 원 O의 지름이면 $\angle APB=90°$

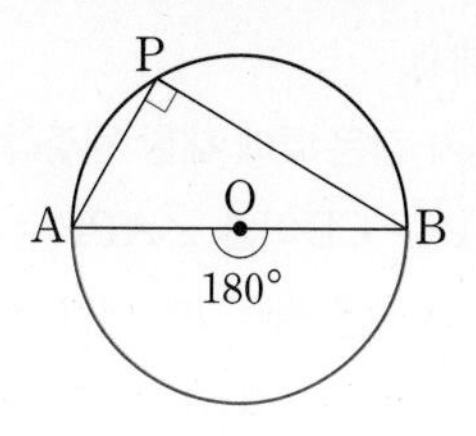

* **다음 그림에서 $\overline{AB}$가 원 O의 지름일 때, $\angle x$의 크기를 구하시오.**

06

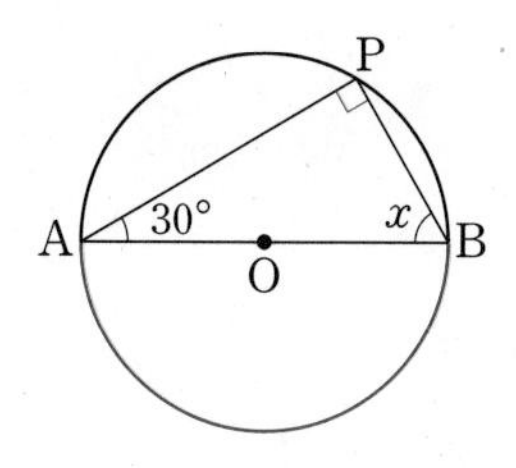

➡ $\angle APB=$ ☐ 이므로

$\angle x=180°-(30°+$ ☐ $)=$ ☐

07

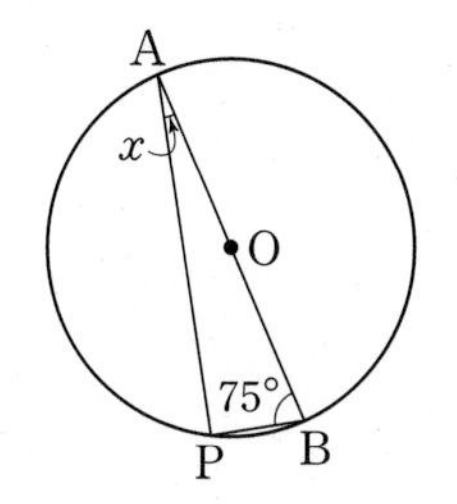

08

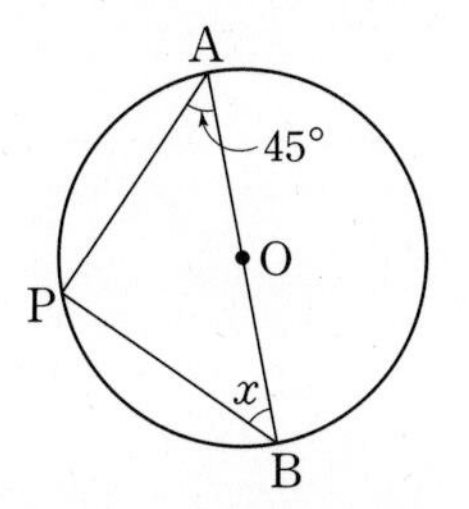

09

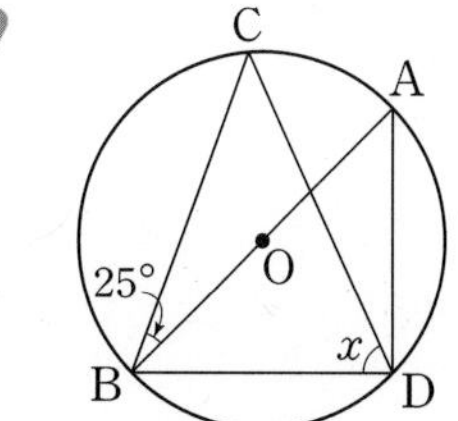

$\angle ADC=\angle ABC=$ ☐

$\overline{AB}$가 원 O의 지름이므로

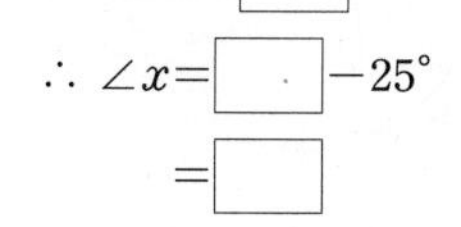

$\angle ADB=$ ☐

$\therefore \angle x=$ ☐ $-25°$

$=$ ☐

10

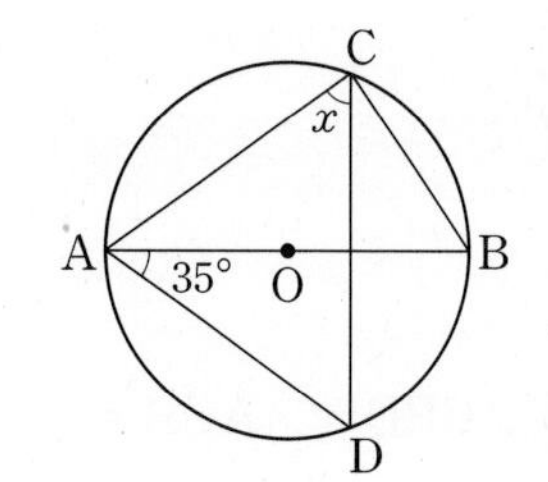

ACT 30

원주각의 크기와 호의 길이

스피드 정답 : 06쪽
친절한 풀이 : 25쪽

한 원에서

- 길이가 같은 호에 대한 원주각의 크기는 서로 같다.
  ➡ $\widehat{AB}=\widehat{CD}$이면 $\angle APB=\angle CQD$
- 크기가 같은 원주각에 대한 호의 길이는 서로 같다.
  ➡ $\angle APB=\angle CQD$이면 $\widehat{AB}=\widehat{CD}$
- 원주각의 크기와 호의 길이는 정비례한다.

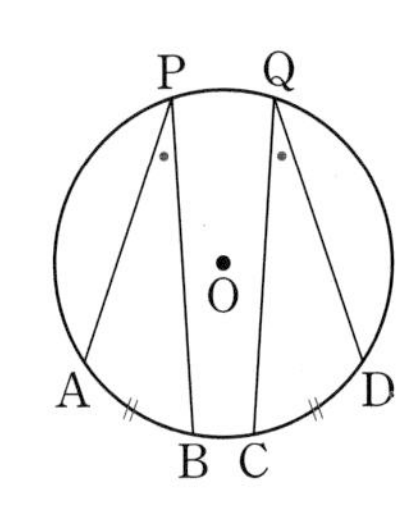

* 다음 그림의 원에서 x의 값을 구하시오.

01

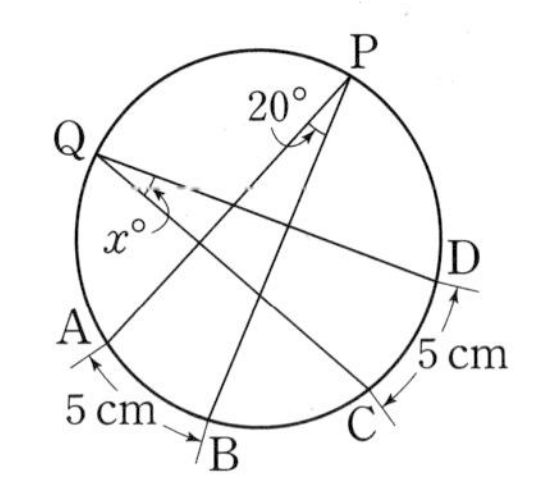

02

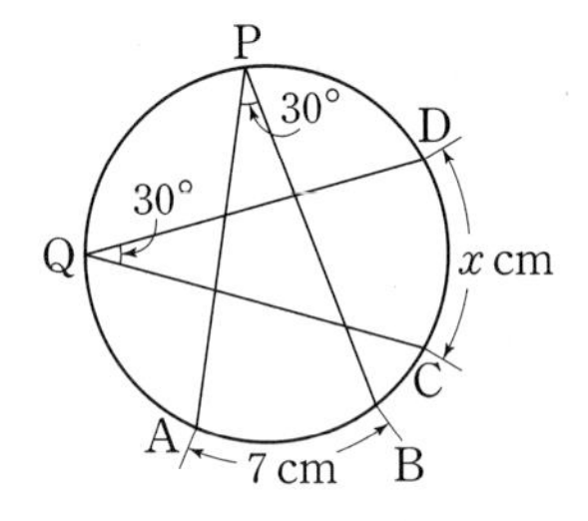

03

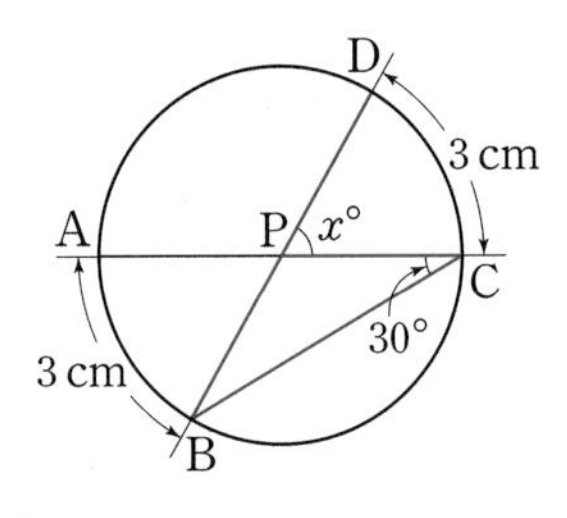

➡ $\widehat{AB}=\widehat{CD}$이므로 $\angle CBD=\angle ACB=$ ☐

$\triangle PBC$에서

$\angle x=$ ☐ $+30°=$ ☐　　$\therefore x=$ ☐

04

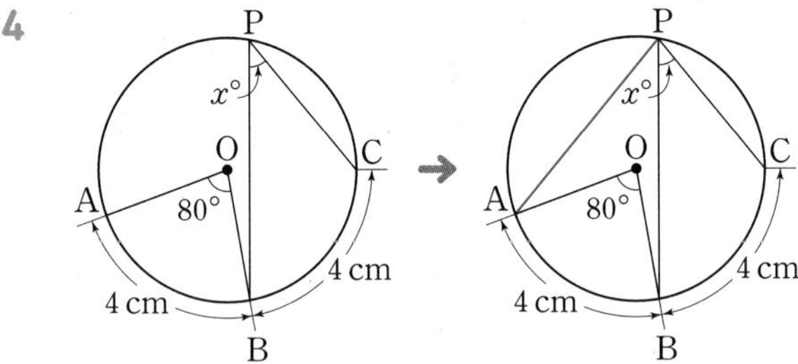

➡ $\overline{AP}$를 그으면 $\widehat{AB}=\widehat{BC}$이므로

$\angle BPC=\angle APB=$ ☐ $\angle AOB=$ ☐

$\therefore x=$ ☐

05

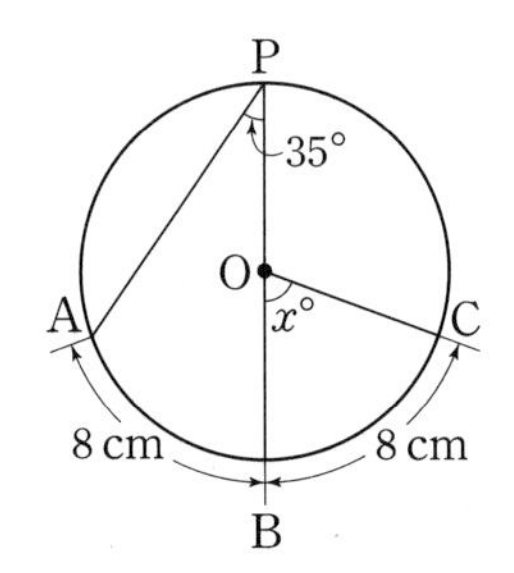

06

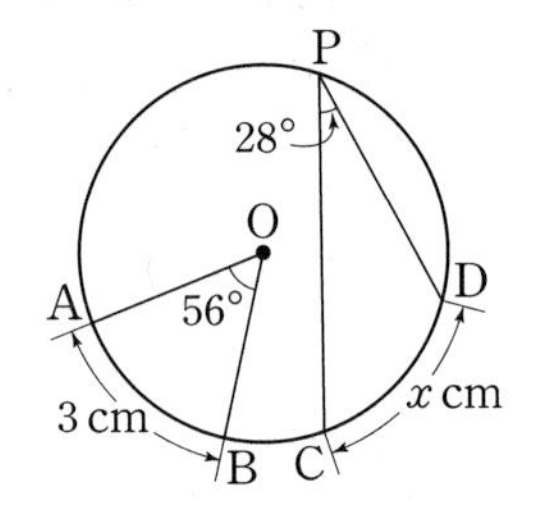

* 다음 그림의 원에서 $\angle x$의 크기를 구하시오.

07

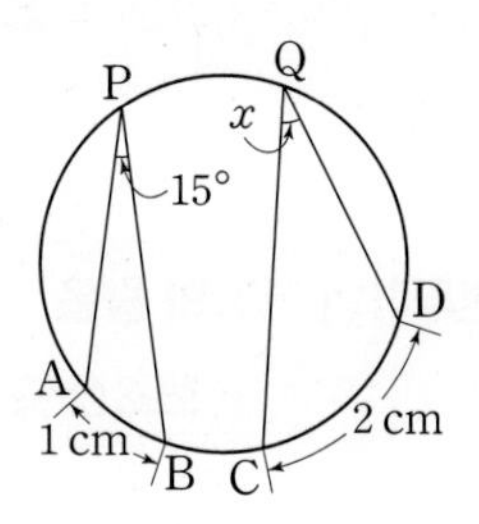

➡ $1:2=\square:\angle x \quad \therefore \angle x=\square$

08

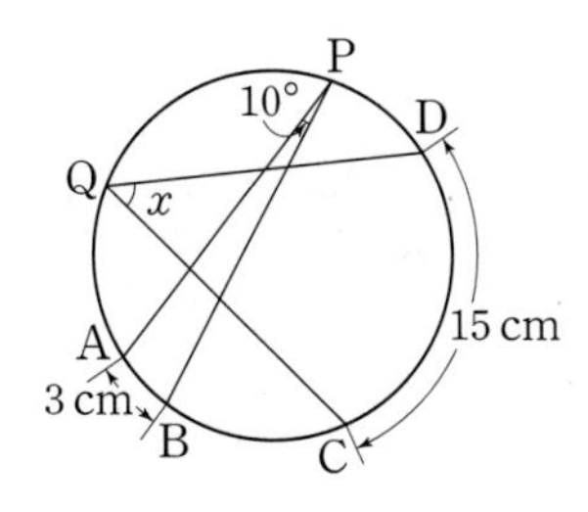

09

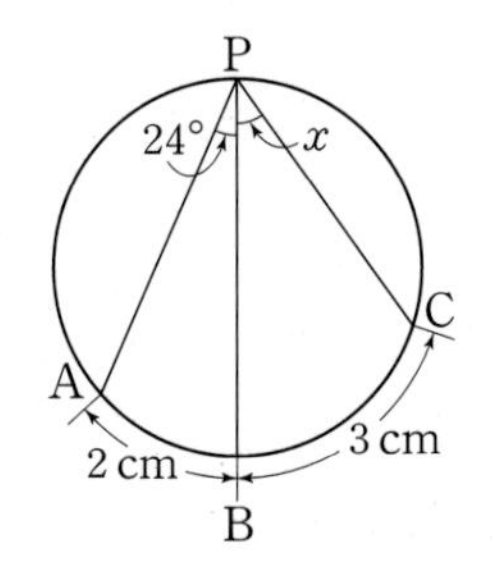

10

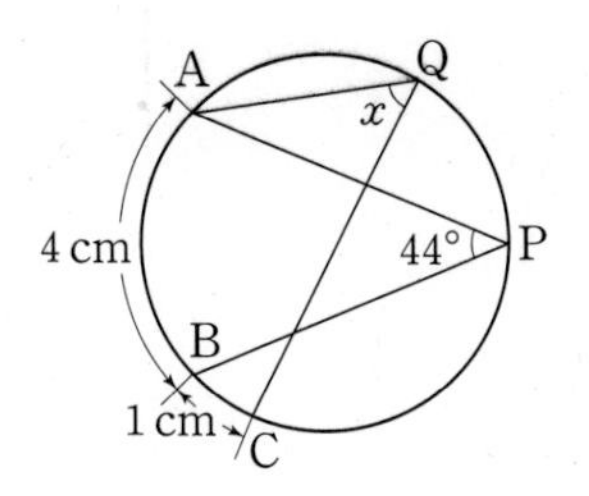

* 다음 그림의 원에서 x의 값을 구하시오.

11

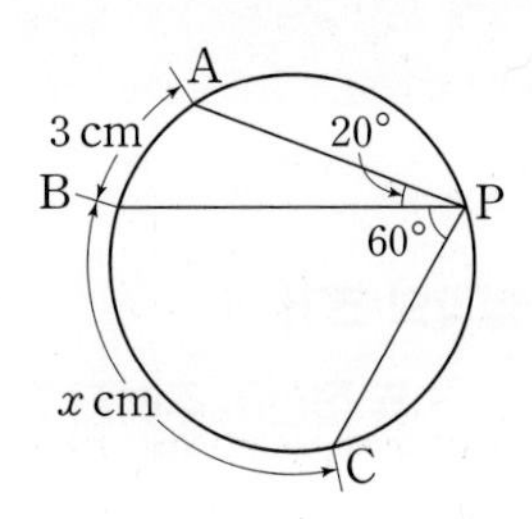

12

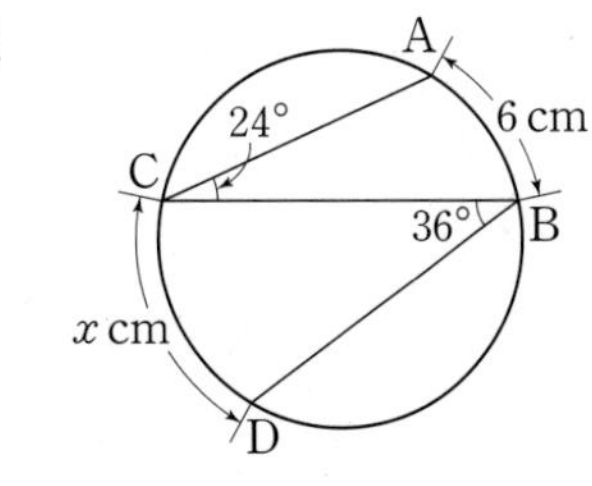

13

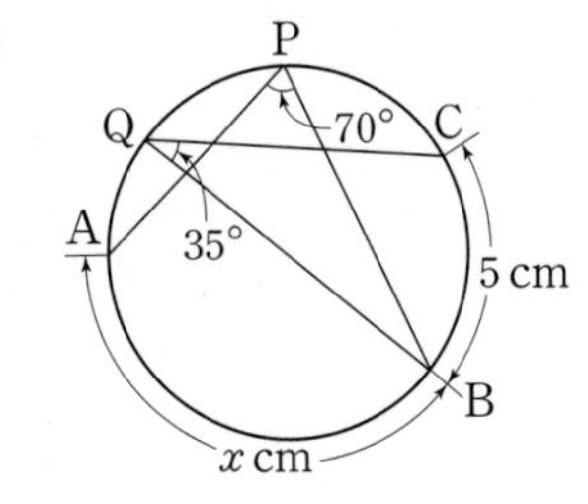

14

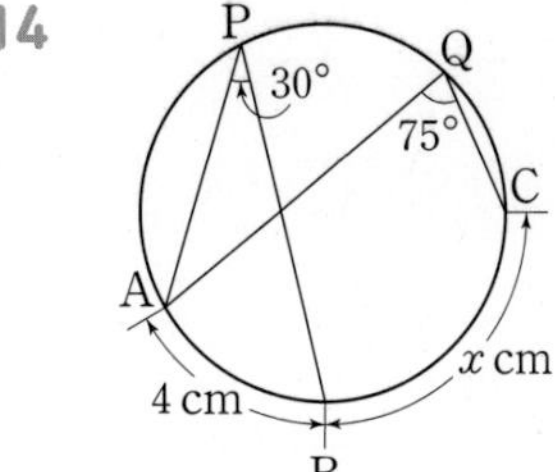

ACT+ 31

원주각의 활용

스피드 정답 : 06쪽
친절한 풀이 : 25쪽

유형 1 원주각과 중심각의 크기 - 두 접선이 주어진 경우

* 다음 그림에서 $\overline{PA}$, $\overline{PB}$는 원 O의 접선이고 두 점 A, B는 접점일 때, $\angle x$의 크기를 구하시오.

01

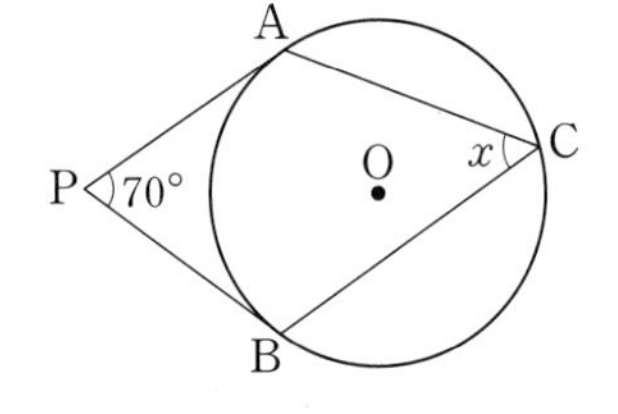

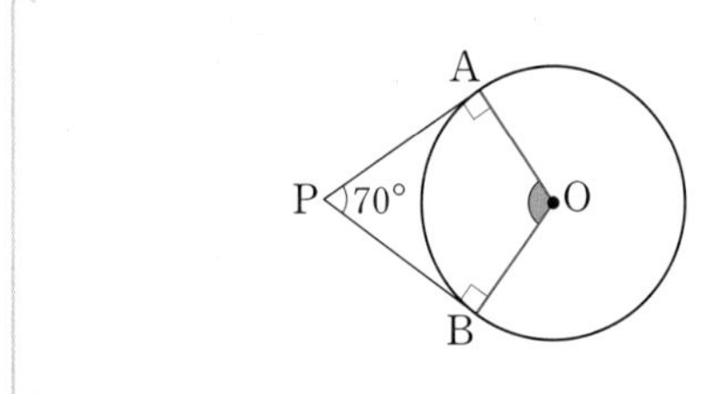

$\overline{OA}$, $\overline{OB}$를 그으면 $\angle PAO=\angle PBO=$ ☐

□APBO에서

$\angle AOB=360°-($ ☐ $+70°+$ ☐ $)=$ ☐

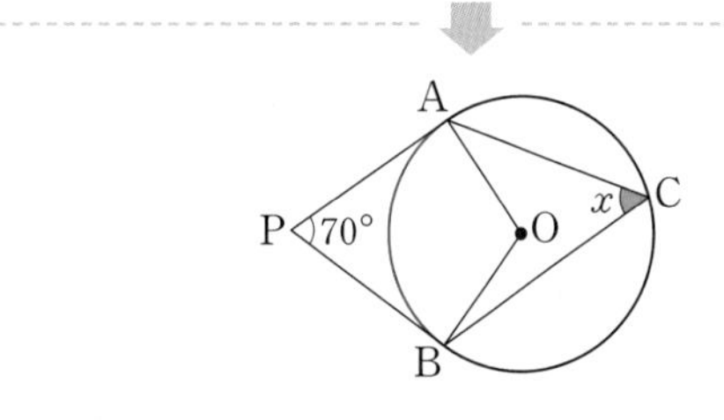

$\therefore \angle x=$ ☐ $\angle AOB=$ ☐ $\times$ ☐ $=$ ☐

02

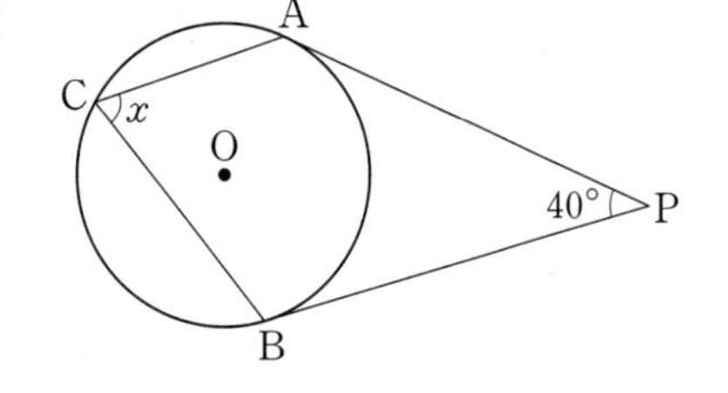

유형 2 반원에 대한 원주각의 크기의 활용 - 보조선 긋기

* 다음 그림에서 $\overline{AB}$가 원 O의 지름일 때, $\angle x$의 크기를 구하시오.

03

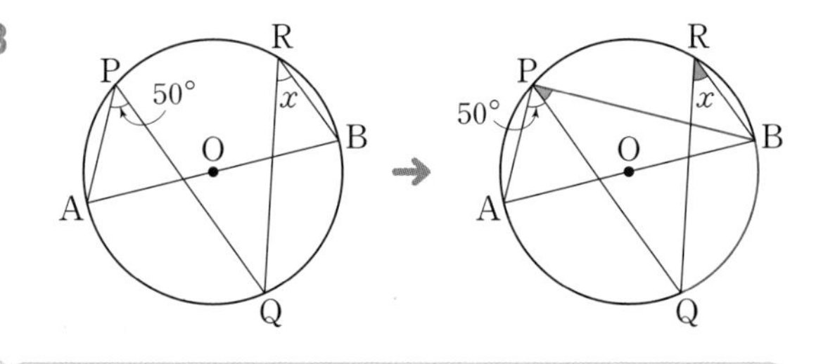

$\overline{PB}$를 그으면

$\overline{AB}$는 원 O의 지름이므로 $\angle APB=$ ☐

$\angle QPB=$ ☐ $-50°=$ ☐ 이므로

$\angle x=\angle QPB=$ ☐

04

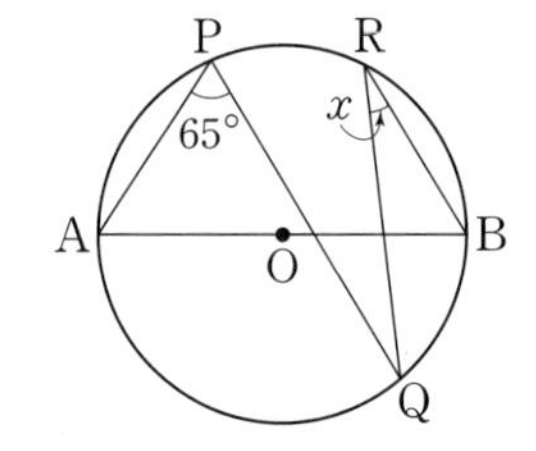

05

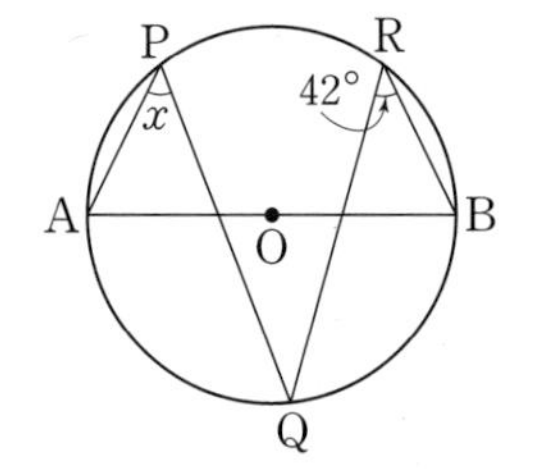

* 다음 그림에서 $\overline{AB}$가 반원 O의 지름일 때, $\angle x$의 크기를 구하시오.

06

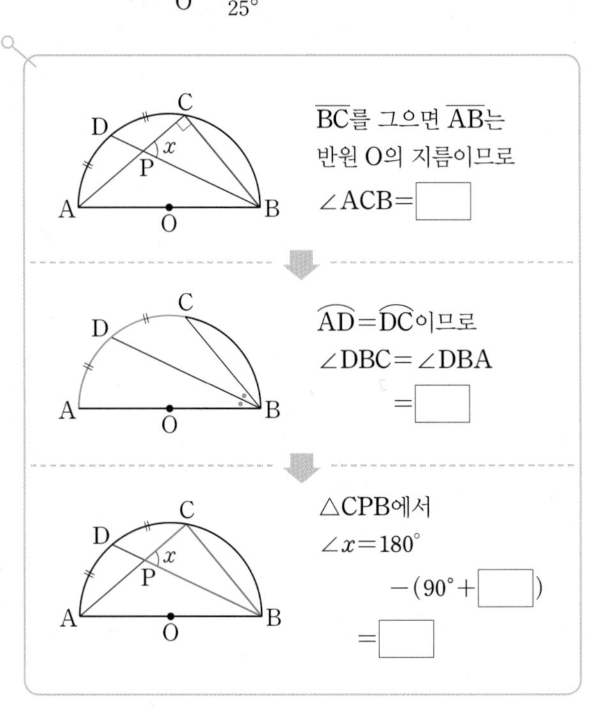

07

08

유형 3 호의 길이의 비가 주어졌을 때 원주각의 크기

* 아래 그림에서 원 O는 $\triangle ABC$의 외접원이다. 다음 조건을 만족시키는 $\angle A$, $\angle B$, $\angle C$의 크기를 각각 구하시오.

09 $\widehat{AB}:\widehat{BC}:\widehat{CA}=4:2:3$

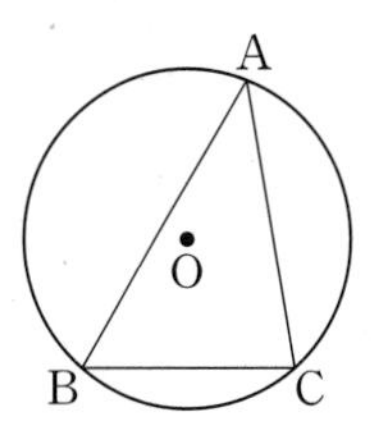

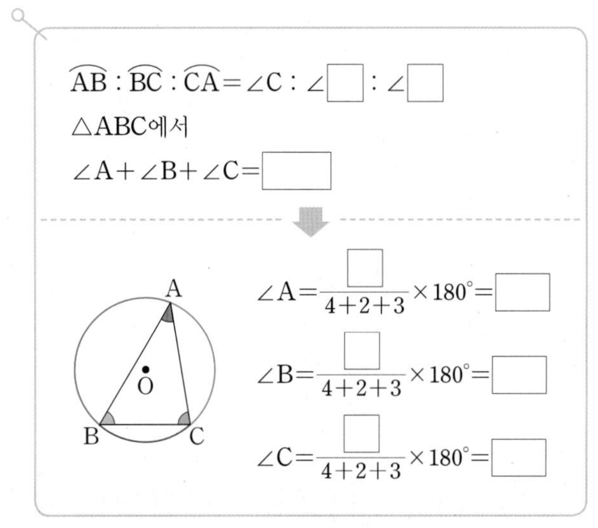

10 $\widehat{AB}:\widehat{BC}:\widehat{CA}=3:4:5$

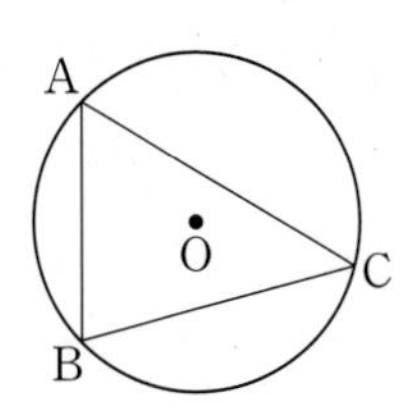

VISUAL IDEA
6

원주각의 활용

네 점이 한 원 위에 있을 조건

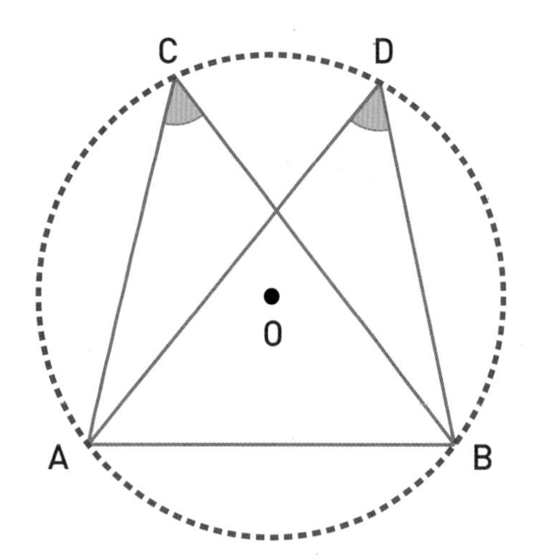

"한 호에 대한 원주각인지 확인하자!"

두 점 C, D가 $\overline{AB}$에 대하여 같은 쪽에 있을 때,

$\angle ACB = \angle ADB$

이면 네 점 A, B, C, D는 한 원 위에 있다.

➡ □ABDC는 원에 내접하는 사각형!

Ⓐ 원에 내접하는 사각형의 성질

1

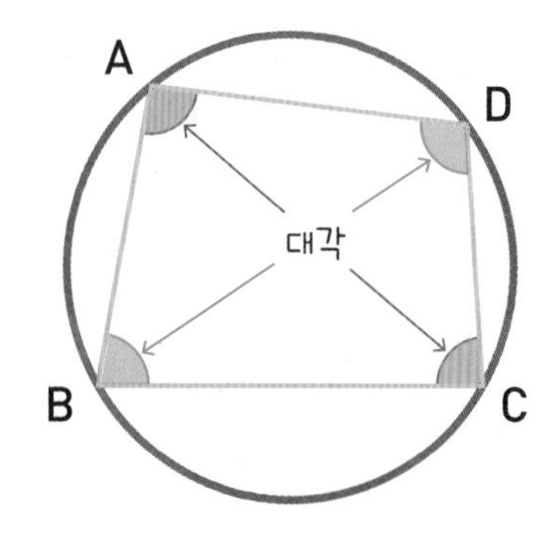

$\angle A + \angle C = \angle B + \angle D = 180°$

원에 내접하는 사각형의 한 쌍의 대각의 크기의 합은 180°이다.

2

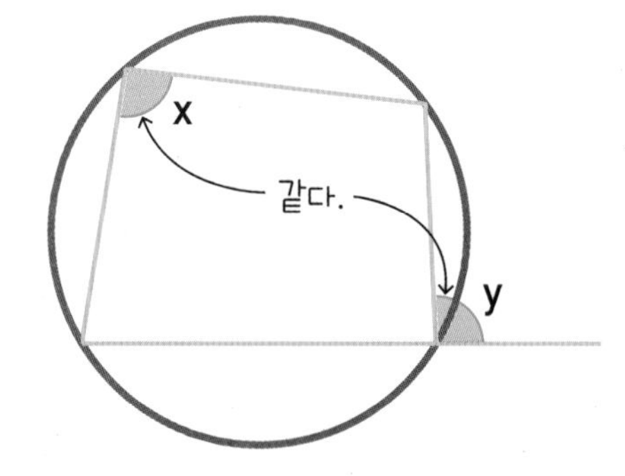

$\angle x = \angle y$

원에 내접하는 사각형의 한 외각의 크기는 그 내각의 대각의 크기와 같다.

V 사각형이 원에 내접하기 위한 조건

"원에 내접하는 사각형의 성질을 이용하자."

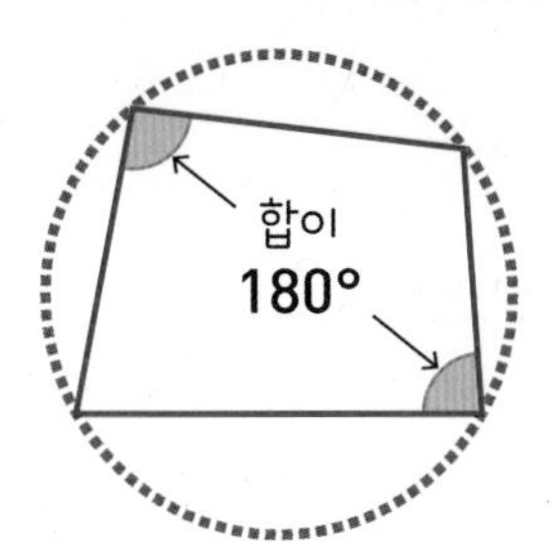

▶ 한 쌍의 대각의 크기의 합이 180°인 사각형은 원에 내접한다.

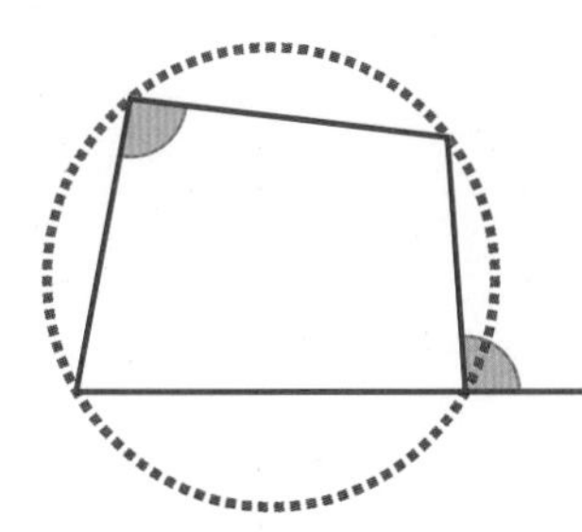

▶ 한 외각의 크기가 그 내각의 대각의 크기와 같은 사각형은 원에 내접한다.

참고

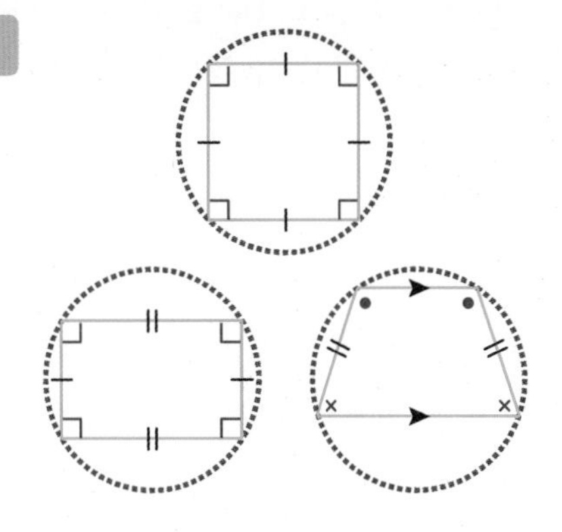

정사각형, 직사각형, 등변사다리꼴은 대각의 크기의 합이 180°이므로 항상 원에 내접한다.

V 접선과 현이 이루는 각

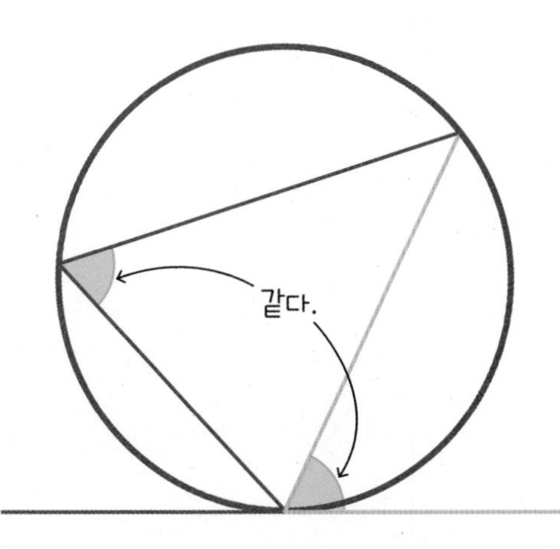

원의 접선과 그 접점을 지나는 현이 이루는 각의 크기는 그 각의 내부에 있는 호에 대한 원주각의 크기와 같다.

증명

"원주각을 이용하자."

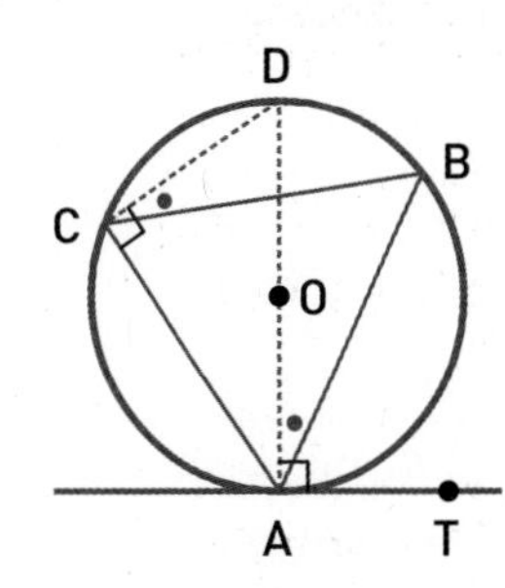

$\angle DAT = \angle ACD = 90^\circ$

$\angle BAD = \angle BCD$ ($\overset{\frown}{BD}$에 대한 원주각)

➡ $\angle BAT = 90^\circ - \angle BAD$

$\angle BCA = 90^\circ - \angle BCD$

$\therefore \angle BAT = \angle BCA$

ACT 32 네 점이 한 원 위에 있을 조건

스피드 정답 : 06쪽
친절한 풀이 : 26쪽

두 점 C, D가 직선 AB에 대하여 같은 쪽에 있을 때

$\angle ACB = \angle ADB$

이면 네 점 A, B, C, D는 한 원 위에 있다.

참고 네 점 A, B, C, D가 한 원 위에 있으면 $\angle ACB = \angle ADB$

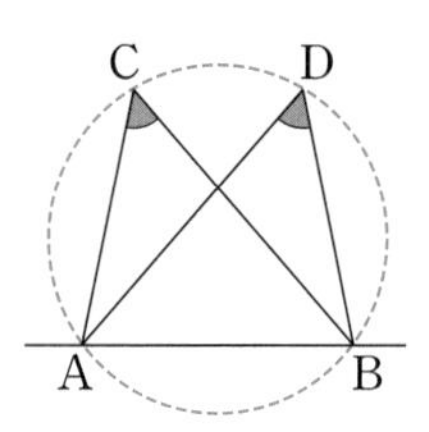

* **다음 그림에서 네 점 A, B, C, D가 한 원 위에 있으면 ○표, 한 원 위에 있지 않으면 ×표를 하시오.**

01

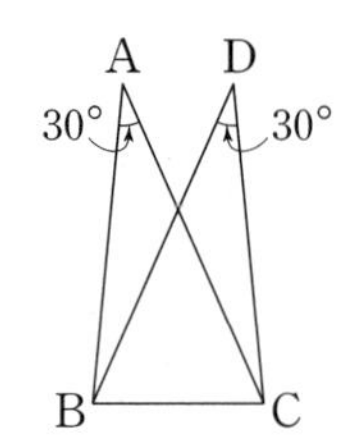

( )

02

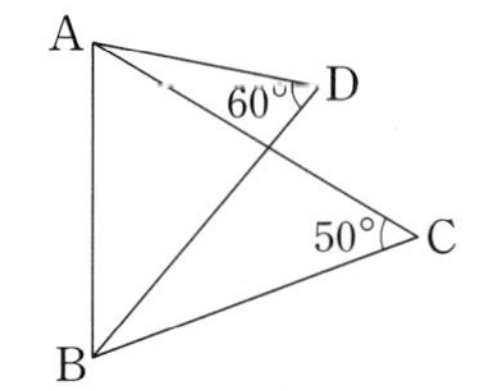

( )

03

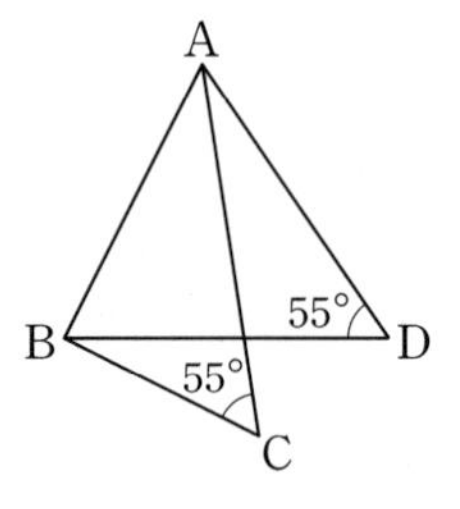

( )

04

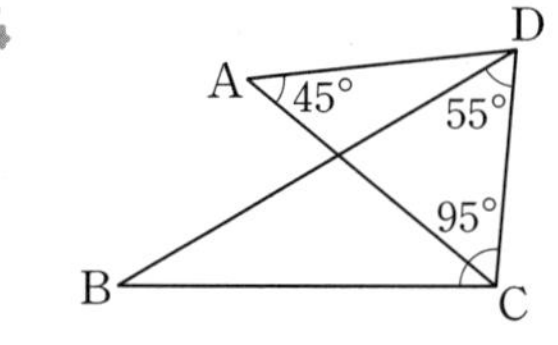

( )

05

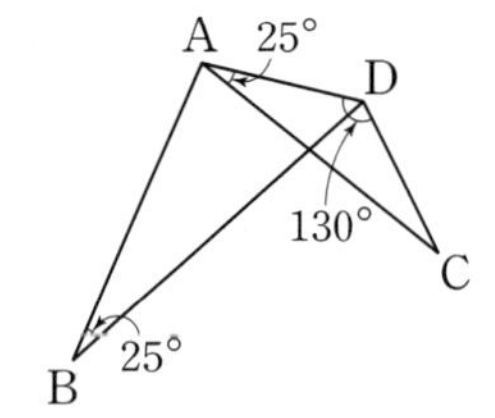

( )

06

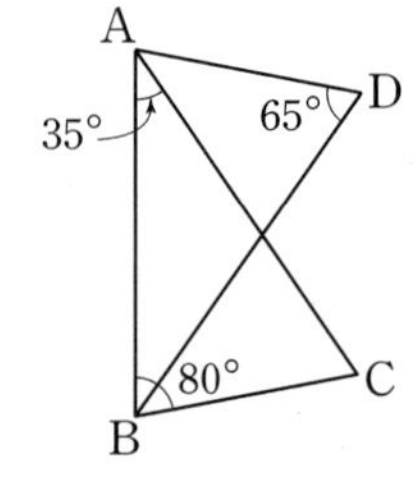

( )

* **다음 그림에서 네 점 A, B, C, D가 한 원 위에 있도록 하는 $\angle x$의 크기를 구하시오.**

07

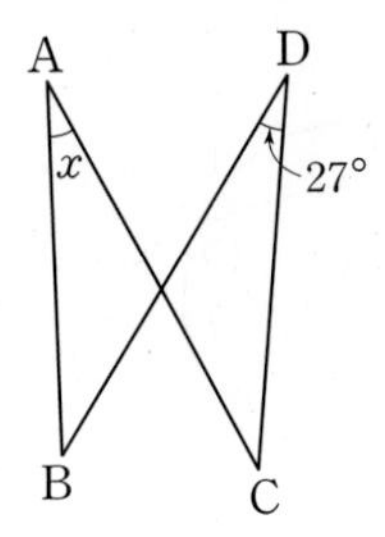

08

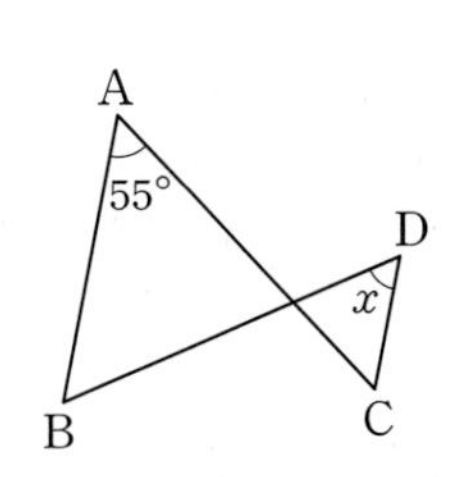

09

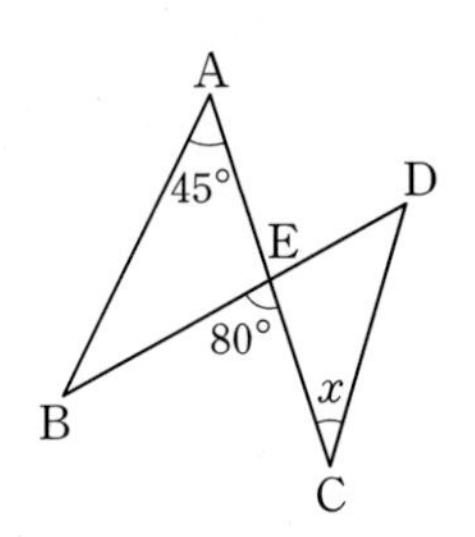

10

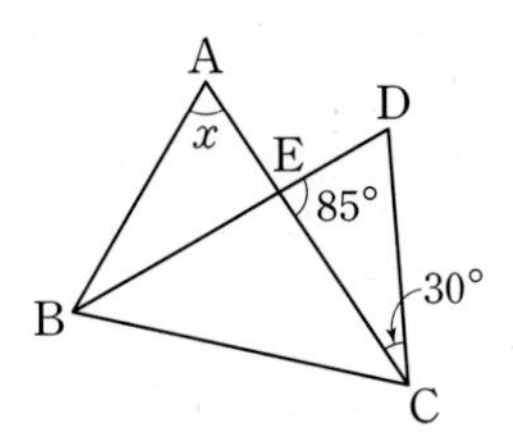

11

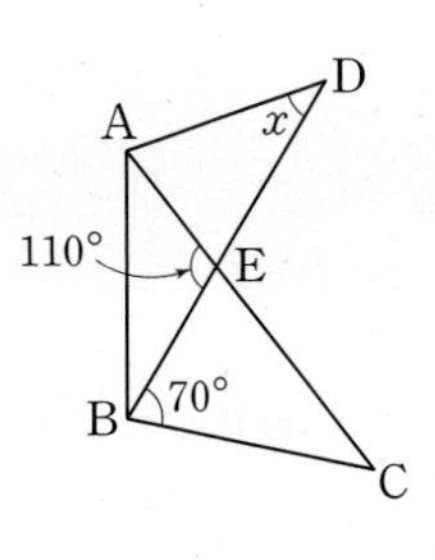

12

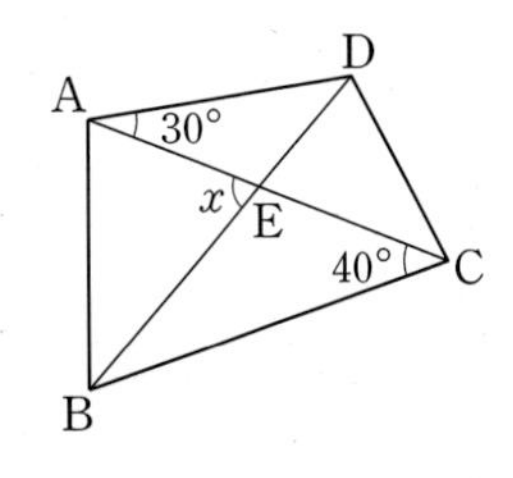

13

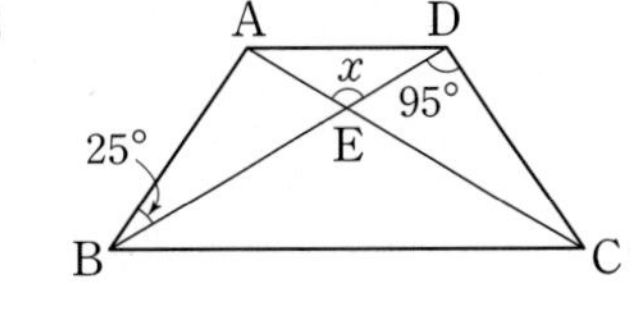

14

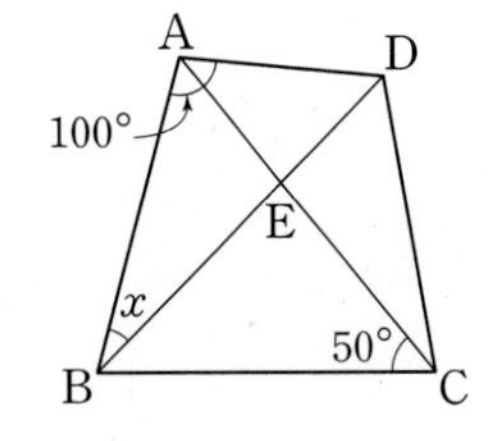

ACT 33 원에 내접하는 사각형의 성질 1

스피드 정답 : 06쪽
친절한 풀이 : 27쪽

원에 내접하는 사각형의 한 쌍의 대각의 크기의 합은 180°이다.

➡ $\angle A + \angle C = 180°$

$\angle B + \angle D = 180°$

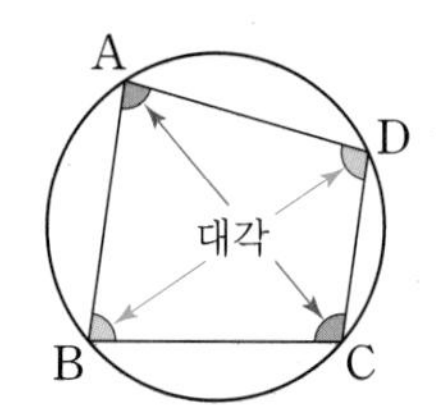

* 다음 그림에서 □ABCD가 원에 내접할 때, $\angle x$, $\angle y$의 크기를 각각 구하시오.

01

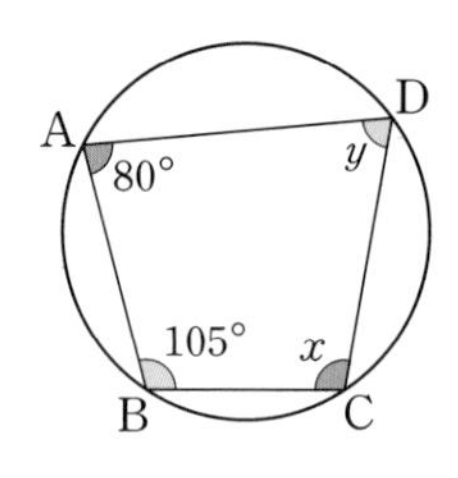

➡ □ $+ \angle x = 180°$이므로 $\angle x =$ □

□ $+ \angle y = 180°$이므로 $\angle y =$ □

02

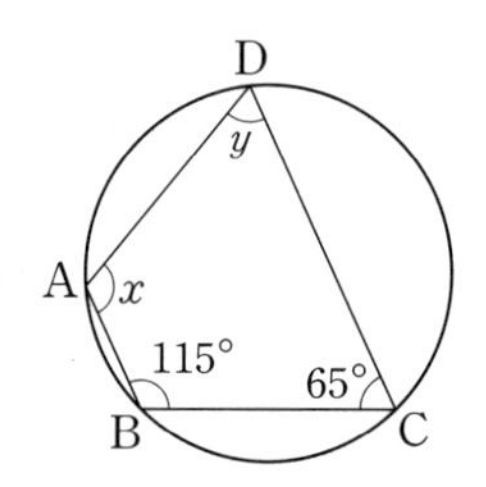

03

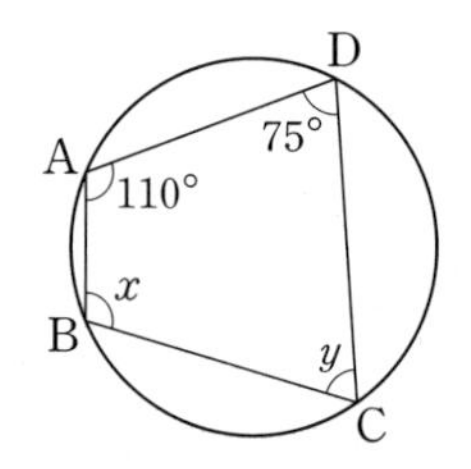

04

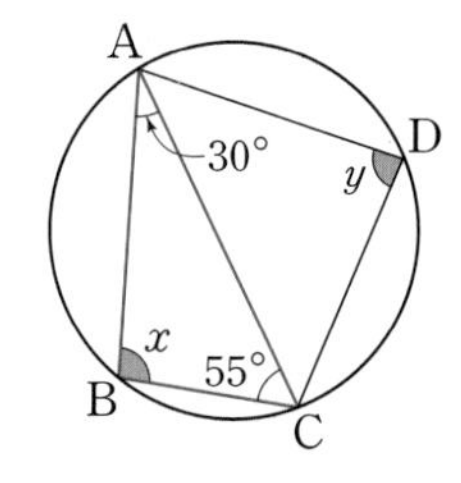

➡ △ABC에서

$\angle x = 180° - (30° +$ □ $) =$ □

□ $+ \angle y = 180°$이므로 $\angle y =$ □

05

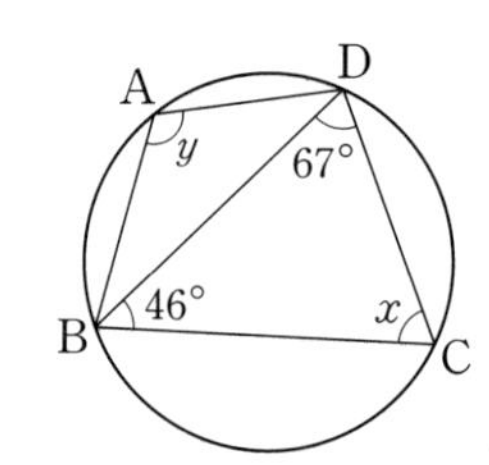

06

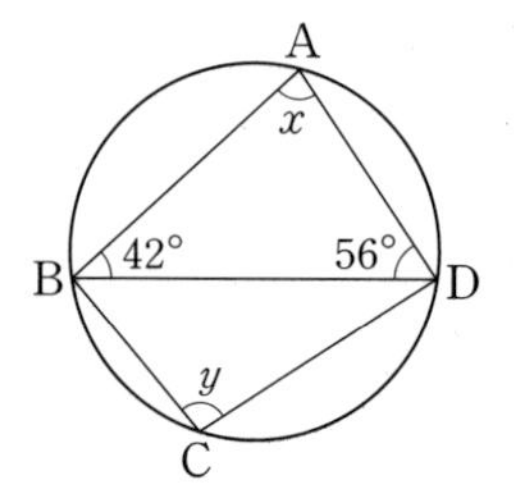

* 다음 그림에서 □ABCD가 원 O에 내접할 때, $\angle x$, $\angle y$의 크기를 각각 구하시오.

07

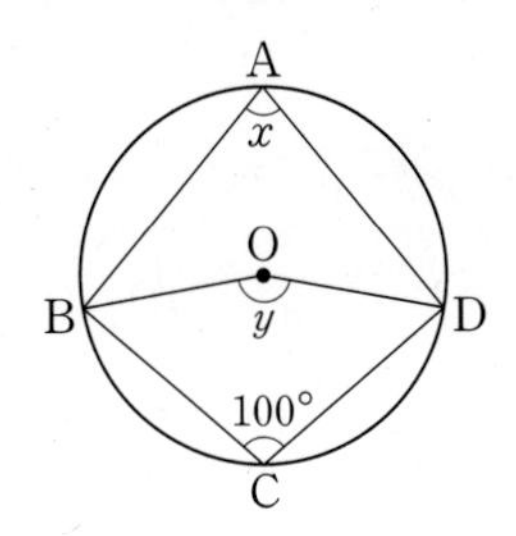

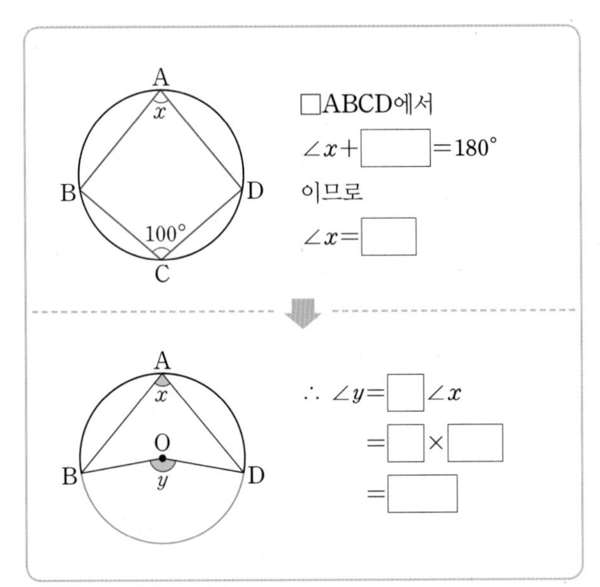

□ABCD에서

$\angle x+$ □ $=180°$

이므로

$\angle x=$ □

$\therefore\ \angle y=$ □ $\angle x$

$=$ □ $\times$ □

$=$ □

08

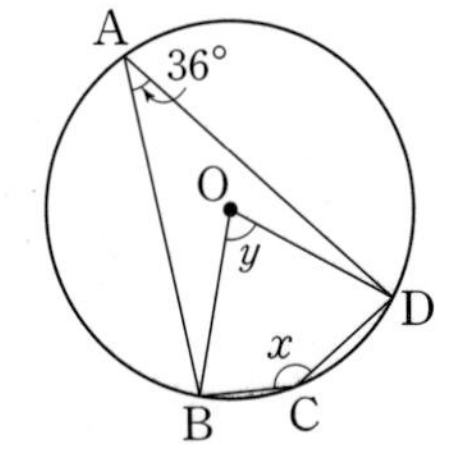

09

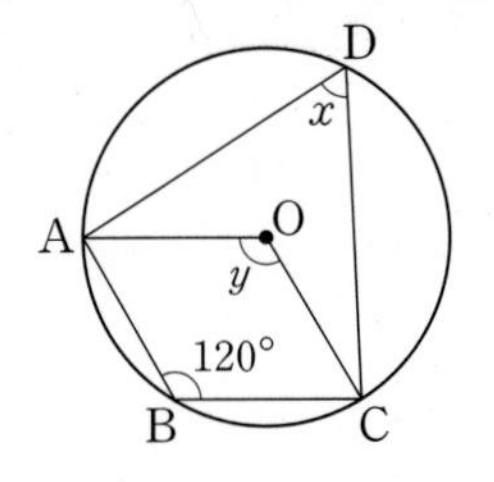

* 다음 그림에서 오각형 ABCDE가 원 O에 내접할 때, $\angle x$의 크기를 구하시오.

10

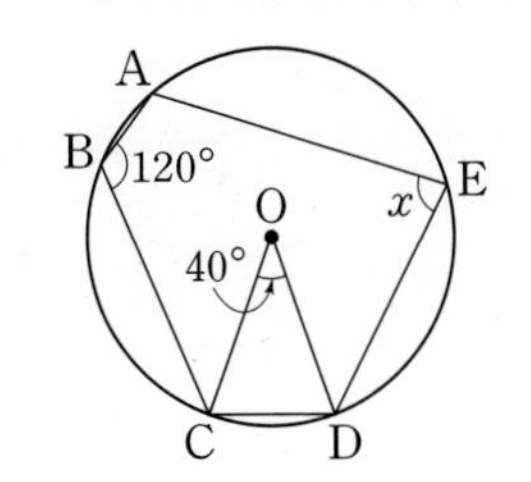

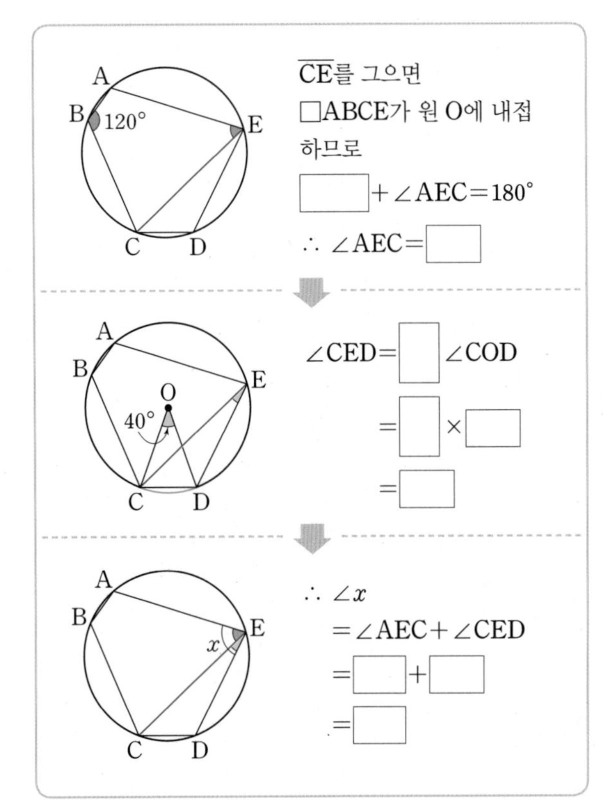

$\overline{CE}$를 그으면

□ABCE가 원 O에 내접하므로

□ $+\angle AEC=180°$

$\therefore\ \angle AEC=$ □

$\angle CED=$ □ $\angle COD$

$=$ □ $\times$ □

$=$ □

$\therefore\ \angle x$

$=\angle AEC+\angle CED$

$=$ □ $+$ □

$=$ □

11

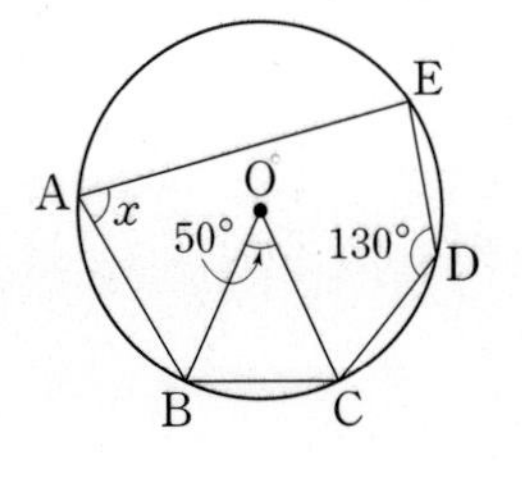

ACT 34 원에 내접하는 사각형의 성질 2

스피드 정답 : 06쪽
친절한 풀이 : 27쪽

원에 내접하는 사각형에서 한 외각의 크기는 그와 이웃하는 내각의 대각의 크기와 같다.

➡ $\angle DCE = \angle DAB$

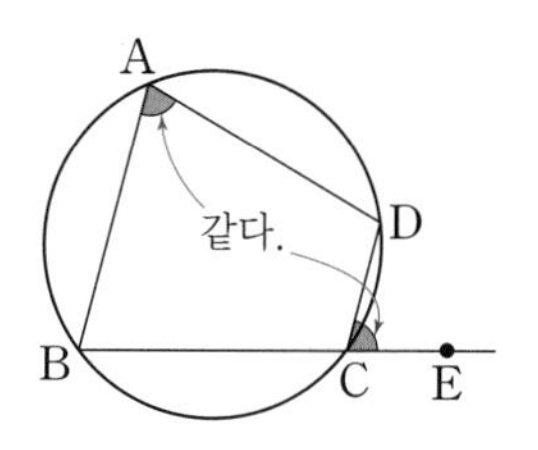

* 다음 그림에서 □ABCD가 원에 내접할 때, $\angle x$의 크기를 구하시오.

01

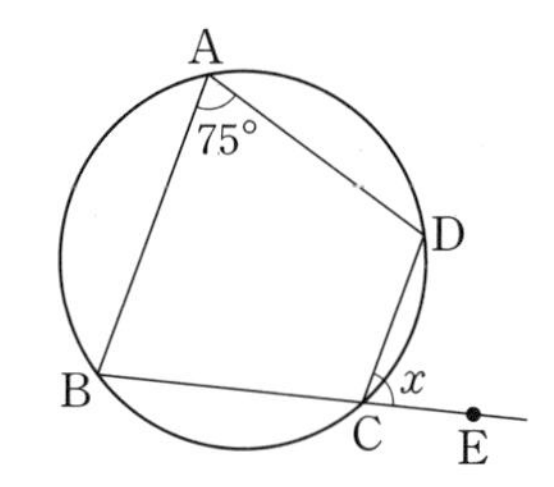

02

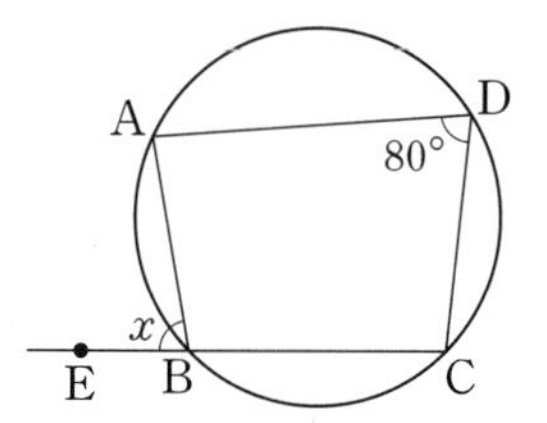

03

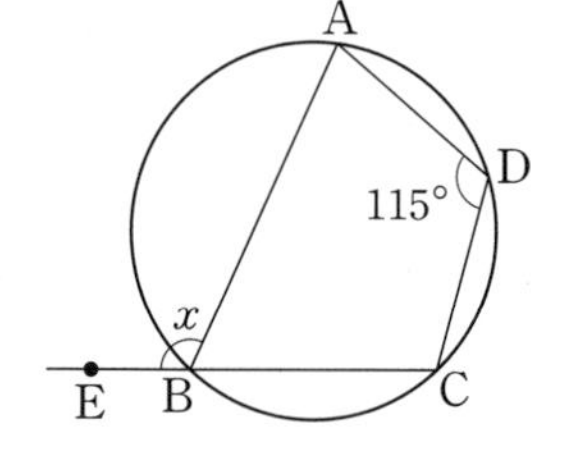

04

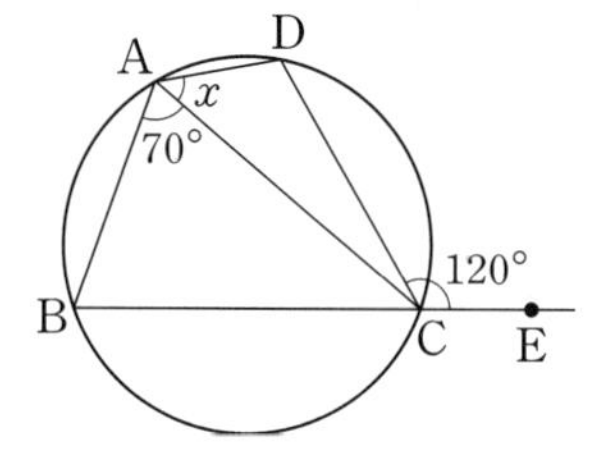

05

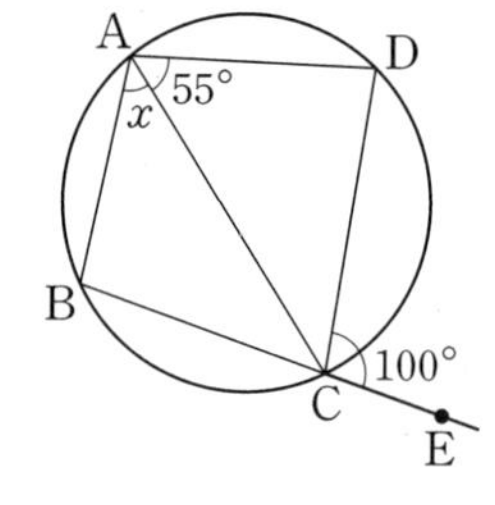

06

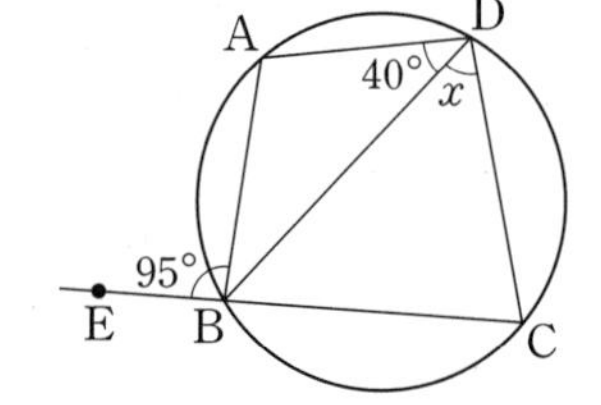

* 다음 그림에서 □ABCD가 원에 내접할 때, $\angle x$, $\angle y$의 크기를 각각 구하시오.

07

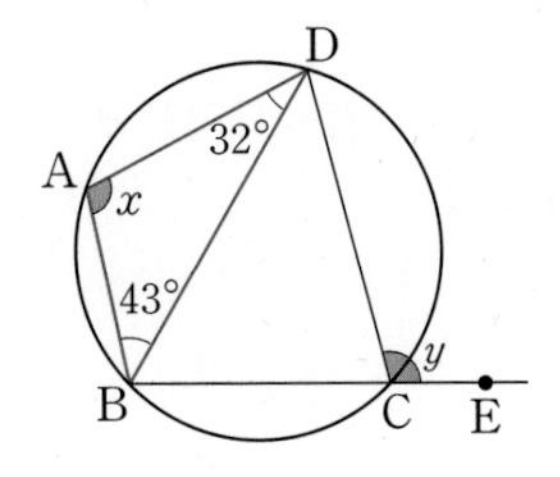

➡ △ABD에서

$\angle x = 180° - (43° + \square) = \square$

$\therefore \angle y = \angle \square = \square$

08

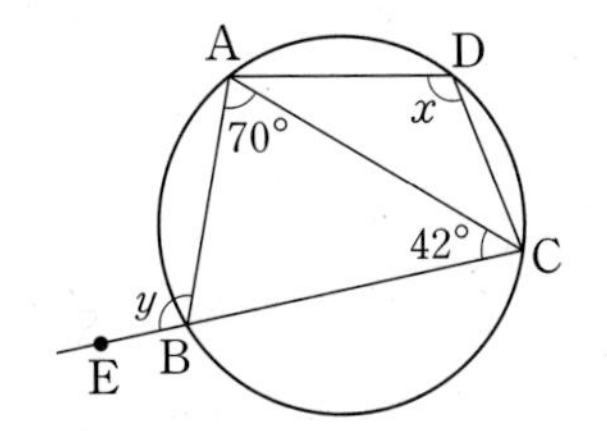

09

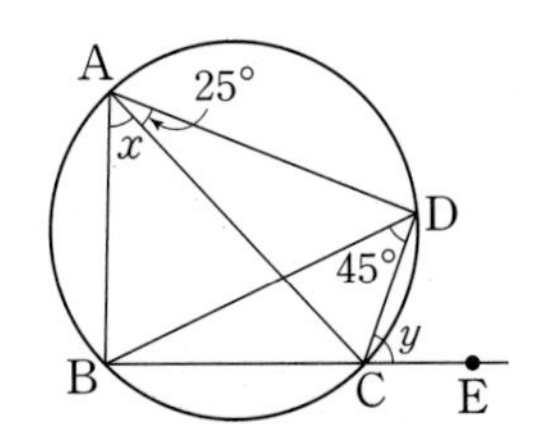

10

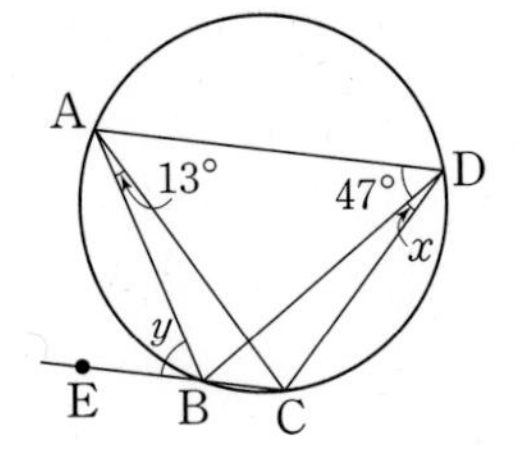

* 다음 그림에서 □ABCD가 원 O에 내접할 때, $\angle x$, $\angle y$의 크기를 각각 구하시오.

11

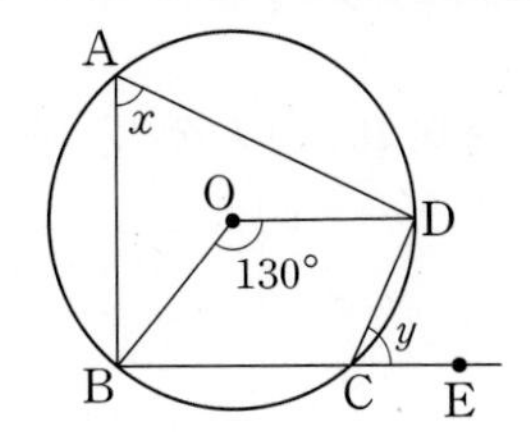

12

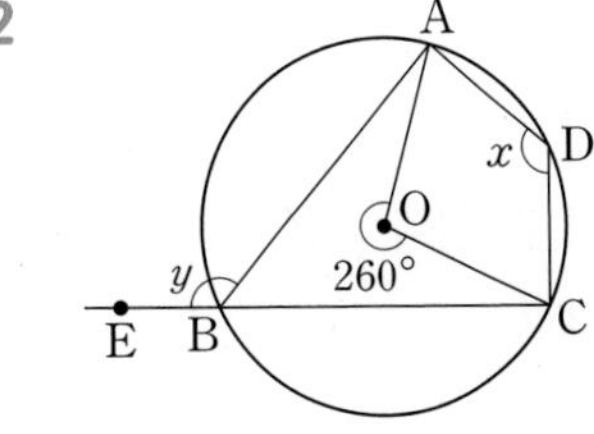

13

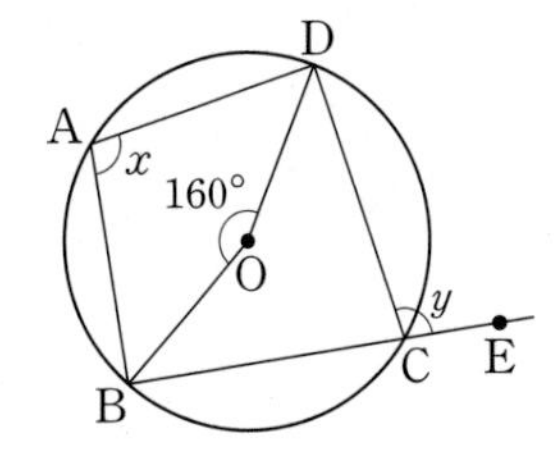

14

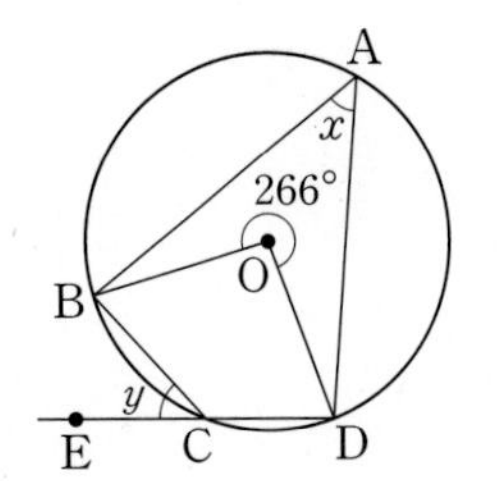

ACT 35

사각형이 원에 내접하기 위한 조건

스피드 정답 : 06쪽
친절한 풀이 : 27쪽

• 한 쌍의 대각의 크기의 합이 180°인 사각형은 원에 내접한다.

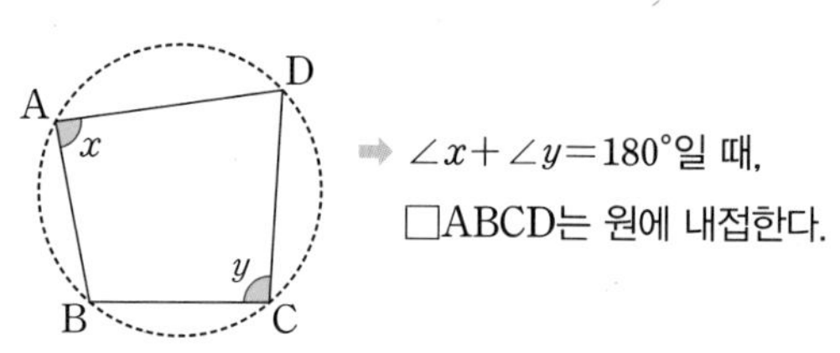

➡ $\angle x+\angle y=180°$일 때, □ABCD는 원에 내접한다.

• 한 외각의 크기가 그와 이웃하는 내각의 대각의 크기와 같은 사각형은 원에 내접한다.

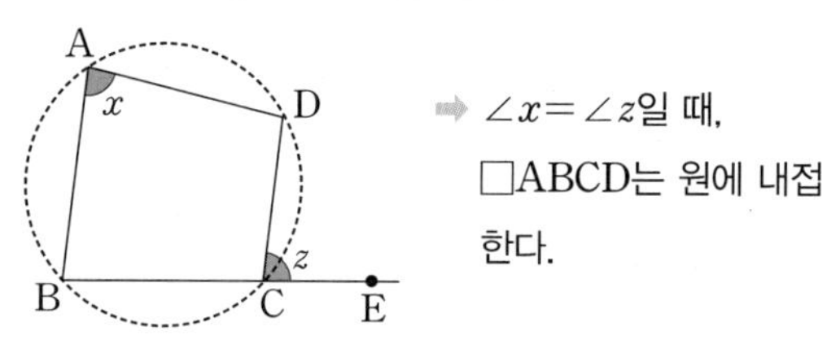

➡ $\angle x=\angle z$일 때, □ABCD는 원에 내접한다.

참고 | 정사각형, 직사각형, 등변사다리꼴은 한 쌍의 대각의 크기의 합이 180°이므로 항상 원에 내접한다.

＊ 다음 그림에서 □ABCD가 원에 내접하면 ○표, 내접하지 않으면 ×표를 하시오.

01

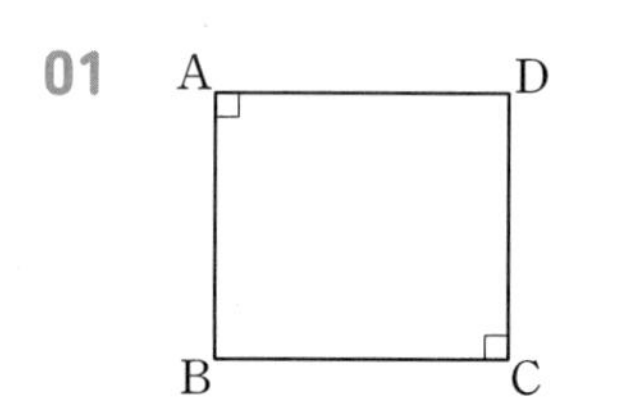

(　　　)

02

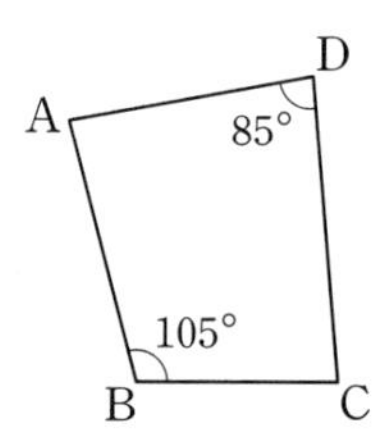

(　　　)

03

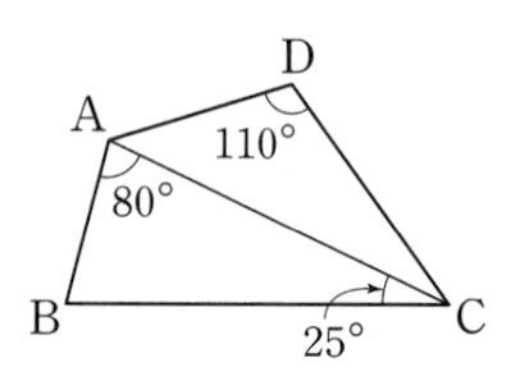

(　　　)

04

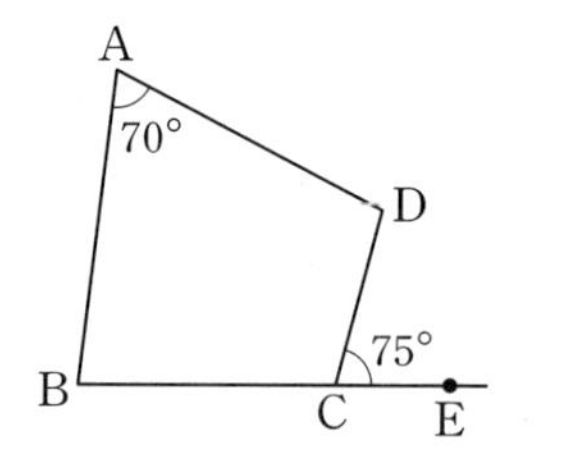

(　　　)

05

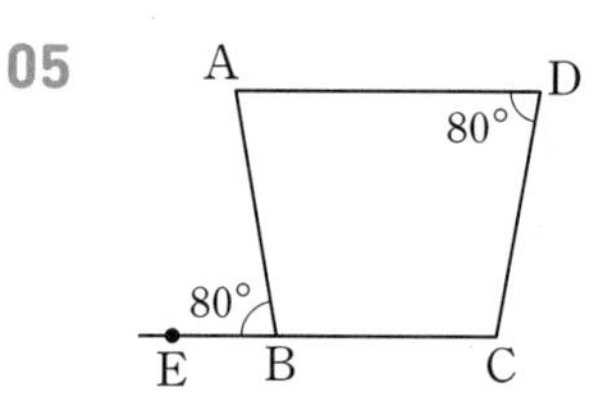

(　　　)

06

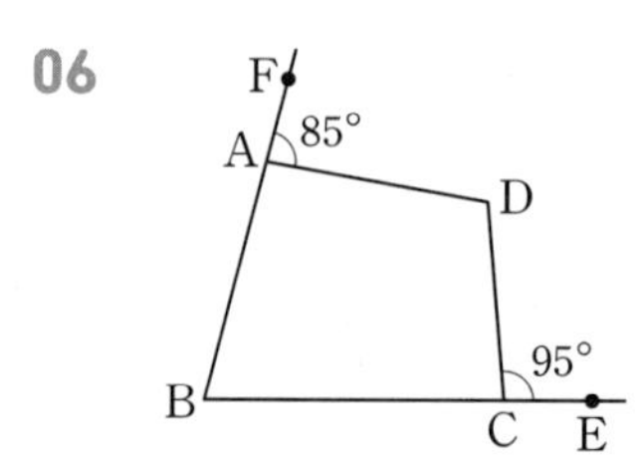

(　　　)

* 다음 그림에서 □ABCD가 원에 내접할 때, $\angle x$의 크기를 구하시오.

07

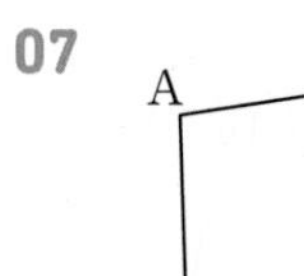

08

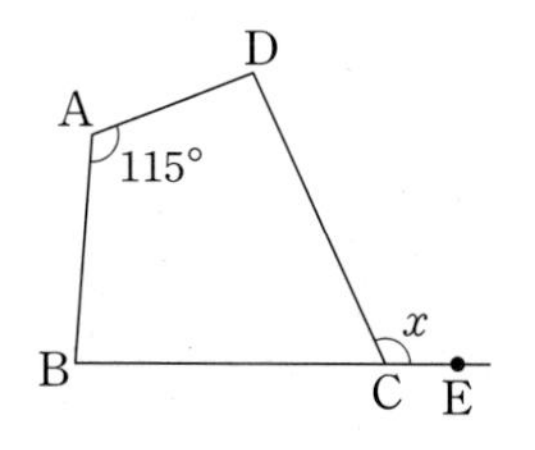

09

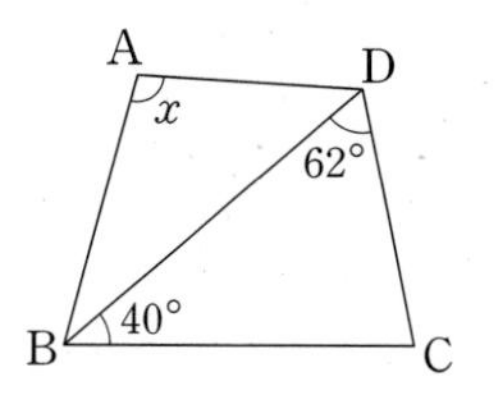

10

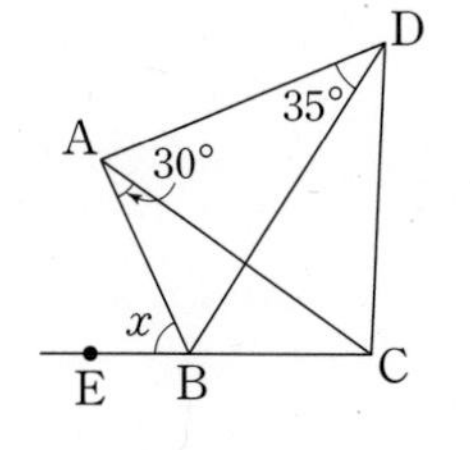

* 다음 그림에서 $\angle x$의 크기를 구하시오.

11

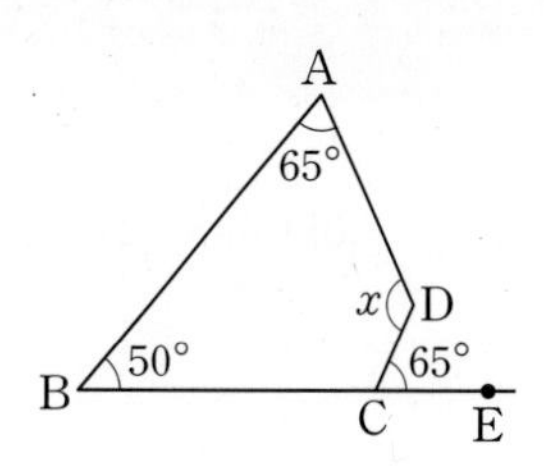

12

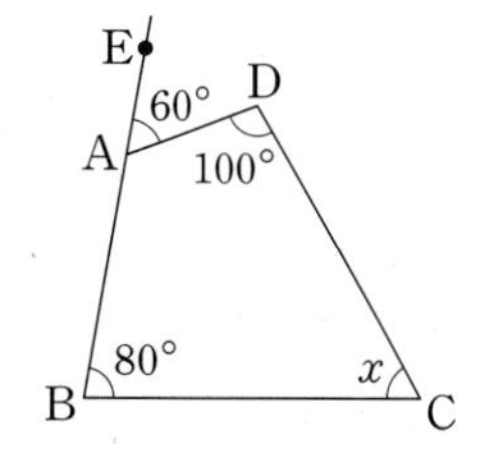

13

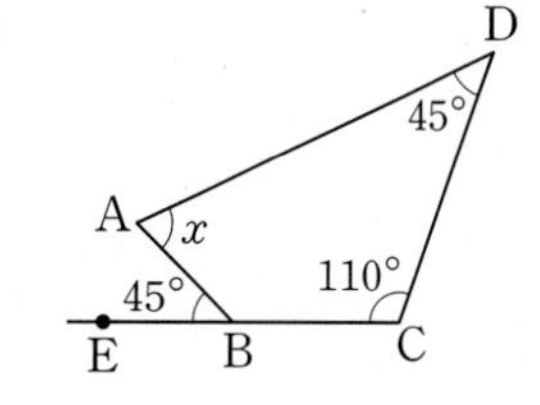

14

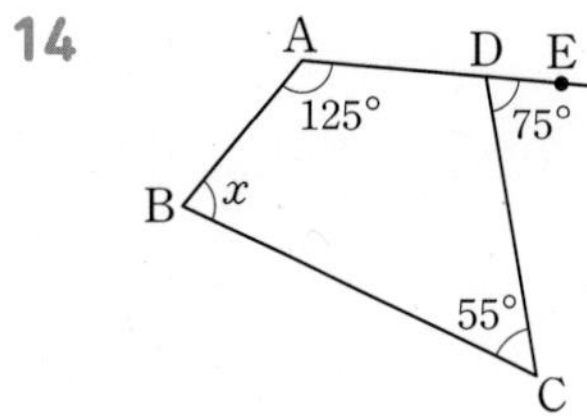

ACT 36

접선과 현이 이루는 각

스피드 정답 : 07쪽
친절한 풀이 : 28쪽

원의 접선과 그 접점을 지나는 현이 이루는 각의 크기는 그 각의 내부에 있는 호에 대한 원주각의 크기와 같다.

⇨ $\angle BAT = \angle BCA$

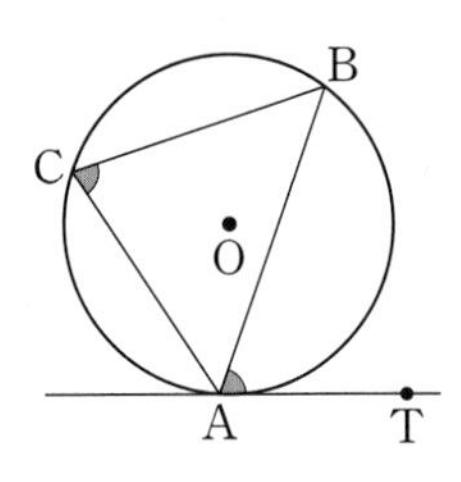

* **다음 그림에서 직선 AT는 원 O의 접선이고 점 A는 접점일 때, $\angle x$의 크기를 구하시오.**

01

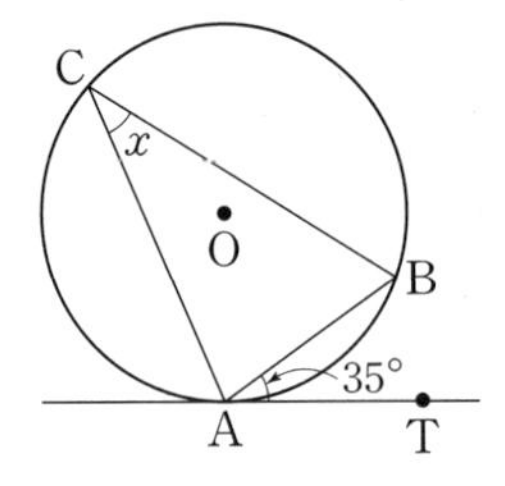

02

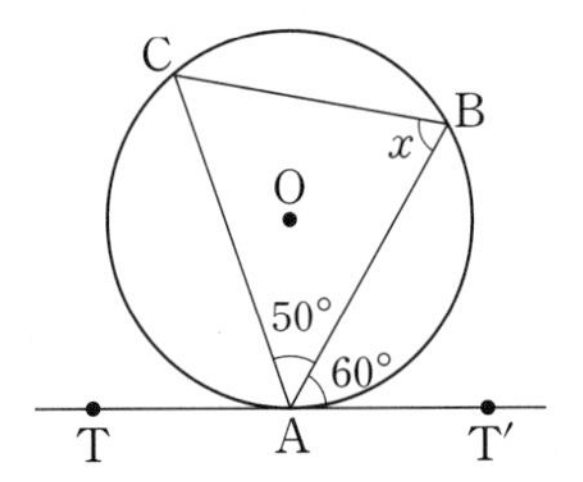

03

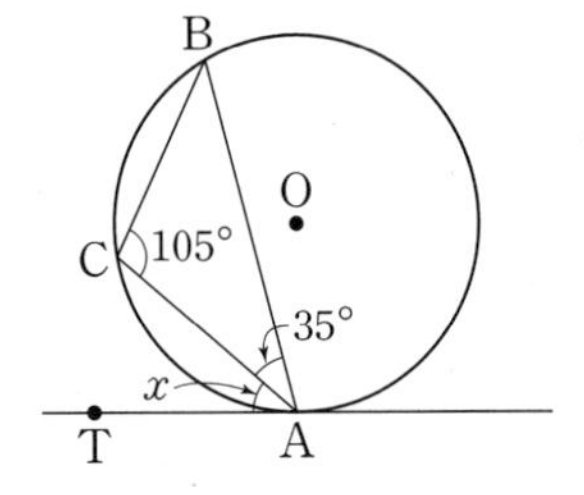

04

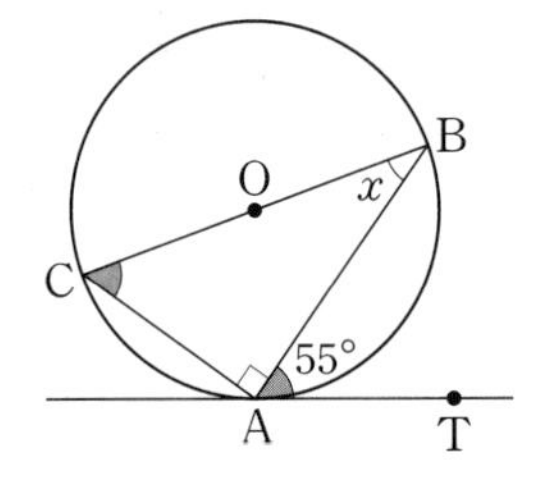

⇨ $\angle BCA = \angle BAT =$ ☐

$\overline{BC}$는 원 O의 지름이므로 $\angle BAC =$ ☐

$\triangle ABC$에서

$\angle x = 180° - (55° +$ ☐ $) =$ ☐

05

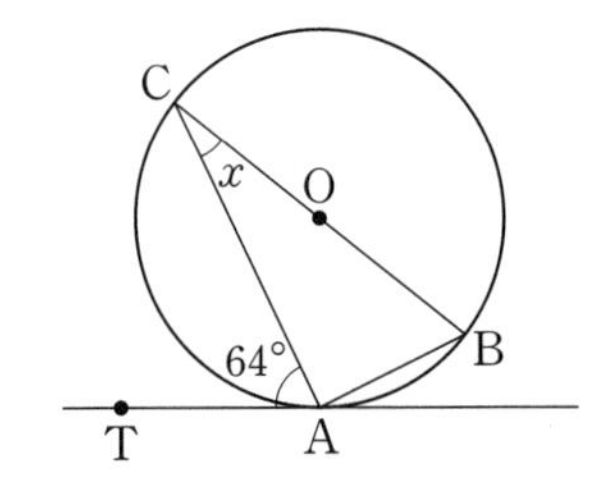

06

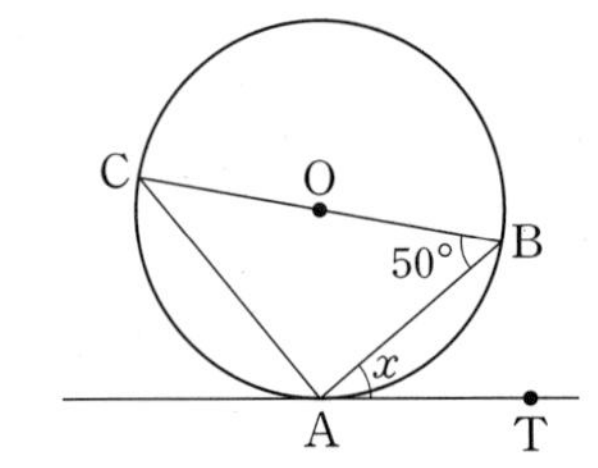

07

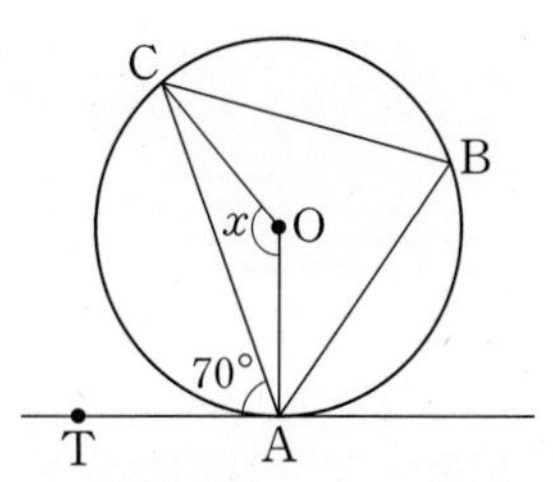

$\angle CBA = \angle CAT$

$= \square$

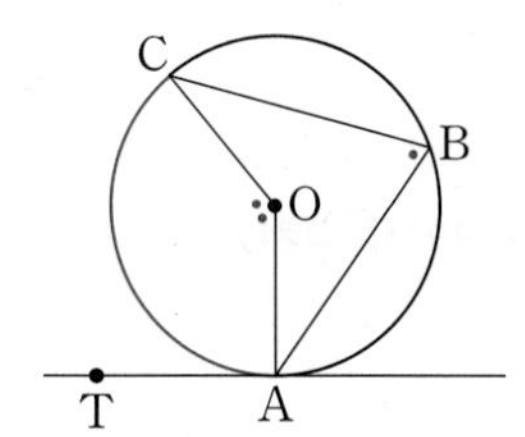

$\therefore \angle x = \square \angle CBA$

$= \square \times \square$

$= \square$

08

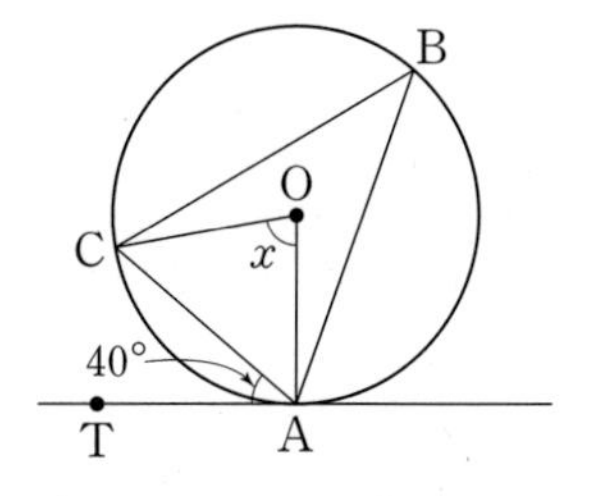

09

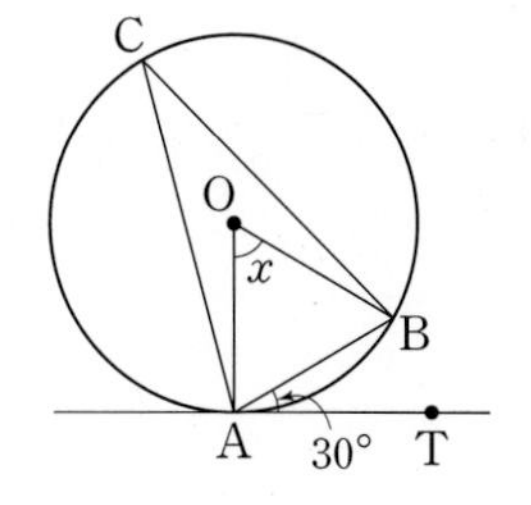

* 다음 그림에서 $\overrightarrow{PT}$는 원의 접선이고 점 T는 접점일 때, $\angle x$의 크기를 구하시오.

10

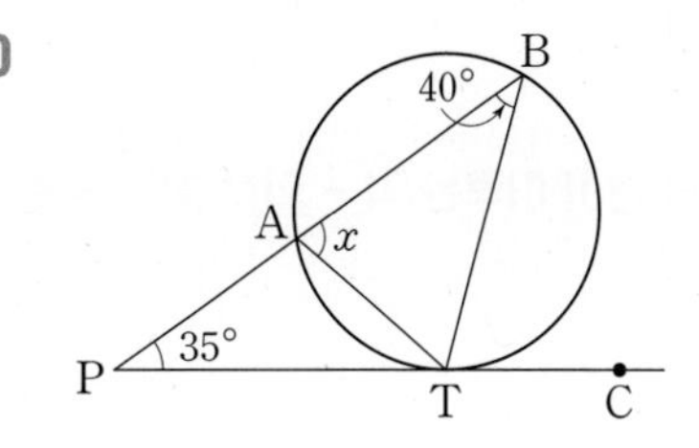

$\angle ATP = \angle ABT$

$= \square$

$\triangle APT$에서

$\angle x = 35^\circ + \square$

$= \square$

11

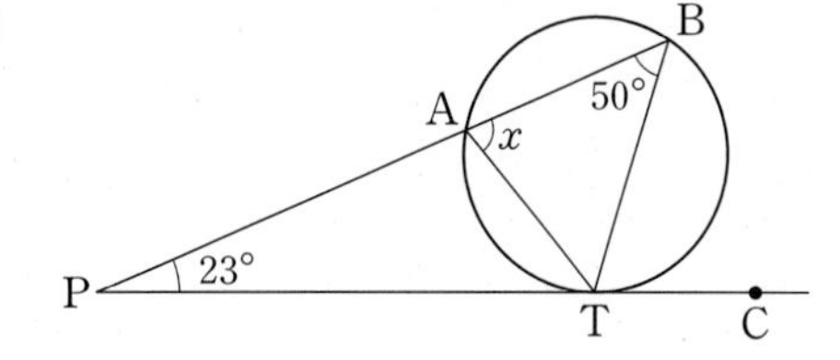

12

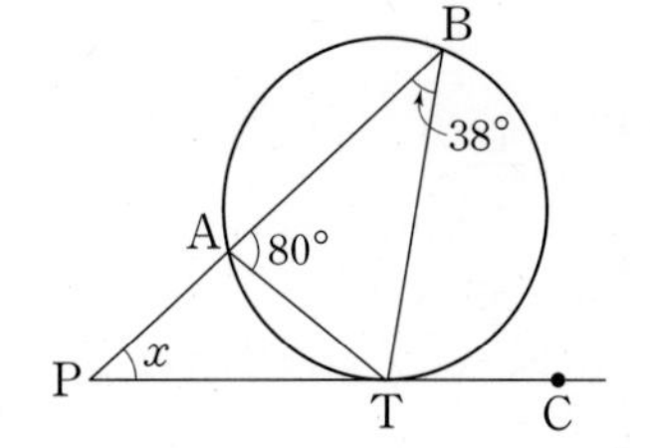

ACT+ 37

접선과 현이 이루는 각의 활용

스피드 정답 : 07쪽
친절한 풀이 : 28쪽

유형 1 접선과 현이 이루는 각 - 외접하는 두 원

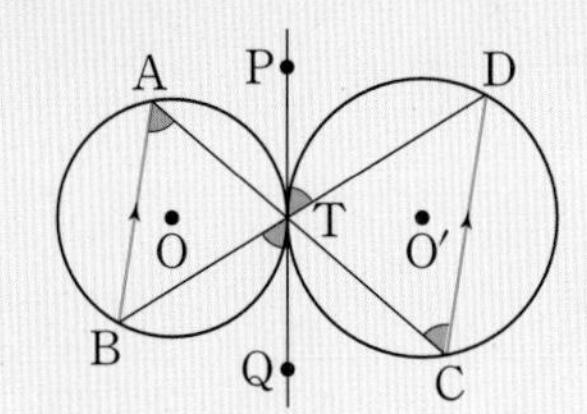

• $\angle BAT = \angle BTQ$
$= \angle DTP$
$= \angle DCT$

• $\overline{AB} /\!/ \overline{CD}$

* 다음 그림에서 $\overleftrightarrow{PQ}$가 두 원 O, O′의 공통인 접선이고 점 T는 접점일 때, $\angle x$의 크기를 구하시오.

01

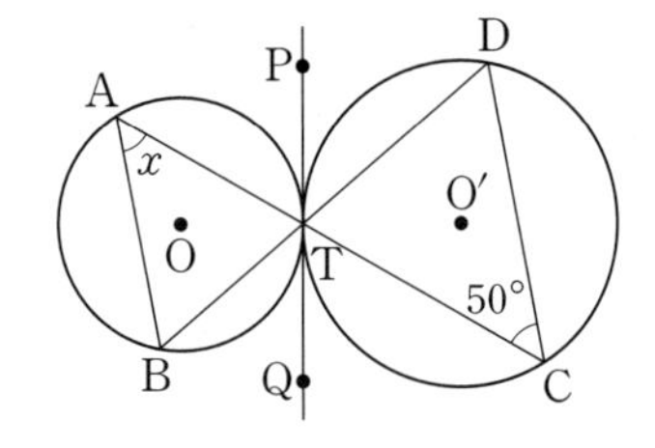

02

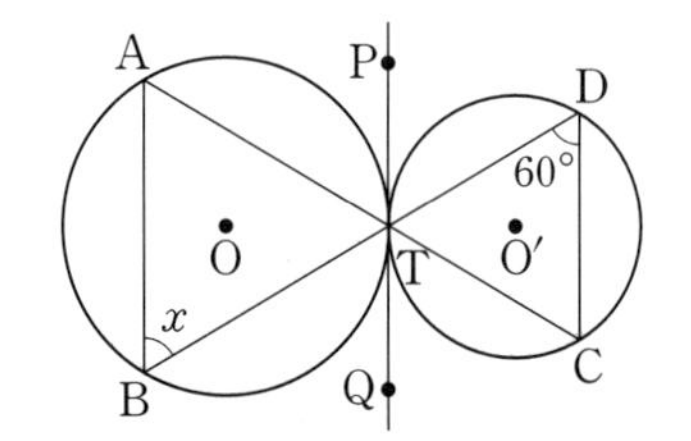

03

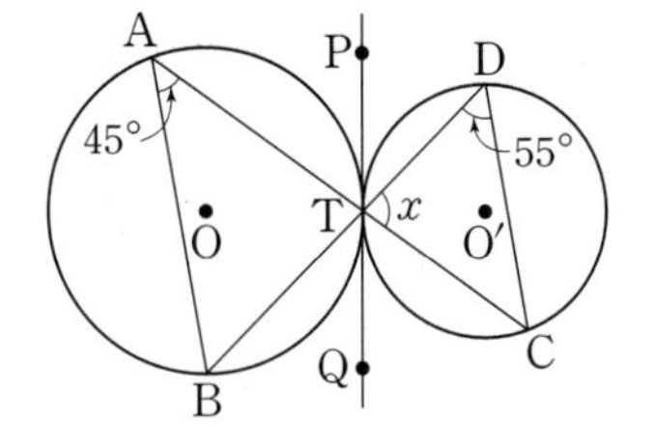

유형 2 접선과 현이 이루는 각 - 내접하는 두 원

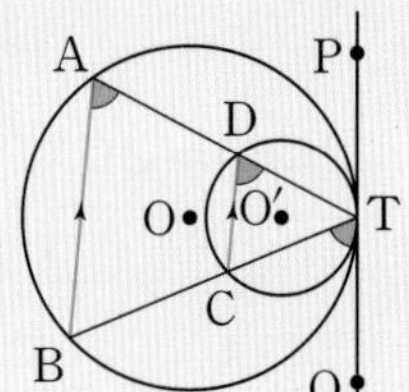

• $\angle BAT = \angle BTQ$
$= \angle CDT$

• $\overline{AB} /\!/ \overline{CD}$

* 다음 그림에서 $\overleftrightarrow{PQ}$가 두 원 O, O′의 공통인 접선이고 점 T는 접점일 때, $\angle x$의 크기를 구하시오.

04

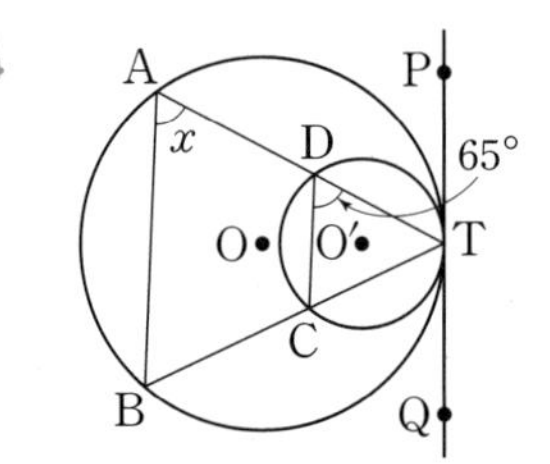

05

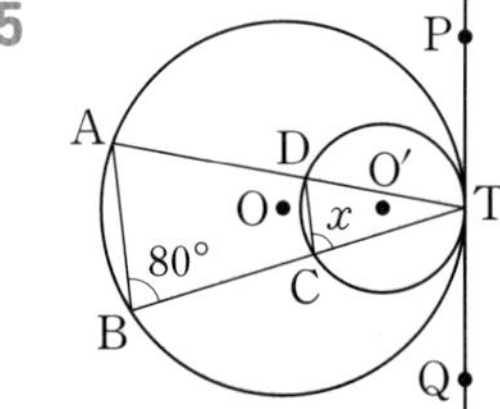

06

유형 3 접선과 현이 이루는 각의 활용 - 원에 내접하는 사각형

* 다음 그림에서 직선 BT가 원의 접선이고 점 B는 접점일 때, $\angle x$의 크기를 구하시오.

07

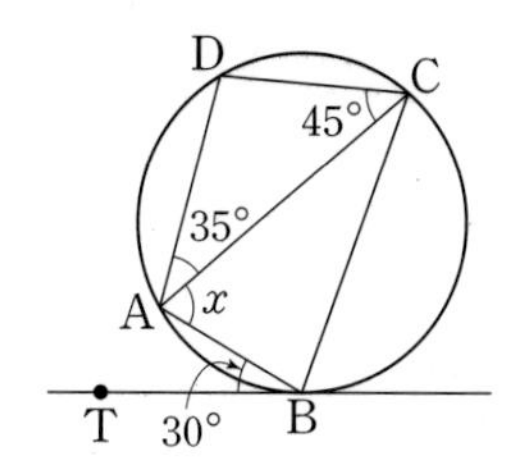

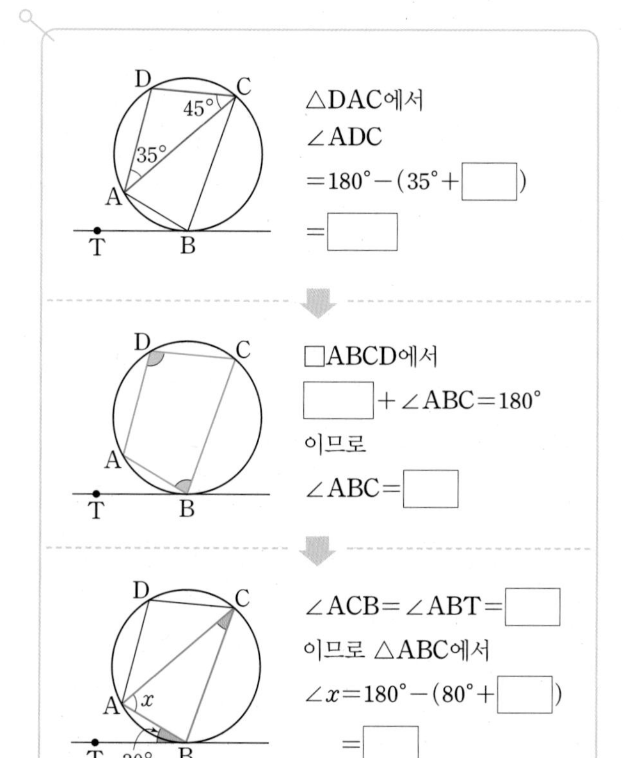

08

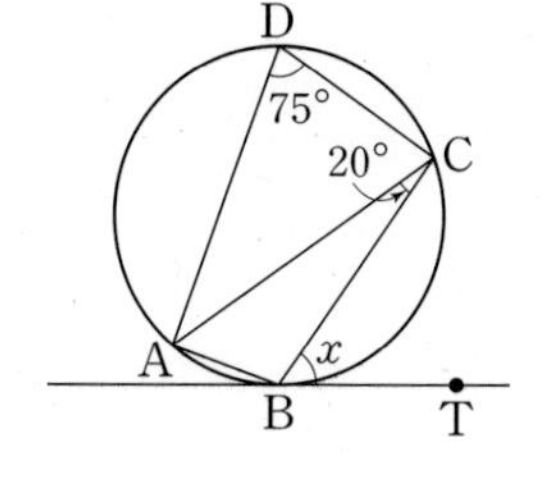

유형 4 접선과 현이 이루는 각의 활용 - $\overline{PB}$가 원의 중심을 지날 때

* 다음 그림에서 $\overrightarrow{PT}$가 원 O의 접선이고 $\overline{PB}$는 원 O의 중심을 지날 때, $\angle x$의 크기를 구하시오.

09

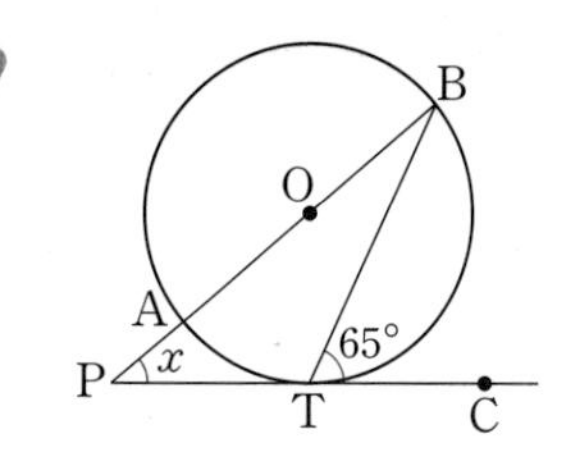

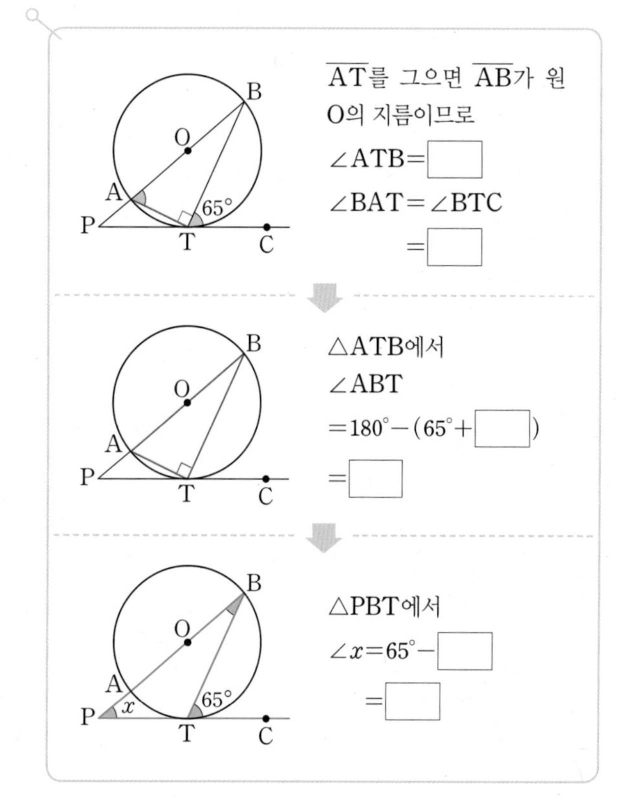

10

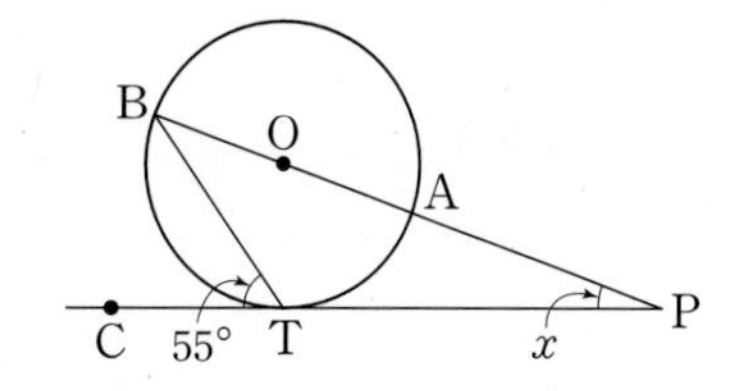

TEST 04

ACT 28~37 평가

* 다음 그림의 원에서 $\angle x$의 크기를 구하시오. (01~03)

01

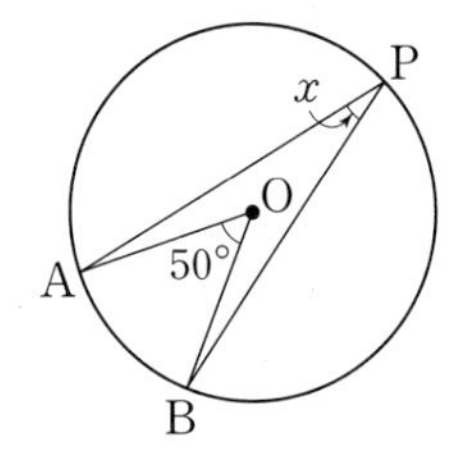

02

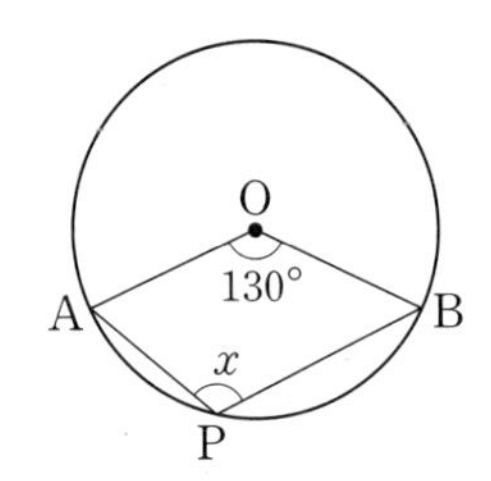

03

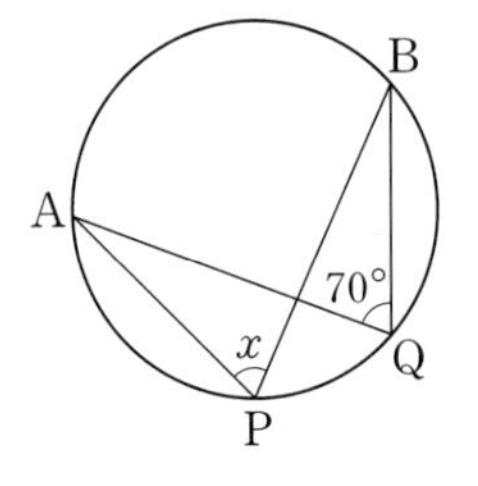

04 오른쪽 그림의 원 O에서 $\angle x+\angle y$의 크기를 구하시오.

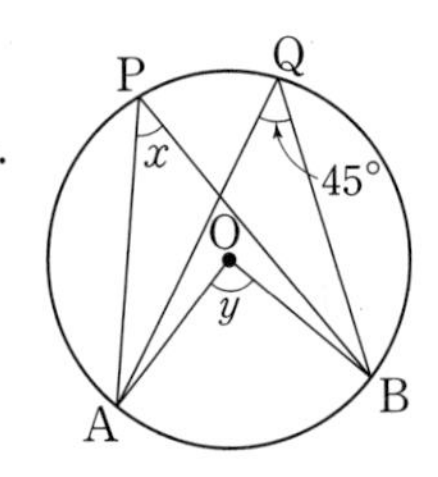

* 다음 그림에서 $\overline{AB}$가 원 O의 지름일 때, $\angle x$의 크기를 구하시오. (05~06)

05

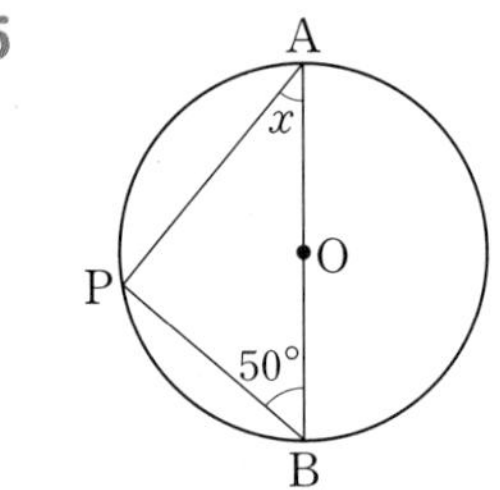

06

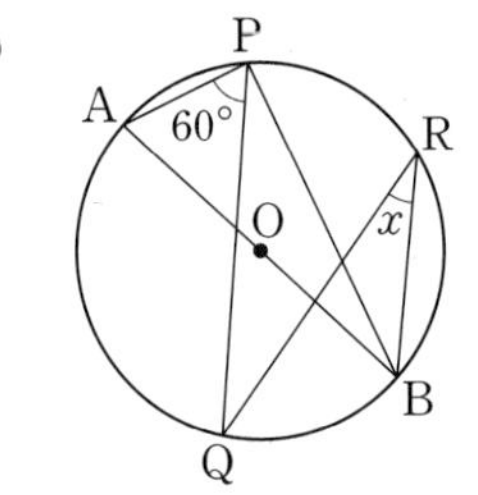

* 다음 그림의 원에서 $\angle x$의 크기를 구하시오. (07~08)

07

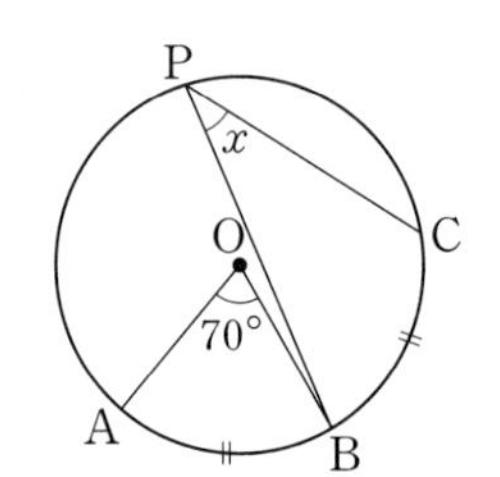

08

* 맞은 개수 *

/16

스피드 정답 : 07쪽
친절한 풀이 : 29쪽

*** 다음 그림에서 네 점 A, B, C, D가 한 원 위에 있도록 하는 $\angle x$의 크기를 구하시오. (09~10)**

09

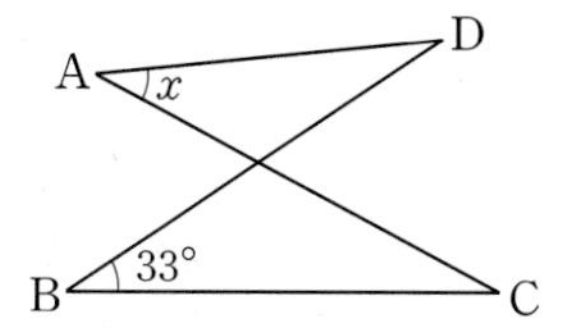

10

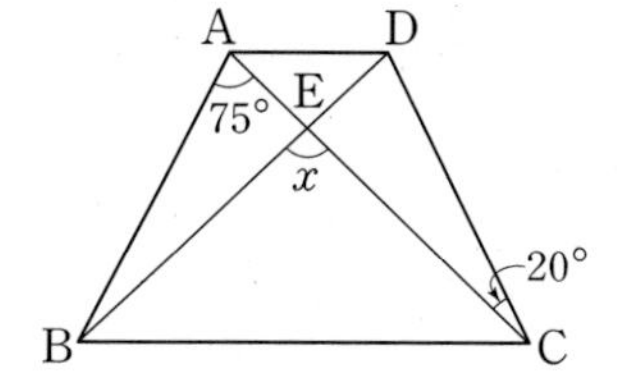

*** 다음 그림에서 □ABCD가 원에 내접할 때, $\angle x$의 크기를 구하시오. (11~12)**

11

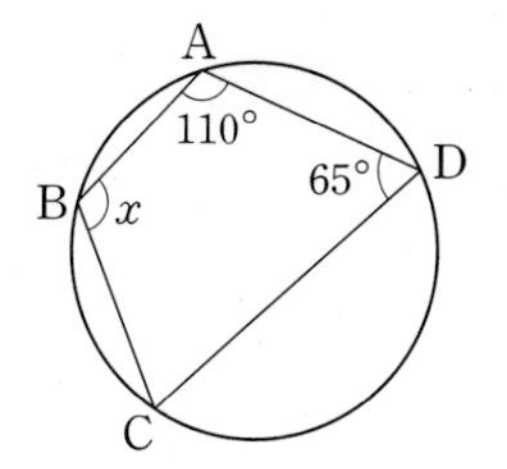

12

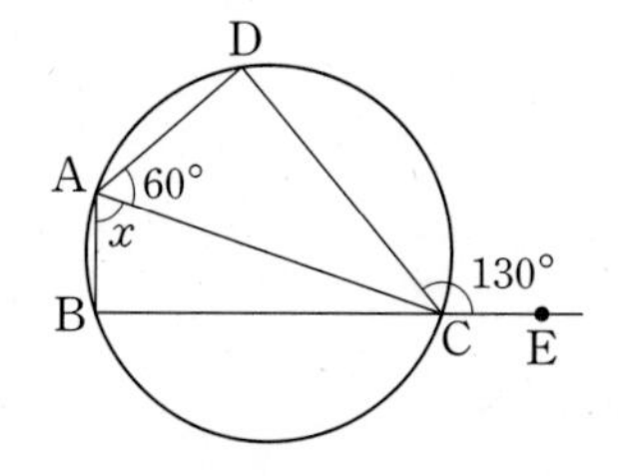

*** 다음 그림에서 직선 AT가 원의 접선이고 점 A가 접점일 때, $\angle x$의 크기를 구하시오. (13~14)**

13

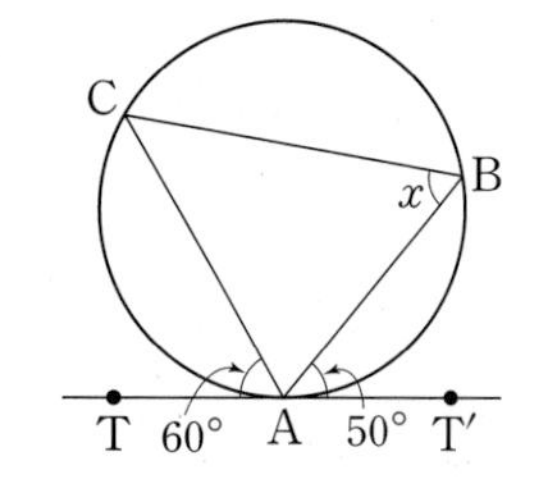

14

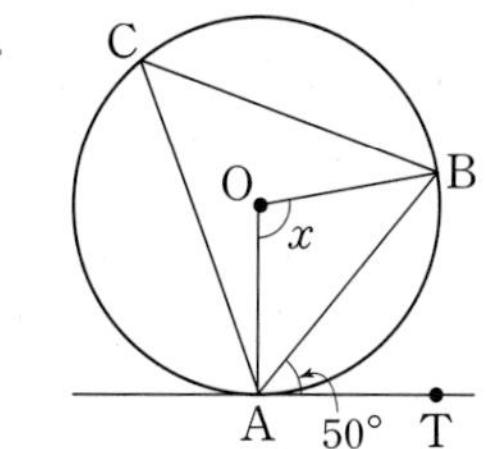

15 오른쪽 그림과 같이 △ABC에 외접하는 원 O에 대한 호의 길이의 비가 $\widehat{AB} : \widehat{BC} : \widehat{CA} = 9 : 5 : 4$일 때, $\angle A$의 크기를 구하시오.

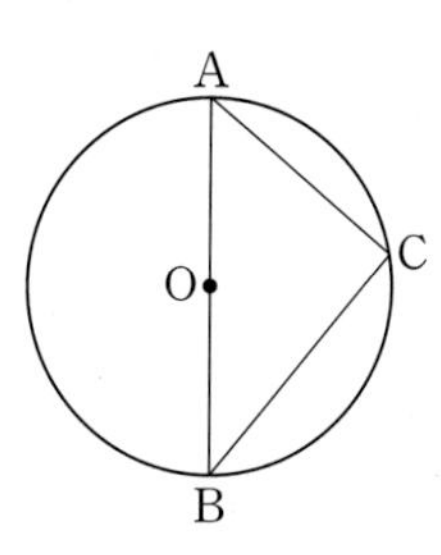

16 오른쪽 그림에서 $\overrightarrow{PT}$가 원 O의 접선이고 $\overline{PB}$가 원 O의 중심을 지날 때, $\angle x$의 크기를 구하시오.

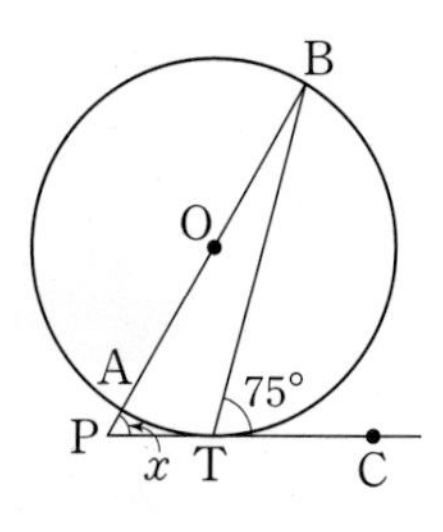

쉬어 가기

피해가는 게임

*** 게임 방법**

1. 이 **있는** 칸은 지나갈 수 **없습니다.**
2. 이 **없는** 칸은 **반드시 지나가야** 합니다.
3. 한번 통과한 칸은 다시 지나갈 수 없습니다.
4. 가로와 세로 방향으로만 갈 수 있으며, 대각선으로는 지나갈 수 없습니다.

예

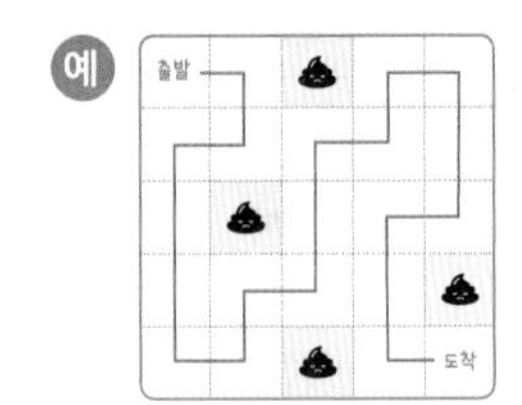

출발							
							도착

답

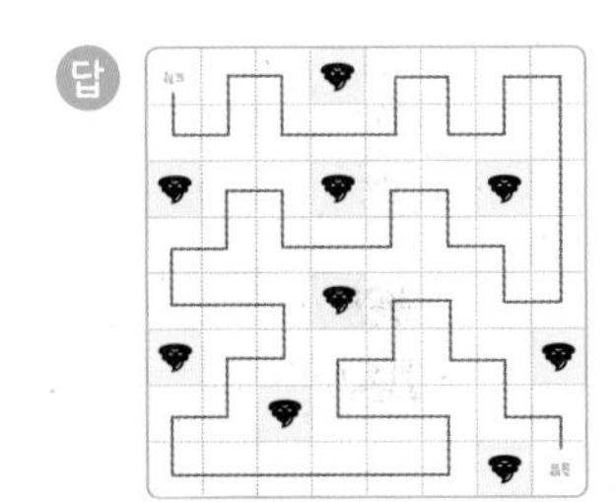

도형을 잡으면 수학이 완성된다!

기적의 중학도형

길벗스쿨

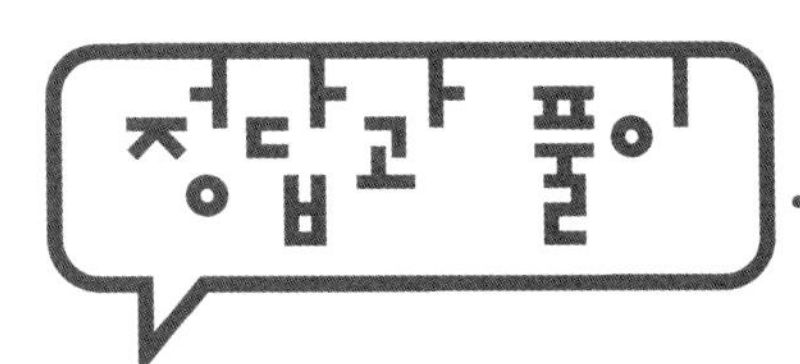
정답과 풀이

Chapter Ⅰ 삼각비

ACT 01
014~015쪽

01 5, 13
02 $3\sqrt{13}$
03 $\sqrt{61}$
04 8, 6
05 $\sqrt{7}$
06 $\sqrt{3}$
07 6, 8 / 8, $8\sqrt{2}$
08 $x=6\sqrt{2}$, $y=2\sqrt{34}$
09 $x=8$, $y=2\sqrt{23}$
10 $x=4$, $y=8$
11 4, 3 / 3, $3\sqrt{10}$
12 $x=6$, $y=2\sqrt{41}$
13 $x=5$, $y=5$
14 $x=2\sqrt{5}$, $y=2\sqrt{21}$

ACT 02
016~017쪽

01 (1) $\overline{BC}$, $\frac{5}{13}$
(2) $\overline{AB}$, $\frac{12}{13}$
(3) $\overline{BC}$, $\frac{5}{12}$
02 (1) $\frac{\sqrt{2}}{2}$ (2) $\frac{\sqrt{2}}{2}$ (3) 1
03 (1) $\frac{3}{5}$ (2) $\frac{4}{5}$ (3) $\frac{3}{4}$
04 (1) $\frac{2\sqrt{5}}{5}$ (2) $\frac{\sqrt{5}}{5}$ (3) 2
05 (1) $\overline{AB}$, $\frac{15}{17}$
(2) $\overline{BC}$, $\frac{8}{17}$
(3) $\overline{AB}$, $\frac{15}{8}$
06 (1) $\frac{4}{5}$ (2) $\frac{3}{5}$ (3) $\frac{4}{3}$
07 (1) $\frac{1}{2}$ (2) $\frac{\sqrt{3}}{2}$ (3) $\frac{\sqrt{3}}{3}$
08 (1) $\frac{3\sqrt{13}}{13}$ (2) $\frac{2\sqrt{13}}{13}$ (3) $\frac{3}{2}$
09 (1) $\frac{4}{5}$ (2) $\frac{3}{5}$ (3) $\frac{4}{3}$
10 (1) $\frac{7}{11}$ (2) $\frac{6\sqrt{2}}{11}$ (3) $\frac{7\sqrt{2}}{12}$
11 (1) $\frac{2\sqrt{5}}{5}$ (2) $\frac{\sqrt{5}}{5}$ (3) 2
12 (1) $\frac{\sqrt{2}}{2}$ (2) $\frac{\sqrt{2}}{2}$ (3) 1

ACT 03
018~019쪽

01 10, 8
02 6, $3\sqrt{3}$
03 3, 3
04 $x=16$, $y=4\sqrt{7}$
05 $x=9$, $y=3$
06 $x=6$, $y=2\sqrt{13}$
07
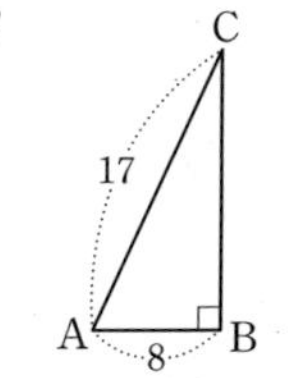

/ $\frac{15}{17}$, $\frac{15}{8}$
08
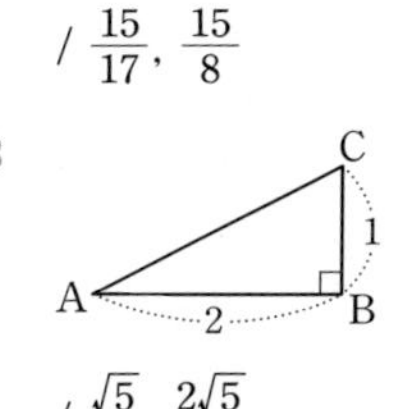

/ $\frac{\sqrt{5}}{5}$, $\frac{2\sqrt{5}}{5}$
09
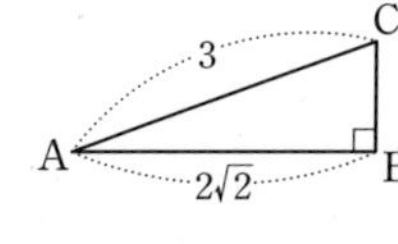

/ $\frac{1}{3}$, $2\sqrt{2}$
10
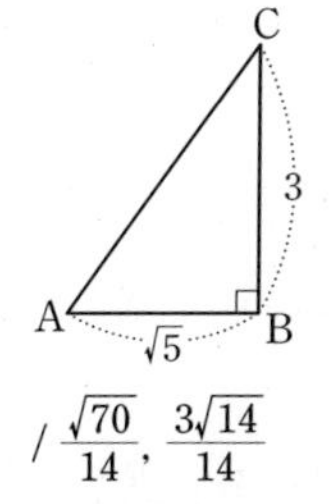

/ $\frac{\sqrt{70}}{14}$, $\frac{3\sqrt{14}}{14}$

ACT 04
020~021쪽

01 (1) ❶ DBA ❷ C ❸ C, $\frac{4}{5}$ / C, $\frac{3}{5}$ / C, $\frac{4}{3}$
(2) ❶ DAC ❷ B ❸ B, $\frac{3}{5}$ / B, $\frac{4}{5}$ / B, $\frac{3}{4}$
02 (1) 20 (2) $\frac{3}{5}$ (3) $\frac{3}{5}$
03 ❶ EBD ❷ C ❸ C, $\frac{3\sqrt{10}}{10}$ / C, $\frac{\sqrt{10}}{10}$ / C, 3
04 $\frac{12}{13}$
05 ❶ AED ❷ C ❸ C, $\frac{8}{17}$ / C, $\frac{15}{17}$ / C, $\frac{8}{15}$
06 $\frac{2\sqrt{13}}{13}$

ACT+ 05 022~023쪽

01 $-6, 3, 3, -6$ / $6, 3$ / $\frac{1}{2}$

02 $\frac{3}{5}$

03 $-1, 1, 1, -1$ / $1, 1, 1, 1, \sqrt{2}$ / $\frac{\sqrt{2}}{2}$

04 $\frac{3\sqrt{34}}{34}$

05 $8\sqrt{2}$ / $8, 8, 8\sqrt{2}$

06 $8\sqrt{3}, 8\sqrt{2}$ / $8\sqrt{2}, 8\sqrt{3}$

07 (1) $8, 8\sqrt{3}, \frac{\sqrt{3}}{3}$ (2) $8\sqrt{2}, 8\sqrt{3}, \frac{\sqrt{6}}{3}$ (3) $8, 8\sqrt{2}, \frac{\sqrt{2}}{2}$

08 ❶ $3\sqrt{2}$ ❷ $3\sqrt{3}$ ❸ $\frac{\sqrt{6}}{3}$

09 ❶ 5 ❷ $\sqrt{61}$ ❸ $\frac{5\sqrt{61}}{61}$

ACT 06 024~025쪽

01 $\frac{1}{2}, \frac{\sqrt{2}}{2}, \frac{\sqrt{3}}{2}$ / $\frac{\sqrt{3}}{2}, \frac{\sqrt{2}}{2}, \frac{1}{2}$ / $\frac{\sqrt{3}}{3}, 1, \sqrt{3}$

02 $\frac{1}{2}, \frac{1}{2}$ / 1

03 $\sqrt{2}$

04 $\sqrt{3}$

05 $1, \frac{1}{2}$ / $\frac{1}{2}$

06 $\frac{\sqrt{3}-1}{2}$

07 $\frac{2\sqrt{3}}{3}$

08 $\frac{1}{2}$

09 1

10 $\frac{\sqrt{3}}{2}, \frac{\sqrt{3}}{2}$ / 1

11 $\frac{\sqrt{3}}{3}$

12 $\sqrt{2}$

13 $\sqrt{3}$

14 $\frac{\sqrt{3}}{3}$

15 $\frac{5}{4}$

16 $\frac{3}{2}$

17 $45°, 45°$

18 $30°$

19 $60°$

20 $60°$

21 $45°$

22 $60°$

23 $30°$

ACT 07 026~027쪽

01 $\frac{1}{2}, 3, \frac{1}{2}$ / 6

02 $4\sqrt{3}$

03 4

04 $x=3\sqrt{3}, y=3$

05 $x=5, y=5\sqrt{2}$

06 $x=3\sqrt{3}, y=6$

07 $\frac{\sqrt{3}}{2}, \frac{\sqrt{3}}{2}, 2\sqrt{3}$ / $\frac{\sqrt{2}}{2}, \frac{\sqrt{2}}{2}, 2\sqrt{6}$

08 $5\sqrt{3}$

09 10

10 $1, 1, 3$ / $\frac{\sqrt{3}}{3}, \frac{\sqrt{3}}{3}, 3\sqrt{3}-3$

11 4

12 $6\sqrt{3}$

ACT 08 028~029쪽

01 $\overline{AB}, \overline{AB}, \overline{AB}$

02 $\overline{OB}$

03 $\overline{CD}$

04 $\overline{AB}$

05 y / $y, \overline{OB}, \overline{OB}, \overline{OB}$

06 ○

07 ×

08 ○

09 ×

10 ○

11 (1) 0.8192 (2) 0.5736 (3) 1.4281

12 (1) 0.6691 (2) 0.7431 (3) 0.9004

13 (1) 0.7880 (2) 0.7813 (3) 0.7880 (4) 0.6157

14 (1) 0.8910 (2) 1.9626 (3) 0.4540 (4) 0.8910

ACT 09 030~031쪽

01 0

02 0

03 0

04 1

05 1

06 1

07 0

08 $\frac{\sqrt{3}}{2}$

09 $\frac{1}{2}$

10 $\frac{1}{2}$

11 ×

12 ○

13 ○

14 ×

15 ○

16 $>$ / $\frac{\sqrt{2}}{2}, \frac{1}{2}, >$

17 $>$

18 $<$

19 $>$

20 $<$

ACT 10 032~033쪽

01 0.7986

02 0.5592

03 1.3764

04 0.8387

05 1.4281

06 $70°$

07 $72°$

08 $74°$

09 $73°$

10 $71°$

11 0.5446, 0.5446 / 5.446

12 4.096

13 4.359

14 4.4736

15 0.9135 / $66°$

16 $68°$

17 $65°$

ACT+ 11
034~035쪽

01 $\frac{\sqrt{3}}{3}$
02 $\sqrt{3}$
03 1
04 $-\frac{\sqrt{3}}{3}$
05 ❶ $\sqrt{3}$ ❷ 1 ❸ $y=\sqrt{3}x+1$
06 $y=\frac{\sqrt{3}}{3}x+2$
07 $y=-\sqrt{3}x+4$
08 30°, 30°, 10°
09 25°
10 15°
11 40°
12 $<$ / $<$, $>$ / $-$, $-$, 0
13 ❶ $0<\sin x<1$ ❷ $\sin x+1>0$, $\sin x-1<0$ ❸ $2\sin x$
14 -2

TEST 01
036~037쪽

01 $\frac{3}{5}$, $\frac{4}{5}$, $\frac{3}{4}$
02 $\frac{4}{5}$, $\frac{3}{5}$, $\frac{4}{3}$
03 15
04 12
05 $\frac{\sqrt{3}}{2}$, $\frac{1}{2}$
06 $\frac{2\sqrt{6}}{7}$, $\frac{5}{7}$, $\frac{2\sqrt{6}}{5}$
07 $\frac{\sqrt{2}}{2}$, $\frac{\sqrt{2}}{2}$, 1
08 $\frac{\sqrt{6}}{3}$
09 14
10 ①
11 $\frac{\sqrt{3}}{2}$
12 1
13 $<$
14 63°
15 43.84
16 $y=\sqrt{3}x+2$
17 30°

ACT 12
040~041쪽

01 $c\sin B$
02 $c\cos B$
03 $a\tan B$
04 $c\sin A$
05 $c\cos A$
06 $b\tan A$
07 (1) 8, $8\sqrt{2}$ (2) 8, 8
08 (1) 6 (2) $6\sqrt{3}$
09 (1) 100, 80 (2) 100, 60
10 (1) 6, 7.5 (2) 6, 4.2
11 $x=19.82$, $y=17.66$
12 $x=14.6$, $y=13.6$

ACT 13
042~043쪽

01 AH / 8, 4, 8, $4\sqrt{3}$, $6\sqrt{3}$, $4\sqrt{3}$, $2\sqrt{3}$ / 4, $2\sqrt{3}$, $2\sqrt{7}$
02 $3\sqrt{7}$
03 $2\sqrt{13}$
04 $\sqrt{57}$
05 45° / 180°, 180°, 45° / CH, 8, 4 / 45° / 45°, $4\sqrt{2}$
06 $6\sqrt{3}$
07 $5\sqrt{2}$
08 $6\sqrt{2}$

ACT 14
044~045쪽

01 60° / 30°, 60°, 60°, $\sqrt{3}h$ / 45° / 45°, 45°, 45°, h / $\sqrt{3}$, 1, $\sqrt{3}-1$
02 $6(\sqrt{3}-1)$
03 $2\sqrt{3}$
04 $3(3-\sqrt{3})$
05 45° / 45°, 45°, h / 30°, 60° / 120°, 60°, 30°, 30°, $\frac{\sqrt{3}}{3}h$ / 1, $\frac{\sqrt{3}}{3}$, $6(3+\sqrt{3})$
06 $3(\sqrt{3}+1)$
07 $10(3+\sqrt{3})$
08 $5\sqrt{3}$

ACT 15
046~047쪽

01 4, 60°, $6\sqrt{3}$
02 3
03 $10\sqrt{2}$
04 36
05 27
06 25
07 4, 120°, $3\sqrt{3}$
08 $21\sqrt{2}$
09 6
10 36
11 40
12 4

ACT 16
048~049쪽

01 $\frac{1}{2}ab\sin x$, $ab\sin x$
02 8, 60°, $20\sqrt{3}$
03 $21\sqrt{2}$
04 $10\sqrt{3}$
05 40
06 $ab\sin x$, $\frac{1}{2}ab\sin x$
07 10, 60°, $15\sqrt{3}$
08 $27\sqrt{2}$
09 16
10 $56\sqrt{3}$

ACT+ 17 050~051쪽

01 $\cos 45°$, $\cos 45°$, $2\sqrt{2}$ / $\sin 45°$, $\sin 45°$, $2\sqrt{2}$ / $2\sqrt{2}$, $2\sqrt{2}$, 40
02 $150\sqrt{3}$ cm^3
03 1.8 / $\tan 64°$, $\tan 64°$, 8.2 / 10
04 10.6 m
05 $\tan 30°$, $\tan 30°$, $3\sqrt{3}$ / $\cos 30°$, $\cos 30°$, $6\sqrt{3}$ / $9\sqrt{3}$
06 22.02 m
07 24, $\tan 30°$, $\tan 30°$, $8\sqrt{3}$ / $\tan 45°$, $\tan 45°$, 24 / $8(\sqrt{3}+3)$
08 $30(\sqrt{3}+1)$ m

ACT+ 18 052~053쪽

01 AH / 12, $6\sqrt{3}$, 12, 6, 18, 6, 12 / 12, $6\sqrt{3}$, $6\sqrt{7}$
02 $200\sqrt{6}$ m
03 $6(3-\sqrt{3})$ m
04 $3\sqrt{3}$ m
05 $4\sqrt{3}$, $4\sqrt{3}$, 60°, $12\sqrt{3}$, 4, 4, 120°, $4\sqrt{3}$ / $16\sqrt{3}$
06 14
07 $23\sqrt{3}$
08 $4\sqrt{3}$, 60°, $8\sqrt{3}$ / $8\sqrt{3}$, 60°, $24\sqrt{3}$, $8\sqrt{3}$, 45°, $24\sqrt{3}$ / $48\sqrt{3}$
09 42
10 $\frac{15\sqrt{3}}{2}$

TEST 02 054~055쪽

01 $3\sqrt{3}$
02 $4\sqrt{2}$
03 3.35
04 7.77
05 10
06 $12\sqrt{2}$
07 $4\sqrt{3}$
08 $9(3+\sqrt{3})$
09 $15\sqrt{2}$
10 $35\sqrt{3}$
11 $20\sqrt{3}$
12 $25\sqrt{2}$
13 $36\sqrt{3}$ cm^3
14 14.05 m
15 $49\sqrt{3}$

Chapter Ⅱ 원의 성질

ACT 19 060~061쪽

01 ×
02 ○
03 ○
04 ×
05 8
06 6
07 80
08 12
09 7
10 130
11 25
12 3
13 12
14 30
15 105

ACT 20 062~063쪽

01 3, 3
02 5
03 8
04 22
05 6, 8, 16, 16
06 $6\sqrt{3}$
07 $2\sqrt{13}$
08 6, 5 / 6, 10, 5 / 6, 5, $\sqrt{11}$, $\sqrt{11}$
09 6
10 $2\sqrt{7}$
11 4, 8 / 4, 8 / 4, 8, 10, 10
12 10 cm
13 $\frac{5}{2}$ cm

ACT 21 064~065쪽

01 ○
02 ×
03 ○
04 ○
05 ×
06 10
07 16
08 12
09 5
10 7
11 3
12 4
13 4 / 3, 4 / 2, 8 / 8, 8
14 6

ACT+ 22
066~067쪽

- 01 1 / 1 / 1 / 1, 3, 5, 5
- 02 15 cm
- 03 13 cm
- 04 10 cm
- 05 10 cm
- 06 15 cm
- 07 $\overline{AC}$, 이등변 / 50° / 50° / 50° / 180°, 50°, 80°
- 08 30°
- 09 92°
- 10 60°
- 11 70°
- 12 60°

ACT 23
070~071쪽

- 01 50°
- 02 57°
- 03 18°
- 04 26°
- 05 90°, 90°, 90°, 140°
- 06 155°
- 07 60°
- 08 90°, 5, 12, 12
- 09 8
- 10 4
- 11 $2\sqrt{5}$
- 12 90°, x, x, x, 6
- 13 8
- 14 8
- 15 6

ACT 24
072~073쪽

- 01 ×
- 02 ○
- 03 ○
- 04 ○
- 05 ×
- 06 8
- 07 13
- 08 15
- 09 13
- 10 이등변, PBA, 46°, 67°
- 11 59°
- 12 100°
- 13 30°
- 14 11, 11, 3, 9, 2 / 3, 2, 5, 5
- 15 9
- 16 6

ACT 25
074~075쪽

- 01 6, 6, 7, 7, 5, 11, 11
- 02 12
- 03 17
- 04 x, 12, 10, 10, 4
- 05 5
- 06 3
- 07 2, 18
- 08 36 cm
- 09 22 cm
- 10 34 cm
- 11 6 / 8, 6 / 6, 6, 8, 8 / 6, 8, 6, 8, 2
- 12 2

ACT 26
076~077쪽

- 01 ×
- 02 ○
- 03 ×
- 04 ×
- 05 ○
- 06 6, 8, 7
- 07 9
- 08 10
- 09 14, 26, 26, 52
- 10 40 cm
- 11 34 cm
- 12 42 cm
- 13 x, 4.5, 3
- 14 9
- 15 6
- 16 13

ACT+ 27
078~079쪽

- 01 $\overline{BF}$, $\overline{CF}$ / $\overline{BD}$, $\overline{CE}$, $\overline{AD}$, 2, 8
- 02 14 cm
- 03 $10\sqrt{3}$ cm
- 04 4, 9, 13 / 4, 4, 5 / 5, 12, 12
- 05 $2\sqrt{10}$ cm
- 06 90°, 3, 4 / $\overline{BH}$, 8
- 07 $4\sqrt{21}$ cm
- 08 $2\sqrt{5}$ cm
- 09 4, 3, 3 / 3 / 3, 3
- 10 5

TEST 03
080~081쪽

- 01 6
- 02 $8\sqrt{5}$
- 03 $\frac{15}{2}$
- 04 20 cm
- 05 3
- 06 20
- 07 $8\sqrt{2}$
- 08 65°
- 09 105°
- 10 $2\sqrt{10}$
- 11 5
- 12 30 cm
- 13 1
- 14 19
- 15 9
- 16 4

ACT 28
084~085쪽

- 01 $\frac{1}{2}$, $\frac{1}{2}$, 20°
- 02 60°
- 03 35°
- 04 42°
- 05 105°
- 06 125°
- 07 2, 2, 60°
- 08 140°
- 09 100°
- 10 230°
- 11 2, 2, 80° / 이등변, 80°, 50°
- 12 28°
- 13 32°

ACT 29
086~087쪽

01 $30°$
02 $50°$
03 $\angle x=40°$, $\angle y=80°$
04 $35°$ / $35°$, $75°$
05 $\angle x=55°$, $\angle y=116°$
06 $90°$, $90°$, $60°$
07 $15°$
08 $45°$
09 $25°$ / $90°$, $90°$, $65°$
10 $55°$

ACT 30
088~089쪽

01 20
02 7
03 $30°$, $30°$, $60°$, 60
04 $\frac{1}{2}$, $40°$, 40
05 70
06 3
07 $15°$, $30°$
08 $50°$
09 $36°$
10 $55°$
11 9
12 9
13 10
14 6

ACT+ 31
090~091쪽

01 $90°$, $90°$, $90°$, $110°$ / $\frac{1}{2}$, $\frac{1}{2}$, $110°$, $55°$
02 $70°$
03 $90°$, $90°$, $40°$, $40°$
04 $25°$
05 $48°$
06 $90°$ / $25°$ / $25°$, $65°$
07 $73°$
08 $58°$
09 A, B, $180°$ / 2, $40°$, 3, $60°$, 4, $80°$
10 $\angle A=60°$, $\angle B=75°$, $\angle C=45°$

ACT 32
094~095쪽

01 ○
02 ×
03 ○
04 ×
05 ○
06 ○
07 $27°$
08 $55°$
09 $35°$
10 $65°$
11 $40°$
12 $70°$
13 $120°$
14 $30°$

ACT 33
096~097쪽

01 $80°$, $100°$, $105°$, $75°$
02 $\angle x=115°$, $\angle y=65°$
03 $\angle x=105°$, $\angle y=70°$
04 $55°$, $95°$, $95°$, $85°$
05 $\angle x=67°$, $\angle y=113°$
06 $\angle x=82°$, $\angle y=98°$
07 $100°$, $80°$ / 2, 2, $80°$, $160°$
08 $\angle x=144°$, $\angle y=72°$
09 $\angle x=60°$, $\angle y=120°$
10 $120°$, $60°$ / $\frac{1}{2}$, $\frac{1}{2}$, $40°$, $20°$ / $60°$, $20°$, $80°$
11 $75°$

ACT 34
098~099쪽

01 $75°$
02 $80°$
03 $115°$
04 $50°$
05 $45°$
06 $55°$
07 $32°$, $105°$, x, $105°$
08 $\angle x=112°$, $\angle y=112°$
09 $\angle x=45°$, $\angle y=70°$
10 $\angle x=13°$, $\angle y=60°$
11 $\angle x=65°$, $\angle y=65°$
12 $\angle x=130°$, $\angle y=130°$
13 $\angle x=100°$, $\angle y=100°$
14 $\angle x=47°$, $\angle y=47°$

ACT 35
100~101쪽

01 ○
02 ×
03 ×
04 ×
05 ○
06 ○
07 $92°$
08 $115°$
09 $102°$
10 $65°$
11 $130°$
12 $60°$
13 $70°$
14 $75°$

ACT 36 102~103쪽	01 35° 02 70° 03 40°	04 55°, 90°, 90°, 35° 05 26° 06 40°	07 70° / 2, 2, 70°, 140° 08 80° 09 60°	10 40° / 40°, 75° 11 73° 12 42°
ACT+ 37 104~105쪽	01 50° 02 60° 03 80°	04 65° 05 80° 06 65°	07 45°, 100° / 100°, 80° / 30°, 30°, 70° 08 55°	09 90°, 65° / 90°, 25° / 25°, 40° 10 20°
TEST 04 106~107쪽	01 25° 02 115° 03 70° 04 135°	05 40° 06 30° 07 35° 08 50°	09 33° 10 95° 11 115° 12 70°	13 60° 14 100° 15 50° 16 60°

Chapter I 삼각비

ACT 01 014~015쪽

02 $x=\sqrt{6^2+9^2}=3\sqrt{13}$

03 $x=\sqrt{4^2+(3\sqrt{5})^2}=\sqrt{61}$

05 $x=\sqrt{(\sqrt{11})^2-2^2}=\sqrt{7}$

06 $x=\sqrt{(2\sqrt{3})^2-3^2}=\sqrt{3}$

08 $x=\sqrt{9^2-3^2}=6\sqrt{2}$
$y=\sqrt{8^2+(6\sqrt{2})^2}=2\sqrt{34}$

09 $x=\sqrt{17^2-15^2}=8$
$y=\sqrt{(2\sqrt{7})^2+8^2}=2\sqrt{23}$

10 $x=\sqrt{(4\sqrt{2})^2-4^2}=4$
$y=\sqrt{(4\sqrt{3})^2+4^2}=8$

12 $x=\sqrt{10^2-8^2}=6$
$y=\sqrt{(6+4)^2+8^2}=2\sqrt{41}$

13 $x=\sqrt{(5\sqrt{2})^2-5^2}=5$
$x+y=\sqrt{(5\sqrt{5})^2-5^2}=10$
$\therefore y=10-5=5$

14 $2x=\sqrt{12^2-8^2}=4\sqrt{5}$
$\therefore x=\frac{1}{2}\times 4\sqrt{5}=2\sqrt{5}$
$y=\sqrt{(2\sqrt{5})^2+8^2}=2\sqrt{21}$

ACT 02 016~017쪽

02 (1) $\sin A=\frac{1}{\sqrt{2}}=\frac{\sqrt{2}}{2}$
(2) $\cos A=\frac{1}{\sqrt{2}}=\frac{\sqrt{2}}{2}$

03 (1) $\sin A=\frac{6}{10}=\frac{3}{5}$
(2) $\cos A=\frac{8}{10}=\frac{4}{5}$
(3) $\tan A=\frac{6}{8}=\frac{3}{4}$

04 (1) $\sin A=\frac{2}{\sqrt{5}}=\frac{2\sqrt{5}}{5}$
(2) $\cos A=\frac{1}{\sqrt{5}}=\frac{\sqrt{5}}{5}$
(3) $\tan A=\frac{2}{1}=2$

07 (3) $\tan C=\frac{1}{\sqrt{3}}=\frac{\sqrt{3}}{3}$

08 (1) $\sin C=\frac{3}{\sqrt{13}}=\frac{3\sqrt{13}}{13}$
(2) $\cos C=\frac{2}{\sqrt{13}}=\frac{2\sqrt{13}}{13}$

09 $\overline{BC}=\sqrt{15^2-9^2}=12$
(1) $\sin A=\frac{12}{15}=\frac{4}{5}$
(2) $\cos A=\frac{9}{15}=\frac{3}{5}$
(3) $\tan A=\frac{12}{9}=\frac{4}{3}$

10 $\overline{AB}=\sqrt{11^2-7^2}=6\sqrt{2}$
(3) $\tan A=\frac{7}{6\sqrt{2}}=\frac{7\sqrt{2}}{12}$

11 $\overline{BC}=\sqrt{3^2+6^2}=3\sqrt{5}$
(1) $\sin B=\frac{6}{3\sqrt{5}}=\frac{2\sqrt{5}}{5}$
(2) $\cos B=\frac{3}{3\sqrt{5}}=\frac{\sqrt{5}}{5}$
(3) $\tan B=\frac{6}{3}=2$

12 $\overline{AC}=\sqrt{5^2+5^2}=5\sqrt{2}$
(1) $\sin C=\frac{5}{5\sqrt{2}}=\frac{\sqrt{2}}{2}$
(2) $\cos C=\frac{5}{5\sqrt{2}}=\frac{\sqrt{2}}{2}$
(3) $\tan C=\frac{5}{5}=1$

ACT 03 018~019쪽

04 $\sin A=\frac{12}{x}=\frac{3}{4}$ $\therefore x=16$

$\therefore y=\sqrt{16^2-12^2}=4\sqrt{7}$

05 $\cos A=\frac{6\sqrt{2}}{x}=\frac{2\sqrt{2}}{3}$ $\therefore x=9$

$\therefore y=\sqrt{9^2-(6\sqrt{2})^2}=3$

06 $\tan A=\frac{4}{x}=\frac{2}{3}$ $\therefore x=6$

$\therefore y=\sqrt{6^2+4^2}=2\sqrt{13}$

07

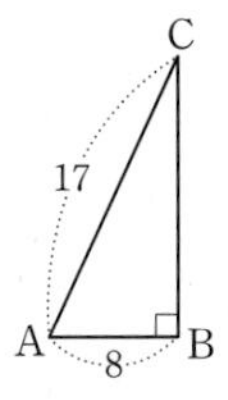

$\overline{BC}=\sqrt{17^2-8^2}=15$

08

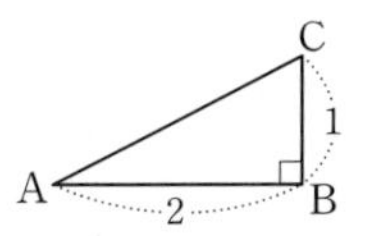

$\overline{AC}=\sqrt{2^2+1^2}=\sqrt{5}$이므로

$\sin A=\frac{1}{\sqrt{5}}=\frac{\sqrt{5}}{5}$

$\cos A=\frac{2}{\sqrt{5}}=\frac{2\sqrt{5}}{5}$

09

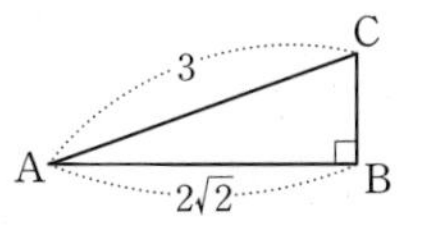

$\overline{BC}=\sqrt{3^2-(2\sqrt{2})^2}=1$

10

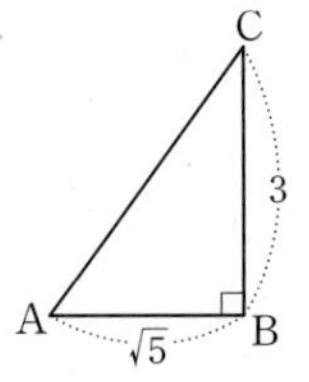

$\overline{AC}=\sqrt{(\sqrt{5})^2+3^2}=\sqrt{14}$이므로

$\sin C=\frac{\sqrt{5}}{\sqrt{14}}=\frac{\sqrt{70}}{14}$

$\cos C=\frac{3}{\sqrt{14}}=\frac{3\sqrt{14}}{14}$

ACT 04 020~021쪽

02 (1) $\overline{BC}=\sqrt{12^2+16^2}=20$

(2) $\triangle ABC \backsim \triangle DBA$ (AA 닮음)이므로 $\angle x=\angle C$

$\therefore \sin x=\sin C=\frac{12}{20}=\frac{3}{5}$

(3) $\triangle ABC \backsim \triangle DAC$ (AA 닮음)이므로 $\angle y=\angle B$

$\therefore \cos y=\cos B=\frac{12}{20}=\frac{3}{5}$

04 $\triangle ABC \backsim \triangle EBD$ (AA 닮음)이므로 $\angle x=\angle C$

$\therefore \sin x=\sin C=\frac{12}{13}$

06 $\overline{AC}=\sqrt{4^2+6^2}=2\sqrt{13}$

$\triangle ABC \backsim \triangle EBD$ (AA 닮음)이므로 $\angle x=\angle A$

$\therefore \sin x=\sin A=\frac{4}{2\sqrt{13}}=\frac{2\sqrt{13}}{13}$

ACT+ 05 022~023쪽

02 일차함수 $y=\frac{4}{3}x+4$의 그래프가 x축, y축과 만나는 두 점 A, B의 좌표를 각각 구하면

A$(-3, 0)$, B$(0, 4)$

직각삼각형 AOB에서 $\overline{OA}=3$, $\overline{OB}=4$이므로

$\overline{AB}=\sqrt{3^2+4^2}=5$

$\therefore \cos a=\frac{\overline{OA}}{\overline{AB}}=\frac{3}{5}$

04 일차방정식 $3x-5y+15=0$의 그래프가 x축, y축과 만나는 두 점 A, B의 좌표를 각각 구하면

A$(-5, 0)$, B$(0, 3)$

직각삼각형 AOB에서 $\overline{OA}=5$, $\overline{OB}=3$이므로

$\overline{AB}=\sqrt{5^2+3^2}=\sqrt{34}$

$\therefore \sin a=\frac{\overline{OB}}{\overline{AB}}=\frac{3}{\sqrt{34}}=\frac{3\sqrt{34}}{34}$

08 ❶ $\triangle EFG$에서 $\overline{EG}=\sqrt{3^2+3^2}=3\sqrt{2}$

❷ $\triangle AGE$에서 $\overline{AG}=\sqrt{(3\sqrt{2})^2+3^2}=3\sqrt{3}$

❸ $\cos x=\frac{\overline{EG}}{\overline{AG}}=\frac{3\sqrt{2}}{3\sqrt{3}}=\frac{\sqrt{6}}{3}$

| 참고 |

한 모서리의 길이가 a인 정육면체의 대각선의 길이는 $\sqrt{a^2+a^2+a^2}=a\sqrt{3}$이다.

09 ❶ $\triangle$HFG에서 $\overline{FH}=\sqrt{3^2+4^2}=5$

❷ $\triangle$BFH에서 $\overline{BH}=\sqrt{5^2+6^2}=\sqrt{61}$

❸ $\cos x=\frac{\overline{FH}}{\overline{BH}}=\frac{5}{\sqrt{61}}=\frac{5\sqrt{61}}{61}$

ACT 06 024~025쪽

03 $\sin 45°+\cos 45°=\frac{\sqrt{2}}{2}+\frac{\sqrt{2}}{2}=\sqrt{2}$

04 $\sin 60°+\cos 30°=\frac{\sqrt{3}}{2}+\frac{\sqrt{3}}{2}=\sqrt{3}$

06 $\sin 60°-\sin 30°=\frac{\sqrt{3}}{2}-\frac{1}{2}=\frac{\sqrt{3}-1}{2}$

07 $\tan 60°-\tan 30°=\sqrt{3}-\frac{\sqrt{3}}{3}=\frac{2\sqrt{3}}{3}$

08 $\sin 45°\times\cos 45°=\frac{\sqrt{2}}{2}\times\frac{\sqrt{2}}{2}=\frac{1}{2}$

09 $\tan 60°\times\tan 30°=\sqrt{3}\times\frac{\sqrt{3}}{3}=1$

11 $\tan 45°\div\tan 60°=1\div\sqrt{3}=\frac{1}{\sqrt{3}}=\frac{\sqrt{3}}{3}$

12 $\cos 45°\div\sin 30°=\frac{\sqrt{2}}{2}\div\frac{1}{2}=\frac{\sqrt{2}}{2}\times 2=\sqrt{2}$

13 $\cos 60°-\sin 30°+\tan 60°=\frac{1}{2}-\frac{1}{2}+\sqrt{3}=\sqrt{3}$

14 $\cos 30°\times\tan 30°\div\sin 60°=\frac{\sqrt{3}}{2}\times\frac{\sqrt{3}}{3}\div\frac{\sqrt{3}}{2}$

$=\frac{\sqrt{3}}{2}\times\frac{\sqrt{3}}{3}\times\frac{2}{\sqrt{3}}$

$=\frac{\sqrt{3}}{3}$

15 $\sin 30°\times\cos 60°+\tan 45°=\frac{1}{2}\times\frac{1}{2}+1$

$=\frac{1}{4}+1=\frac{5}{4}$

16 $\tan 60°\div\sin 60°-\cos 60°=\sqrt{3}\div\frac{\sqrt{3}}{2}-\frac{1}{2}$

$=\sqrt{3}\times\frac{2}{\sqrt{3}}-\frac{1}{2}$

$=2-\frac{1}{2}=\frac{3}{2}$

18 $\sin 30°=\frac{1}{2}$이므로 $\angle A=30°$

19 $\tan 60°=\sqrt{3}$이므로 $\angle A=60°$

20 $\sin 60°=\frac{\sqrt{3}}{2}$이므로 $\angle A=60°$

21 $\tan 45°=1$이므로 $\angle A=45°$

22 $\cos 60°=\frac{1}{2}$이므로 $\angle A=60°$

23 $\tan 30°=\frac{\sqrt{3}}{3}$이므로 $\angle A=30°$

ACT 07 026~027쪽

02 $\sin 60°=\frac{\sqrt{3}}{2}$이므로 $\frac{x}{8}=\frac{\sqrt{3}}{2}$ $\therefore x=4\sqrt{3}$

03 $\cos 45°=\frac{\sqrt{2}}{2}$이므로 $\frac{2\sqrt{2}}{x}=\frac{\sqrt{2}}{2}$ $\therefore x=4$

04 $\cos 30°=\frac{\sqrt{3}}{2}$이므로 $\frac{x}{6}=\frac{\sqrt{3}}{2}$ $\therefore x=3\sqrt{3}$

$\sin 30°=\frac{1}{2}$이므로 $\frac{y}{6}=\frac{1}{2}$ $\therefore y=3$

05 $\tan 45°=1$이므로 $\frac{x}{5}=1$ $\therefore x=5$

$\cos 45°=\frac{\sqrt{2}}{2}$이므로 $\frac{5}{y}=\frac{\sqrt{2}}{2}$ $\therefore y=5\sqrt{2}$

06 $\tan 60°=\sqrt{3}$이므로 $\frac{x}{3}=\sqrt{3}$ $\therefore x=3\sqrt{3}$

$\cos 60°=\frac{1}{2}$이므로 $\frac{3}{y}=\frac{1}{2}$ $\therefore y=6$

08 $\triangle$ACD에서 $\tan 45°=1$이므로

$\frac{\overline{AD}}{5}=1$ $\therefore \overline{AD}=5$

$\triangle$ABD에서 $\tan 30°=\frac{\sqrt{3}}{3}$이므로

$\frac{5}{x}=\frac{\sqrt{3}}{3}$, $\sqrt{3}x=15$

$\therefore x=\frac{15}{\sqrt{3}}=5\sqrt{3}$

09 $\angle C=180°-(90°+45°)=45°$

△ABD에서 $\sin 45°=\frac{\sqrt{2}}{2}$이므로

$\frac{\overline{AD}}{10\sqrt{2}}=\frac{\sqrt{2}}{2}$, $2\overline{AD}=20$

$\therefore \overline{AD}=10$

△ADC에서 $\tan 45°=1$이므로

$\frac{10}{x}=1 \quad \therefore x=10$

11 △ADC에서 $\tan 60°=\sqrt{3}$이므로

$\frac{2\sqrt{3}}{\overline{DC}}=\sqrt{3}$, $\sqrt{3}\,\overline{DC}=2\sqrt{3}$

$\therefore \overline{DC}=2$

△ABC에서 $\tan 30°=\frac{\sqrt{3}}{3}$이므로

$\frac{2\sqrt{3}}{x+2}=\frac{\sqrt{3}}{3}$, $\sqrt{3}(x+2)=6\sqrt{3}$

$\therefore x=4$

12 △BCD에서 $\tan 60°=\sqrt{3}$이므로

$\frac{\overline{BC}}{6}=\sqrt{3} \quad \therefore \overline{BC}=6\sqrt{3}$

△ABC에서 $\tan 45°=1$이므로

$\frac{6\sqrt{3}}{x}=1 \quad \therefore x=6\sqrt{3}$

ACT 08 028~029쪽

02 $\cos x=\frac{\overline{OB}}{\overline{OA}}=\frac{\overline{OB}}{1}=\overline{OB}$

03 $\tan x=\frac{\overline{CD}}{\overline{OD}}=\frac{\overline{CD}}{1}=\overline{CD}$

04 $\cos y=\frac{\overline{AB}}{\overline{OA}}=\frac{\overline{AB}}{1}=\overline{AB}$

06 $\sin x=\frac{\overline{AB}}{\overline{OA}}=\frac{\overline{AB}}{1}=\overline{AB}$

07 $\cos x=\frac{\overline{OB}}{\overline{OA}}=\frac{\overline{OB}}{1}=\overline{OB}$

08 $\sin y=\frac{\overline{OB}}{\overline{OA}}=\frac{\overline{OB}}{1}=\overline{OB}$

09 $\cos y=\frac{\overline{AB}}{\overline{OA}}=\frac{\overline{AB}}{1}=\overline{AB}$

10 $\overline{AB}/\!/\overline{CD}$이므로 $\angle z=\angle y$ (동위각)

$\therefore \cos z=\cos y$

11 (1) $\sin 55°=\frac{\overline{AB}}{\overline{OA}}=\frac{\overline{AB}}{1}=\overline{AB}=0.8192$

(2) $\cos 55°=\frac{\overline{OB}}{\overline{OA}}=\frac{\overline{OB}}{1}=\overline{OB}=0.5736$

(3) $\tan 55°=\frac{\overline{CD}}{\overline{OD}}=\frac{\overline{CD}}{1}=\overline{CD}=1.4281$

12 (1) $\sin 42°=\frac{\overline{AB}}{\overline{OA}}=\frac{\overline{AB}}{1}=\overline{AB}=0.6691$

(2) $\cos 42°=\frac{\overline{OB}}{\overline{OA}}=\frac{\overline{OB}}{1}=\overline{OB}=0.7431$

(3) $\tan 42°=\frac{\overline{CD}}{\overline{OD}}=\frac{\overline{CD}}{1}=\overline{CD}=0.9004$

13 (1) $\cos 38°=\frac{\overline{OB}}{\overline{OA}}=\frac{\overline{OB}}{1}=\overline{OB}=0.7880$

(2) $\tan 38°=\frac{\overline{CD}}{\overline{OD}}=\frac{\overline{CD}}{1}=\overline{CD}=0.7813$

(3) △AOB에서 $\angle OAB=90°-38°=52°$

$\therefore \sin 52°=\frac{\overline{OB}}{\overline{OA}}=\frac{\overline{OB}}{1}=\overline{OB}=0.7880$

(4) $\cos 52°=\frac{\overline{AB}}{\overline{OA}}=\frac{\overline{AB}}{1}=\overline{AB}=0.6157$

14 (1) $\sin 63°=\frac{\overline{AB}}{\overline{OA}}=\frac{\overline{AB}}{1}=\overline{AB}=0.8910$

(2) $\tan 63°=\frac{\overline{CD}}{\overline{OD}}=\frac{\overline{CD}}{1}=\overline{CD}=1.9626$

(3) △AOB에서 $\angle OAB=90°-63°=27°$

$\therefore \sin 27°=\frac{\overline{OB}}{\overline{OA}}=\frac{\overline{OB}}{1}=\overline{OB}=0.4540$

(4) $\cos 27°=\frac{\overline{AB}}{\overline{OA}}=\frac{\overline{AB}}{1}=\overline{AB}=0.8910$

ACT 09 030~031쪽

06 $\cos 0°\times\sin 90°=1\times1=1$

07 $2\tan 0°-\cos 90°=2\times0-0=0$

08 $(\sin 90°+\tan 0°)\times\cos 30°$

$=(1+0)\times\frac{\sqrt{3}}{2}=\frac{\sqrt{3}}{2}$

09 $\sin 0°\times\sin 45°+\cos 60°$

$=0\times\frac{\sqrt{2}}{2}+\frac{1}{2}=\frac{1}{2}$

10 $\sqrt{3}\tan 30° - \sin 90° \times \sin 30°$
$= \sqrt{3} \times \frac{\sqrt{3}}{3} - 1 \times \frac{1}{2} = \frac{1}{2}$

11 $0° \le x \le 90°$일 때, x의 크기가 커지면 $\sin x$의 값은 커진다.

14 $x=45°$일 때, $\sin x = \cos x = \frac{\sqrt{2}}{2}$이고, $\tan x = 1$이다.

17 $\tan 60° = \sqrt{3}$, $\tan 45° = 1$이므로 $\tan 60° > \tan 45°$

18 $\cos 90° = 0$, $\sin 90° = 1$이므로 $\cos 90° < \sin 90°$

19 $\cos 0° = 1$, $\tan 0° = 0$이므로 $\cos 0° > \tan 0°$

20 $\sin 0° = 0$, $\cos 30° = \frac{\sqrt{3}}{2}$이므로 $\sin 0° < \cos 30°$

ACT 10 032~033쪽

12 $\cos 35° = 0.8192$이므로
$\frac{x}{5} = 0.8192 \quad \therefore x = 4.096$

13 $\tan 36° = 0.7265$이므로
$\frac{x}{6} = 0.7265 \quad \therefore x = 4.359$

14 $\triangle ABC$에서 $\angle A = 180° - (90° + 56°) = 34°$
$\sin 34° = 0.5592$이므로
$\frac{x}{8} = 0.5592 \quad \therefore x = 4.4736$

16 $\cos x = \frac{3.746}{10} = 0.3746 \quad \therefore \angle x = 68°$

17 $\tan x = \frac{4.289}{2} = 2.1445 \quad \therefore \angle x = 65°$

ACT+ 11 034~035쪽

01 (기울기)$= \tan 30° = \frac{\sqrt{3}}{3}$

02 (기울기)$= \tan 60° = \sqrt{3}$

03 (기울기)$= \tan 45° = 1$

04 (기울기)<0이므로
(기울기)$= -\tan 30° = -\frac{\sqrt{3}}{3}$

05 ❶ (기울기)$= \tan 60° = \sqrt{3}$
❷ (y절편)$=1$
❸ $y = \sqrt{3}x + 1$

06 (기울기)$= \tan 30° = \frac{\sqrt{3}}{3}$
(y절편)$=2$
따라서 직선의 방정식은 $y = \frac{\sqrt{3}}{3}x + 2$

07 (기울기)<0이므로
(기울기)$= -\tan 60° = -\sqrt{3}$
(y절편)$=4$
따라서 직선의 방정식은 $y = -\sqrt{3}x + 4$

09 $\cos 30° = \frac{\sqrt{3}}{2}$이므로
$2x - 20° = 30°$, $2x = 50°$
$\therefore x = 25°$

10 $\tan 45° = 1$이므로
$75° - 2x = 45°$, $2x = 30°$
$\therefore x = 15°$

11 $\sin 60° = \frac{\sqrt{3}}{2}$이므로
$\frac{x}{2} + 40° = 60°$, $\frac{x}{2} = 20°$
$\therefore x = 40°$

13 ❶ $0 < \sin x < 1$
❷ $\sin x + 1 > 0$, $\sin x - 1 < 0$
❸ $\sqrt{(\sin x + 1)^2} - \sqrt{(\sin x - 1)^2}$
$= \sin x + 1 + (\sin x - 1)$
$= 2\sin x$

14 $45° < x < 90°$이면
$\tan x > 1$이므로
$1 - \tan x < 0$, $\tan x + 1 > 0$
$\therefore \sqrt{(1-\tan x)^2} - \sqrt{(\tan x + 1)^2}$
$= -(1 - \tan x) - (\tan x + 1)$
$= -2$

TEST 01 036~037쪽

01 $\sin A=\frac{15}{25}=\frac{3}{5}$

$\cos A=\frac{20}{25}=\frac{4}{5}$

$\tan A=\frac{15}{20}=\frac{3}{4}$

02 $\sin C=\frac{20}{25}=\frac{4}{5}$

$\cos C=\frac{15}{25}=\frac{3}{5}$

$\tan C=\frac{20}{15}=\frac{4}{3}$

03 $\sin A=\frac{10}{x}=\frac{2}{3}$ $\quad\therefore x=15$

04 $\tan A=\frac{4\sqrt{3}}{x}=\frac{\sqrt{3}}{3}$ $\quad\therefore x=12$

05

$\overline{AC}=\sqrt{(\sqrt{3})^2+1^2}=2$

$\therefore \sin C=\frac{\sqrt{3}}{2}$, $\cos C=\frac{1}{2}$

06 $\triangle ABC \backsim \triangle DBA$ (AA 닮음)이므로

$\angle x=\angle C$

$\sin x=\sin C=\frac{2\sqrt{6}}{7}$

$\cos x=\cos C=\frac{5}{7}$

$\tan x=\tan C=\frac{2\sqrt{6}}{5}$

07 $\triangle ABC \backsim \triangle DBE$ (AA 닮음)이므로

$\angle x=\angle A$

$\sin x=\sin A=\frac{3}{3\sqrt{2}}=\frac{\sqrt{2}}{2}$

$\cos x=\cos A=\frac{3}{3\sqrt{2}}=\frac{\sqrt{2}}{2}$

$\tan x=\tan A=\frac{3}{3}=1$

08 $\triangle EFG$에서 $\overline{EG}=\sqrt{5^2+5^2}=5\sqrt{2}$

$\triangle AEG$에서 $\overline{AG}=\sqrt{(5\sqrt{2})^2+5^2}=5\sqrt{3}$

$\therefore \cos x=\frac{\overline{EG}}{\overline{AG}}=\frac{5\sqrt{2}}{5\sqrt{3}}=\frac{\sqrt{6}}{3}$

09 $\triangle ABD$에서 $\sin 45°=\frac{\sqrt{2}}{2}$이므로

$\frac{\overline{AD}}{7\sqrt{2}}=\frac{\sqrt{2}}{2}$, $2\overline{AD}=14$ $\quad\therefore \overline{AD}=7$

$\triangle ADC$에서 $\sin 30°=\frac{1}{2}$이므로

$\frac{7}{x}=\frac{1}{2}$ $\quad\therefore x=14$

10 $\overline{AB}/\!/\overline{CD}$이므로 $\angle OAB=\angle x$ (동위각)

$\therefore \cos x=\frac{\overline{AB}}{\overline{OA}}=\frac{\overline{AB}}{1}=\overline{AB}$

11 $\cos 30°\times\sin 90°=\frac{\sqrt{3}}{2}\times 1=\frac{\sqrt{3}}{2}$

12 $2\tan 45°-\cos 0°=2\times 1-1=1$

13 $\sin 45°=\frac{\sqrt{2}}{2}$, $\cos 0°=1$이므로 $\sin 45°<\cos 0°$

15 $\cos 64°=0.4384$이므로 $\frac{x}{100}=0.4384$ $\quad\therefore x=43.84$

16 (기울기)$=\tan 60°=\sqrt{3}$

(y절편)$=2$

따라서 직선의 방정식은 $y=\sqrt{3}x+2$

17 $\tan 60°=\sqrt{3}$이므로 $2x=60°$ $\quad\therefore x=30°$

ACT 12 040~041쪽

08 (1) $\sin 30°=\frac{x}{12}$이므로

$x=12\sin 30°=12\times\frac{1}{2}=6$

(2) $\cos 30°=\frac{y}{12}$이므로

$y=12\cos 30°=12\times\frac{\sqrt{3}}{2}=6\sqrt{3}$

11 $\sin 27°=\frac{9}{x}$이므로

$x=\frac{9}{\sin 27°}=\frac{9}{0.4540}=19.823\cdots$

따라서 x의 값을 반올림하여 소수점 아래 둘째 자리까지 구하면 19.82이다.

$\tan 27°=\frac{9}{y}$이므로

$y=\frac{9}{\tan 27°}=\frac{9}{0.5095}=17.664\cdots$

따라서 y의 값을 반올림하여 소수점 아래 둘째 자리까지 구하면 17.66이다.

12 $\cos 43° = \frac{x}{20}$이므로

$x = 20\cos 43° = 20 \times 0.73 = 14.6$

$\sin 43° = \frac{y}{20}$이므로

$y = 20\sin 43° = 20 \times 0.68 = 13.6$

ACT 13 　042~043쪽

02 $\triangle ABH$에서

$\overline{AH} = 6\sqrt{3}\sin 30° = 6\sqrt{3} \times \frac{1}{2} = 3\sqrt{3}$

$\overline{BH} = 6\sqrt{3}\cos 30° = 6\sqrt{3} \times \frac{\sqrt{3}}{2} = 9$

$\therefore \overline{CH} = \overline{BC} - \overline{BH} = 15 - 9 = 6$

$\triangle AHC$에서

$\overline{AC} = \sqrt{(3\sqrt{3})^2 + 6^2} = 3\sqrt{7}$

03 다음 그림과 같이 꼭짓점 A에서 $\overline{BC}$에 내린 수선의 발을 H라고 하면

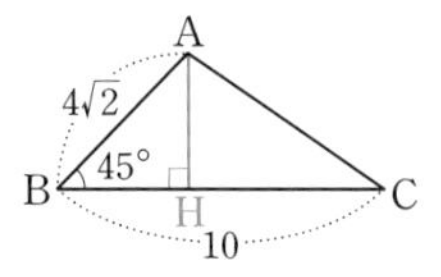

$\triangle ABH$에서

$\overline{AH} = 4\sqrt{2}\sin 45° = 4\sqrt{2} \times \frac{\sqrt{2}}{2} = 4$

$\overline{BH} = 4\sqrt{2}\cos 45° = 4\sqrt{2} \times \frac{\sqrt{2}}{2} = 4$

$\therefore \overline{CH} = \overline{BC} - \overline{BH} = 10 - 4 = 6$

$\triangle AHC$에서

$\overline{AC} = \sqrt{4^2 + 6^2} = 2\sqrt{13}$

04 다음 그림과 같이 꼭짓점 A에서 $\overline{BC}$에 내린 수선의 발을 H라고 하면

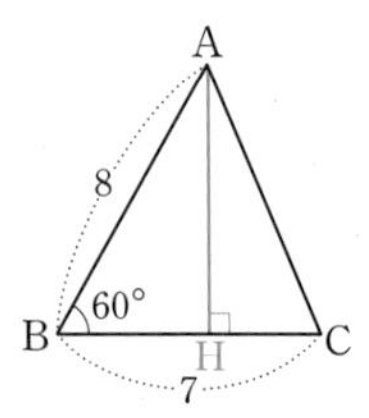

$\triangle ABH$에서

$\overline{AH} = 8\sin 60° = 8 \times \frac{\sqrt{3}}{2} = 4\sqrt{3}$

$\overline{BH} = 8\cos 60° = 8 \times \frac{1}{2} = 4$

$\therefore \overline{CH} = \overline{BC} - \overline{BH} = 7 - 4 = 3$

$\triangle AHC$에서

$\overline{AC} = \sqrt{(4\sqrt{3})^2 + 3^2} = \sqrt{57}$

06 $\triangle ABC$에서

$\angle A = 180° - (45° + 75°) = 60°$

$\triangle CBH$에서

$\overline{CH} = 9\sqrt{2}\sin 45° = 9\sqrt{2} \times \frac{\sqrt{2}}{2} = 9$

$\triangle CAH$에서

$x = \frac{9}{\sin 60°} = 9 \div \frac{\sqrt{3}}{2} = 9 \times \frac{2}{\sqrt{3}} = 6\sqrt{3}$

07 다음 그림과 같이 꼭짓점 B에서 $\overline{AC}$에 내린 수선의 발을 H라고 하면

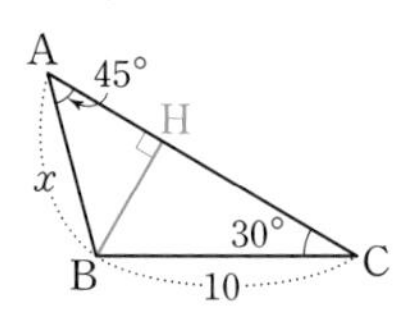

$\triangle BCH$에서

$\overline{BH} = 10\sin 30° = 10 \times \frac{1}{2} = 5$

$\triangle ABH$에서

$x = \frac{5}{\sin 45°} = 5 \div \frac{\sqrt{2}}{2} = 5 \times \frac{2}{\sqrt{2}} = 5\sqrt{2}$

08 다음 그림과 같이 꼭짓점 A에서 $\overline{BC}$에 내린 수선의 발을 H라고 하면

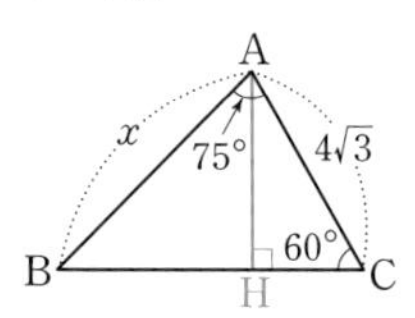

$\triangle ABC$에서

$\angle B = 180° - (75° + 60°) = 45°$

$\triangle ACH$에서

$\overline{AH} = 4\sqrt{3}\sin 60° = 4\sqrt{3} \times \frac{\sqrt{3}}{2} = 6$

$\triangle ABH$에서

$x = \frac{6}{\sin 45°} = 6 \div \frac{\sqrt{2}}{2} = 6 \times \frac{2}{\sqrt{2}} = 6\sqrt{2}$

ACT 14 　044~045쪽

02 $\triangle ABH$에서 $\angle BAH = 90° - 45° = 45°$이므로

$\overline{BH} = h\tan 45° = h$

$\triangle ACH$에서 $\angle CAH = 90° - 30° = 60°$이므로

$\overline{CH} = h\tan 60° = \sqrt{3}h$

이때 $\overline{BH} + \overline{CH} = 12$이므로

$h + \sqrt{3}h = 12$, $(1+\sqrt{3})h = 12$

$\therefore h = \frac{12}{1+\sqrt{3}} = \frac{12(\sqrt{3}-1)}{(\sqrt{3}+1)(\sqrt{3}-1)} = 6(\sqrt{3}-1)$

03 △ABH에서 $\angle BAH=90°-60°=30°$이므로
$\overline{BH}=h\tan 30°=\frac{\sqrt{3}}{3}h$
△ACH에서 $\angle CAH=90°-30°=60°$이므로
$\overline{CH}=h\tan 60°=\sqrt{3}h$
이때 $\overline{BH}+\overline{CH}=8$이므로
$\frac{\sqrt{3}}{3}h+\sqrt{3}h=8$, $\frac{4\sqrt{3}}{3}h=8$
$\therefore h=8\times\frac{3}{4\sqrt{3}}=2\sqrt{3}$

04 △ABH에서 $\angle BAH=90°-45°=45°$이므로
$\overline{BH}=h\tan 45°=h$
△ACH에서 $\angle CAH=90°-60°=30°$이므로
$\overline{CH}=h\tan 30°=\frac{\sqrt{3}}{3}h$
이때 $\overline{BH}+\overline{CH}=6$이므로
$h+\frac{\sqrt{3}}{3}h=6$, $\frac{3+\sqrt{3}}{3}h=6$
$\therefore h=\frac{18}{3+\sqrt{3}}=\frac{18(3-\sqrt{3})}{(3+\sqrt{3})(3-\sqrt{3})}=3(3-\sqrt{3})$

06 △ABH에서 $\angle BAH=90°-30°=60°$이므로
$\overline{BH}=h\tan 60°=\sqrt{3}h$
△ACH에서 $\angle CAH=90°-45°=45°$이므로
$\overline{CH}=h\tan 45°=h$
이때 $\overline{BH}-\overline{CH}=6$이므로
$\sqrt{3}h-h=6$, $(\sqrt{3}-1)h=6$
$\therefore h=\frac{6}{\sqrt{3}-1}=\frac{6(\sqrt{3}+1)}{(\sqrt{3}-1)(\sqrt{3}+1)}=3(\sqrt{3}+1)$

07 △ABH에서 $\angle BAH=90°-45°=45°$이므로
$\overline{BH}=h\tan 45°=h$
△ACH에서 $\angle CAH=90°-60°=30°$이므로
$\overline{CH}=h\tan 30°=\frac{\sqrt{3}}{3}h$
이때 $\overline{BH}-\overline{CH}=20$이므로
$h-\frac{\sqrt{3}}{3}h=20$, $\frac{3-\sqrt{3}}{3}h=20$
$\therefore h=\frac{60}{3-\sqrt{3}}=\frac{60(3+\sqrt{3})}{(3-\sqrt{3})(3+\sqrt{3})}=10(3+\sqrt{3})$

08 △ABH에서 $\angle BAH=90°-30°=60°$이므로
$\overline{BH}=h\tan 60°=\sqrt{3}h$
$\angle ACH=180°-120°=60°$이고
△ACH에서 $\angle CAH=90°-60°=30°$이므로
$\overline{CH}=h\tan 30°=\frac{\sqrt{3}}{3}h$
이때 $\overline{BH}-\overline{CH}=10$이므로
$\sqrt{3}h-\frac{\sqrt{3}}{3}h=10$, $\frac{2\sqrt{3}}{3}h=10$
$\therefore h=10\times\frac{3}{2\sqrt{3}}=5\sqrt{3}$

ACT 15

046~047쪽

02 $\triangle ABC=\frac{1}{2}\times3\times4\times\sin 30°$
$=\frac{1}{2}\times3\times4\times\frac{1}{2}=3$

03 $\triangle ABC=\frac{1}{2}\times8\times5\times\sin 45°$
$=\frac{1}{2}\times8\times5\times\frac{\sqrt{2}}{2}=10\sqrt{2}$

04 $\triangle ABC=\frac{1}{2}\times8\times6\sqrt{3}\times\sin 60°$
$=\frac{1}{2}\times8\times6\sqrt{3}\times\frac{\sqrt{3}}{2}=36$

05 $\angle A=180°-(85°+65°)=30°$
$\therefore \triangle ABC=\frac{1}{2}\times9\times12\times\sin 30°$
$=\frac{1}{2}\times9\times12\times\frac{1}{2}=27$

06 △ABC는 이등변삼각형으로
$\angle A=\angle C=75°$이므로
$\angle B=180°-(75°+75°)=30°$
$\therefore \triangle ABC=\frac{1}{2}\times10\times10\times\sin 30°$
$=\frac{1}{2}\times10\times10\times\frac{1}{2}=25$

08 $\triangle ABC=\frac{1}{2}\times12\times7\times\sin(180°-135°)$
$=\frac{1}{2}\times12\times7\times\frac{\sqrt{2}}{2}=21\sqrt{2}$

09 $\triangle ABC=\frac{1}{2}\times3\times8\times\sin(180°-150°)$
$=\frac{1}{2}\times3\times8\times\frac{1}{2}=6$

10 $\triangle ABC=\frac{1}{2}\times6\times8\sqrt{3}\times\sin(180°-120°)$
$=\frac{1}{2}\times6\times8\sqrt{3}\times\frac{\sqrt{3}}{2}=36$

11 $\angle B=180°-(20°+25°)=135°$
$\therefore \triangle ABC=\frac{1}{2}\times10\sqrt{2}\times8\times\sin(180°-135°)$
$=\frac{1}{2}\times10\sqrt{2}\times8\times\frac{\sqrt{2}}{2}=40$

12 $\angle A=180°-(15°+15°)=150°$
$\therefore \triangle ABC=\frac{1}{2}\times4\times4\times\sin(180°-150°)$
$=\frac{1}{2}\times4\times4\times\frac{1}{2}=4$

ACT 16 048~049쪽

03 $\square ABCD = 6\times7\times\sin 45°$

$= 6\times7\times\frac{\sqrt{2}}{2} = 21\sqrt{2}$

04 $\square ABCD = 4\times5\times\sin(180°-120°)$

$= 4\times5\times\frac{\sqrt{3}}{2} = 10\sqrt{3}$

05 $\overline{AD}=\overline{BC}=8$이므로

$\square ABCD = 10\times8\times\sin(180°-150°)$

$= 10\times8\times\frac{1}{2} = 40$

다른 풀이

$\angle A+\angle B=180°$이므로 $\angle B=30°$

$\therefore \square ABCD = 8\times10\times\sin 30°$

$= 8\times10\times\frac{1}{2} = 40$

08 $\square ABCD = \frac{1}{2}\times9\times12\times\sin 45°$

$= \frac{1}{2}\times9\times12\times\frac{\sqrt{2}}{2} = 27\sqrt{2}$

09 $\square ABCD = \frac{1}{2}\times8\times8\times\sin(180°-150°)$

$= \frac{1}{2}\times8\times8\times\frac{1}{2} = 16$

10 $\square ABCD = \frac{1}{2}\times14\times16\times\sin(180°-120°)$

$= \frac{1}{2}\times14\times16\times\frac{\sqrt{3}}{2} = 56\sqrt{3}$

ACT+ 17 050~051쪽

02 $\overline{FG} = 10\cos 30° = 10\times\frac{\sqrt{3}}{2} = 5\sqrt{3}$ (cm)

$\overline{HG} = 10\sin 30° = 10\times\frac{1}{2} = 5$ (cm)

$\therefore$ (직육면체의 부피)$=5\sqrt{3}\times5\times6=150\sqrt{3}$ (cm^3)

04 $\overline{BH}$=(건우의 눈높이)=1.6 m

$\triangle ABC$에서 $\overline{CB}=10\tan 42° = 10\times0.9 = 9$ (m)

$\therefore$ (나무의 높이)$=\overline{CB}+\overline{BH}=9+1.6=10.6$ (m)

06 $\overline{BC} = 8\tan 50° = 8\times1.19 = 9.52$ (m)

$\overline{AC} = \frac{8}{\cos 50°} = \frac{8}{0.64} = 12.5$ (m)

$\therefore$ (부러지기 전 나무의 높이)

$=\overline{BC}+\overline{AC}=9.52+12.5=22.02$ (m)

08 $\overline{CD}=30$ m이므로

$\triangle ADC$에서

$\overline{AD} = 30\tan 60° = 30\sqrt{3}$ (m)

$\triangle DBC$에서

$\overline{DB} = 30\tan 45° = 30$ (m)

$\therefore$ ((가)건물의 높이)

$=\overline{AD}+\overline{DB}=30\sqrt{3}+30=30(\sqrt{3}+1)$ (m)

ACT+ 18 052~053쪽

02 다음 그림과 같이 꼭짓점 C에서 $\overline{AB}$에 내린 수선의 발을 H라고 하면

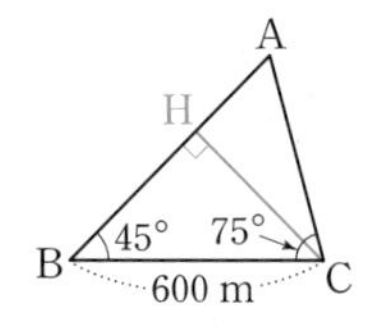

$\triangle ABC$에서 $\angle A = 180°-(45°+75°)=60°$

$\triangle BCH$에서

$\overline{CH} = 600\sin 45° = 600\times\frac{\sqrt{2}}{2} = 300\sqrt{2}$ (m)

$\triangle AHC$에서

$\overline{AC} = \frac{300\sqrt{2}}{\sin 60°} = 300\sqrt{2}\div\frac{\sqrt{3}}{2}$

$= 300\sqrt{2}\times\frac{2}{\sqrt{3}} = 200\sqrt{6}$ (m)

03 다음 그림과 같이 꼭짓점 A에서 $\overline{BC}$에 내린 수선의 발을 H, $\overline{AH}=h$ m라고 하면

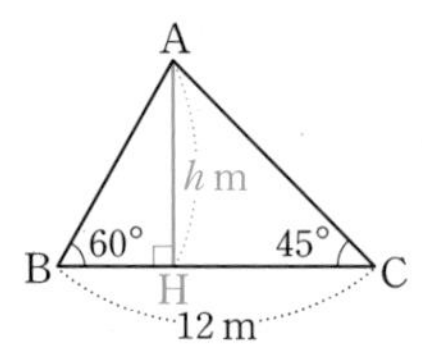

$\triangle ABH$에서 $\angle BAH = 90°-60°=30°$이므로

$\overline{BH} = h\tan 30° = \frac{\sqrt{3}}{3}h$

$\triangle ACH$에서 $\angle CAH = 90°-45°=45°$이므로

$\overline{CH} = h\tan 45° = h$

이때 $\overline{BH}+\overline{CH}=12$ m이므로

$\frac{\sqrt{3}}{3}h+h=12$, $\frac{\sqrt{3}+3}{3}h=12$

$\therefore h=\frac{36}{\sqrt{3}+3}=\frac{36(3-\sqrt{3})}{(3+\sqrt{3})(3-\sqrt{3})}=6(3-\sqrt{3})$ (m)

04 $\overline{AH}=h$ m라고 하면

$\triangle$ABH에서 $\angle BAH=90°-30°=60°$이므로

$\overline{BH}=h\tan 60°=\sqrt{3}h$

$\triangle$ACH에서 $\angle CAH=90°-60°=30°$이므로

$\overline{CH}=h\tan 30°=\frac{\sqrt{3}}{3}h$

이때 $\overline{BH}-\overline{CH}=6$ m이므로

$\sqrt{3}h-\frac{\sqrt{3}}{3}h=6$, $\frac{2\sqrt{3}}{3}h=6$

$\therefore h=6\times\frac{3}{2\sqrt{3}}=3\sqrt{3}$ (m)

06

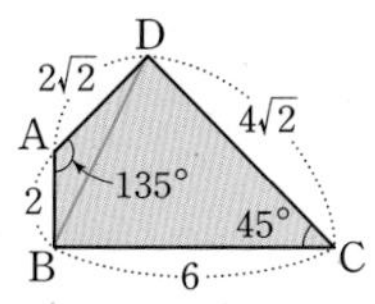

위의 그림과 같이 $\overline{BD}$를 그으면

$\triangle ABD=\frac{1}{2}\times2\times2\sqrt{2}\times\sin(180°-135°)$

$=\frac{1}{2}\times2\times2\sqrt{2}\times\frac{\sqrt{2}}{2}=2$

$\triangle BCD=\frac{1}{2}\times6\times4\sqrt{2}\times\sin 45°$

$=\frac{1}{2}\times6\times4\sqrt{2}\times\frac{\sqrt{2}}{2}=12$

$\therefore \square ABCD=\triangle ABD+\triangle BCD$

$=2+12=14$

07

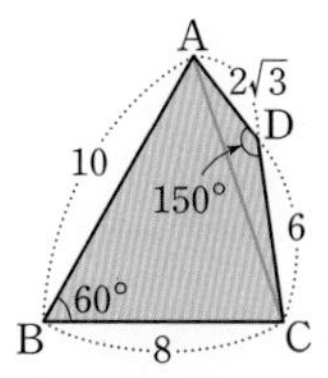

위의 그림과 같이 $\overline{AC}$를 그으면

$\triangle ABC=\frac{1}{2}\times8\times10\times\sin 60°$

$=\frac{1}{2}\times8\times10\times\frac{\sqrt{3}}{2}=20\sqrt{3}$

$\triangle ACD=\frac{1}{2}\times6\times2\sqrt{3}\times\sin(180°-150°)$

$=\frac{1}{2}\times6\times2\sqrt{3}\times\frac{1}{2}=3\sqrt{3}$

$\therefore \square ABCD=\triangle ABC+\triangle ACD$

$=20\sqrt{3}+3\sqrt{3}=23\sqrt{3}$

09 $\triangle$ABD에서

$\overline{BD}=\frac{6}{\cos 45°}=6\div\frac{\sqrt{2}}{2}=6\times\frac{2}{\sqrt{2}}=6\sqrt{2}$이므로

$\triangle ABD=\frac{1}{2}\times6\times6\sqrt{2}\times\sin 45°$

$=\frac{1}{2}\times6\times6\sqrt{2}\times\frac{\sqrt{2}}{2}=18$

$\triangle BCD=\frac{1}{2}\times8\sqrt{2}\times6\sqrt{2}\times\sin 30°$

$=\frac{1}{2}\times8\sqrt{2}\times6\sqrt{2}\times\frac{1}{2}=24$

$\therefore \square ABCD=\triangle ABD+\triangle BCD$

$=18+24=42$

10 $\triangle$BCD에서

$\angle CBD=90°-60°=30°$이고

$\overline{BD}=6\sin 60°=6\times\frac{\sqrt{3}}{2}=3\sqrt{3}$이므로

$\triangle ABD=\frac{1}{2}\times4\times3\sqrt{3}\times\sin 30°$

$=\frac{1}{2}\times4\times3\sqrt{3}\times\frac{1}{2}=3\sqrt{3}$

$\triangle BCD=\frac{1}{2}\times6\times3\sqrt{3}\times\sin 30°$

$=\frac{1}{2}\times6\times3\sqrt{3}\times\frac{1}{2}=\frac{9\sqrt{3}}{2}$

$\therefore \square ABCD=\triangle ABD+\triangle BCD$

$=3\sqrt{3}+\frac{9\sqrt{3}}{2}=\frac{15\sqrt{3}}{2}$

TEST 02 054~055쪽

01 $\cos 30°=\frac{x}{6}$이므로

$x=6\cos 30°=6\times\frac{\sqrt{3}}{2}=3\sqrt{3}$

02 $\sin 45°=\frac{x}{8}$이므로

$x=8\sin 45°=8\times\frac{\sqrt{2}}{2}=4\sqrt{2}$

03 $\cos 48°=\frac{x}{5}$이므로

$x=5\cos 48°=5\times0.67=3.35$

04 $\tan 48°=\frac{x}{7}$이므로

$x=7\tan 48°=7\times1.11=7.77$

05 다음 그림과 같이 꼭짓점 A에서 $\overline{BC}$에 내린 수선의 발을 H라 고 하면

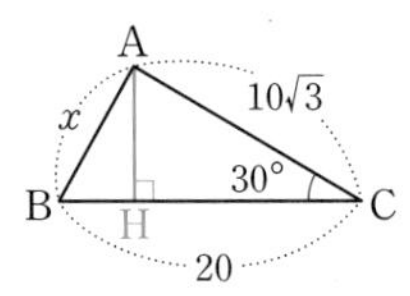

△ACH에서

$\overline{AH}=10\sqrt{3}\sin 30°=10\sqrt{3}\times\frac{1}{2}=5\sqrt{3}$

$\overline{CH}=10\sqrt{3}\cos 30°=10\sqrt{3}\times\frac{\sqrt{3}}{2}=15$

$\therefore \overline{BH}=\overline{BC}-\overline{CH}=20-15=5$

△ABH에서

$x=\sqrt{5^2+(5\sqrt{3})^2}=10$

06 다음 그림과 같이 꼭짓점 A에서 $\overline{BC}$에 내린 수선의 발을 H라 고 하면

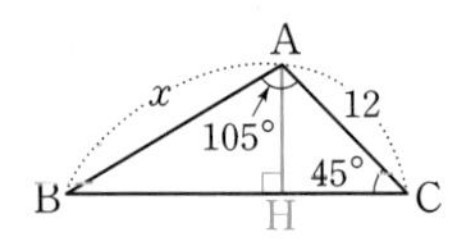

△ABC에서 $\angle B=180°-(105°+45°)=30°$

△AHC에서

$\overline{AH}=12\sin 45°=12\times\frac{\sqrt{2}}{2}=6\sqrt{2}$

△ABH에서

$x=\frac{6\sqrt{2}}{\sin 30°}=6\sqrt{2}\div\frac{1}{2}=6\sqrt{2}\times 2=12\sqrt{2}$

07 △ABH에서 $\angle BAH=90°-30°=60°$이므로

$\overline{BH}=h\tan 60°=\sqrt{3}h$

△ACH에서 $\angle CAH=90°-60°=30°$이므로

$\overline{CH}=h\tan 30°=\frac{\sqrt{3}}{3}h$

이때 $\overline{BH}+\overline{CH}=16$이므로

$\sqrt{3}h+\frac{\sqrt{3}}{3}h=16$, $\frac{4\sqrt{3}}{3}h=16$

$\therefore h=16\times\frac{3}{4\sqrt{3}}=4\sqrt{3}$

08 △ABH에서 $\angle BAH=90°-45°=45°$이므로

$\overline{BH}=h\tan 45°=h$

$\angle ACH=180°-120°=60°$이고

△ACH에서 $\angle CAH=90°-60°=30°$이므로

$\overline{CH}=h\tan 30°=\frac{\sqrt{3}}{3}h$

이때 $\overline{BH}-\overline{CH}=18$이므로

$h-\frac{\sqrt{3}}{3}h=18$, $\frac{3-\sqrt{3}}{3}h=18$

$\therefore h=\frac{54}{3-\sqrt{3}}=\frac{54(3+\sqrt{3})}{(3-\sqrt{3})(3+\sqrt{3})}=9(3+\sqrt{3})$

09 $\triangle ABC=\frac{1}{2}\times 12\times 5\times\sin 45°$

$=\frac{1}{2}\times 12\times 5\times\frac{\sqrt{2}}{2}=15\sqrt{2}$

10 $\triangle ABC=\frac{1}{2}\times 10\times 14\times\sin(180°-120°)$

$=\frac{1}{2}\times 10\times 14\times\frac{\sqrt{3}}{2}=35\sqrt{3}$

11 $\square ABCD=8\times 5\times\sin 60°$

$=8\times 5\times\frac{\sqrt{3}}{2}=20\sqrt{3}$

12 $\square ABCD=\frac{1}{2}\times 10\times 10\times\sin(180°-135°)$

$=\frac{1}{2}\times 10\times 10\times\frac{\sqrt{2}}{2}=25\sqrt{2}$

13 $\overline{FG}=6\cos 60°=6\times\frac{1}{2}=3$ (cm)

$\overline{CG}=6\sin 60°=6\times\frac{\sqrt{3}}{2}=3\sqrt{3}$ (cm)

∴ (직육면체의 부피)

$=3\times 3\sqrt{3}\times 4=36\sqrt{3}$ (cm^3)

14 $\overline{BD}$=(지면에서 준원이의 손까지의 높이)=1.6 m

△ACD에서

$\overline{CD}=15\sin 56°=15\times 0.83=12.45$ (m)

∴ (지면에서 연까지의 높이)

$=\overline{CD}+\overline{DB}=12.45+1.6=14.05$ (m)

15

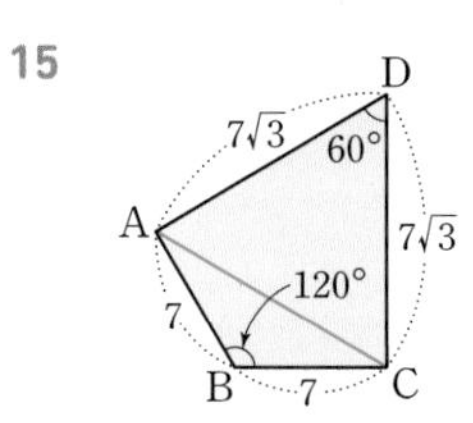

위의 그림과 같이 $\overline{AC}$를 그으면

$\triangle ABC=\frac{1}{2}\times 7\times 7\times\sin(180°-120°)$

$=\frac{1}{2}\times 7\times 7\times\frac{\sqrt{3}}{2}=\frac{49\sqrt{3}}{4}$

$\triangle ACD=\frac{1}{2}\times 7\sqrt{3}\times 7\sqrt{3}\times\sin 60°$

$=\frac{1}{2}\times 7\sqrt{3}\times 7\sqrt{3}\times\frac{\sqrt{3}}{2}=\frac{147\sqrt{3}}{4}$

$\therefore \square ABCD=\triangle ABC+\triangle ACD$

$=\frac{49\sqrt{3}}{4}+\frac{147\sqrt{3}}{4}$

$=49\sqrt{3}$

Chapter Ⅱ 원의 성질

ACT 19 060~061쪽

01 $\overline{AB}=\overline{CD}$

04 현의 길이는 중심각의 크기에 정비례하지 않으므로
$\overline{CE}\neq 2\overline{AB}$

12 $x : 9=15° : 45°$
$\therefore x=3$

13 $8 : x=40° : 60°$
$\therefore x=12$

14 $2 : 8=x° : 120°$
$\therefore x=30$

15 $5 : 35=15° : x°$
$\therefore x=105$

ACT 20 062~063쪽

02 $\overline{BM}=\overline{AM}=5$ cm
$\therefore x=5$

03 $\overline{AM}=\frac{1}{2}\overline{AB}=\frac{1}{2}\times 16=8$ (cm)
$\therefore x=8$

04 $\overline{AB}=2\overline{AM}=2\times 11=22$ (cm)
$\therefore x=22$

06 $\triangle$AOM에서
$\overline{AM}=\sqrt{6^2-3^2}=3\sqrt{3}$ (cm)이므로
$\overline{AB}=2\overline{AM}=2\times 3\sqrt{3}=6\sqrt{3}$ (cm)
$\therefore x=6\sqrt{3}$

07 $\triangle$BOM에서
$\overline{BM}=\sqrt{7^2-6^2}=\sqrt{13}$ (cm)이므로
$\overline{AB}=2\overline{BM}=2\times\sqrt{13}=2\sqrt{13}$ (cm)
$\therefore x=2\sqrt{13}$

09

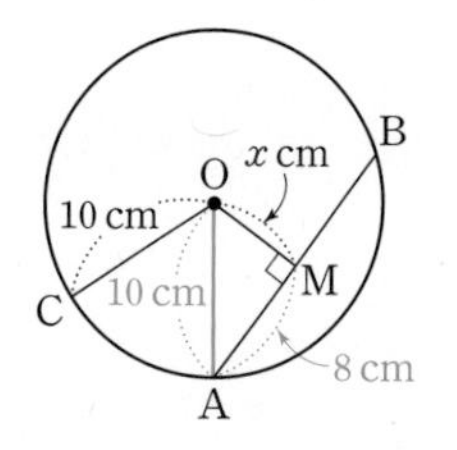

위의 그림과 같이 $\overline{OA}$를 그으면
$\overline{OA}=\overline{OC}=10$ cm이고
$\overline{AM}=\frac{1}{2}\overline{AB}=\frac{1}{2}\times 16=8$ (cm)이므로
$\triangle$AOM에서 $\overline{OM}=\sqrt{10^2-8^2}=6$ (cm)
$\therefore x=6$

10

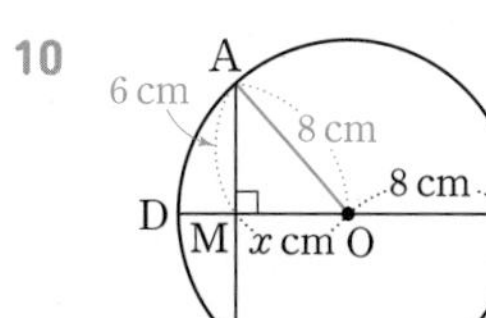

위의 그림과 같이 $\overline{OA}$를 그으면
$\overline{OA}=\overline{OC}=8$ cm이고
$\overline{AM}=\frac{1}{2}\overline{AB}=\frac{1}{2}\times 12=6$ (cm)이므로
$\triangle$AOM에서 $\overline{OM}=\sqrt{8^2-6^2}=2\sqrt{7}$ (cm)
$\therefore x=2\sqrt{7}$

12 원 O의 반지름의 길이를 r cm라고 하면
$\overline{OA}=\overline{OC}=r$ cm이므로 $\overline{OM}=(r-2)$ cm
$\overline{AM}=\frac{1}{2}\overline{AB}=\frac{1}{2}\times 12=6$ (cm)
$\triangle$AOM에서 $r^2=(r-2)^2+6^2$
$4r=40 \qquad \therefore r=10$
따라서 원 O의 반지름의 길이는 10 cm이다.

13

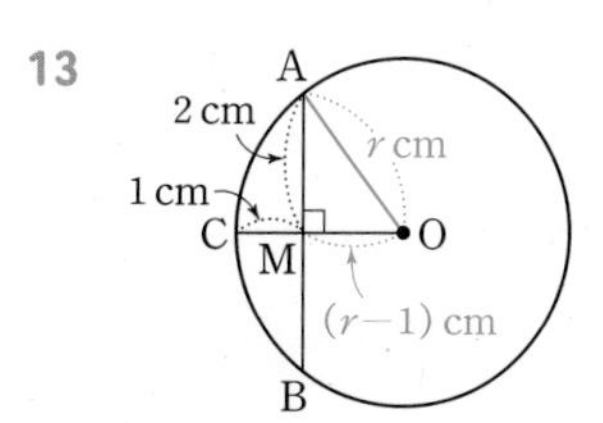

위의 그림과 같이 $\overline{OA}$를 긋고 원 O의 반지름의 길이를 r cm라고 하면
$\overline{OA}=\overline{OC}=r$ cm이므로 $\overline{OM}=(r-1)$ cm
$\triangle$AOM에서 $r^2=(r-1)^2+2^2$
$2r=5 \qquad \therefore r=\frac{5}{2}$
따라서 원 O의 반지름의 길이는 $\frac{5}{2}$ cm이다.

ACT 21 064~065쪽

01 $\overline{AB}=2\overline{AM}=2\overline{CN}=\overline{CD}$

02 $\overline{OM}=\overline{BM}$인지 알 수 없다.

03 $\overline{AB}=\overline{CD}$이므로 $\widehat{AB}=\widehat{CD}$

04 $\overline{AB}=\overline{CD}$이므로 $\overline{OM}=\overline{ON}$

05 $\widehat{AB}=\widehat{AC}$인지 알 수 없다.

08 $\overline{CD}=\overline{AB}=2\overline{AM}=2\times6=12$ (cm) $\therefore x=12$

09 $\overline{AB}=\overline{CD}=10$ cm이므로
$\overline{AM}=\frac{1}{2}\overline{AB}=\frac{1}{2}\times10=5$ (cm) $\therefore x=5$

11 $\overline{AB}=2\overline{AM}=2\times7=14$ (cm)이므로 $\overline{AB}=\overline{CD}$
$\therefore \overline{ON}=\overline{OM}=3$ cm, 즉 $x=3$

12 $\overline{AB}=\overline{CD}=2\times10=20$ (cm)이므로
$\overline{OM}=\overline{ON}=4$ cm $\therefore x=4$

14 $\overline{CD}=\overline{AB}=4\sqrt{7}$ cm이므로
$\overline{CN}=\frac{1}{2}\overline{CD}=\frac{1}{2}\times4\sqrt{7}=2\sqrt{7}$ (cm)
$\triangle$CON에서 $\overline{ON}=\sqrt{8^2-(2\sqrt{7})^2}=6$ (cm)
$\therefore x=6$

ACT+ 22 066~067쪽

02

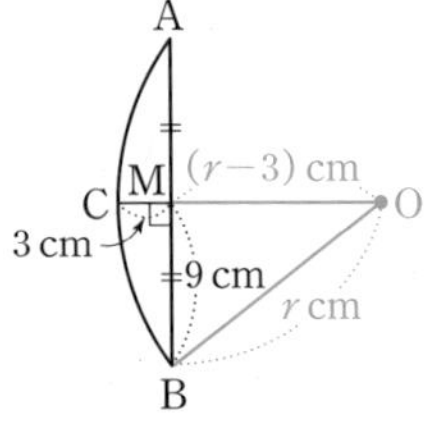

위의 그림과 같이 원의 중심을 점 O라 하고 $\overline{OM}$, $\overline{OB}$를 긋자.
원 O의 반지름의 길이를 r cm라고 하면
$\overline{OM}=(r-3)$ cm
$\triangle$OBM에서 $r^2=(r-3)^2+9^2$
$6r=90$ $\therefore r=15$
따라서 원의 반지름의 길이는 15 cm이다.

03

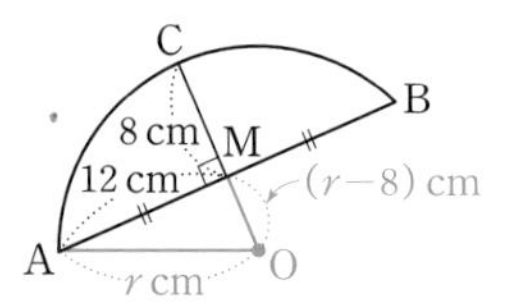

위의 그림과 같이 원의 중심을 점 O라 하고 $\overline{OM}$, $\overline{OA}$를 긋자.
원 O의 반지름의 길이를 r cm라고 하면
$\overline{OM}=(r-8)$ cm
$\triangle$OAM에서
$r^2=(r-8)^2+12^2$
$16r=208$ $\therefore r=13$
따라서 원의 반지름의 길이는 13 cm이다.

04

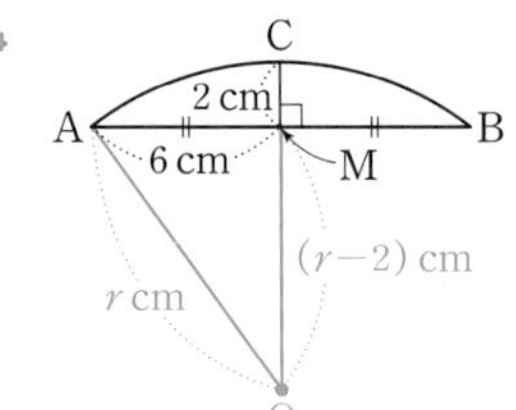

위의 그림과 같이 원의 중심을 점 O라 하고 $\overline{OM}$, $\overline{OA}$를 긋자.
원 O의 반지름의 길이를 r cm라고 하면
$\overline{OM}=(r-2)$ cm
$\triangle$OAM에서
$r^2=(r-2)^2+6^2$
$4r=40$ $\therefore r=10$
따라서 원의 반지름의 길이는 10 cm이다.

05

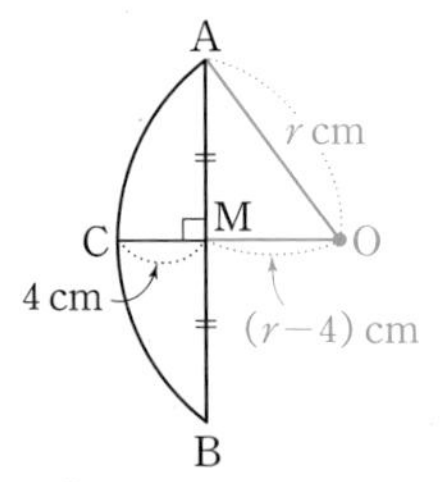

위의 그림과 같이 원의 중심을 점 O라 하고 $\overline{OM}$, $\overline{OA}$를 긋자.
원 O의 반지름의 길이를 r cm라고 하면
$\overline{OM}=(r-4)$ cm
$\overline{AM}=\frac{1}{2}\overline{AB}=\frac{1}{2}\times16=8$ (cm)이므로
$\triangle$OAM에서
$r^2=(r-4)^2+8^2$
$8r=80$ $\therefore r=10$
따라서 원의 반지름의 길이는 10 cm이다.

06 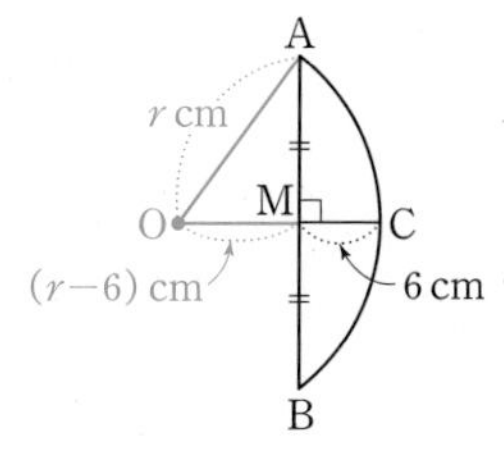

위의 그림과 같이 원의 중심을 점 O라 하고 $\overline{OM}$, $\overline{OA}$를 긋자.
원 O의 반지름의 길이를 r cm라고 하면
$\overline{OM}=(r-6)$ cm
$\overline{AM}=\frac{1}{2}\overline{AB}=\frac{1}{2}\times24=12$ (cm)이므로
△OAM에서 $r^2=(r-6)^2+12^2$
$12r=180$ $\therefore r=15$
따라서 원의 반지름의 길이는 15 cm이다.

08 $\overline{OM}=\overline{ON}$이므로 $\overline{AB}=\overline{AC}$
따라서 △ABC는 이등변삼각형이므로
$\angle x=180^\circ-2\times75^\circ=30^\circ$

09 $\overline{OM}=\overline{ON}$이므로 $\overline{AB}=\overline{AC}$
따라서 △ABC는 이등변삼각형이므로
$\angle x=180^\circ-2\times44^\circ=92^\circ$

10 $\overline{OM}=\overline{ON}$이므로 $\overline{AB}=\overline{AC}$
따라서 △ABC는 이등변삼각형이므로
$\angle x=180^\circ-2\times60^\circ=60^\circ$

11 $\overline{OM}=\overline{ON}$이므로 $\overline{AB}=\overline{AC}$
따라서 △ABC는 이등변삼각형이므로
$\angle x=\frac{1}{2}\times(180^\circ-40^\circ)=70^\circ$

12 $\overline{OM}=\overline{ON}$이므로 $\overline{AB}=\overline{AC}$
따라서 △ABC는 이등변삼각형이므로
$\angle x=\frac{1}{2}\times(180^\circ-60^\circ)=60^\circ$

ACT 23 070~071쪽

01 △OPA에서 $\angle PAO=90^\circ$이므로
$\angle x=180^\circ-(90^\circ+40^\circ)=50^\circ$

02 △OPA에서 $\angle PAO=90^\circ$이므로
$\angle x=180^\circ-(90^\circ+33^\circ)=57^\circ$

03 △OPA에서 $\angle PAO=90^\circ$이므로
$\angle x=180^\circ-(90^\circ+72^\circ)=18^\circ$

04 △OPA에서 $\angle PAO=90^\circ$이므로
$\angle x=180^\circ-(90^\circ+64^\circ)=26^\circ$

06 □APBO에서 $\angle PAO=\angle PBO=90^\circ$이므로
$\angle x=360^\circ-(90^\circ+25^\circ+90^\circ)=155^\circ$

07 □APBO에서 $\angle PAO=\angle PBO=90^\circ$이므로
$\angle x=360^\circ-(90^\circ+120^\circ+90^\circ)=60^\circ$

09 △OPA는 $\angle PAO=90^\circ$인 직각삼각형이므로
$\overline{OA}=\sqrt{17^2-15^2}=8$ (cm) $\therefore x=8$

10 △OPA는 $\angle PAO=90^\circ$인 직각삼각형이므로
$\overline{PA}=\sqrt{5^2-3^2}=4$ (cm) $\therefore x=4$

11 △OPA는 $\angle PAO=90^\circ$인 직각삼각형이므로
$\overline{PA}=\sqrt{6^2-4^2}=2\sqrt{5}$ (cm) $\therefore x=2\sqrt{5}$

13 △OPA는 $\angle PAO=90^\circ$인 직각삼각형이고
$\overline{OA}=\overline{OB}=x$ cm이므로
$(9+x)^2=x^2+15^2$, $18x=144$ $\therefore x=8$

14 △OPA는 $\angle PAO=90^\circ$인 직각삼각형이고
$\overline{OB}=\overline{OA}=6$ cm이므로 $\overline{OP}=6+4=10$ (cm)
$\therefore \overline{AP}=\sqrt{10^2-6^2}=8$ (cm), 즉 $x=8$

15 △OPA는 $\angle PAO=90^\circ$인 직각삼각형이고
$\overline{OA}=\overline{OB}=9$ cm이므로
$(x+9)^2=12^2+9^2$, $x^2+18x-144=0$
$(x-6)(x+24)=0$ $\therefore x=6$ ($\because x>0$)

ACT 24 072~073쪽

01 $\overline{PB}=\overline{PA}$

03 △OPA에서 $\angle PAO=90^\circ$이므로
$\overline{PA}^2=\overline{PO}^2-\overline{OA}^2$

04 △APO와 △BPO에서
$\overline{PO}$는 공통, $\angle PAO=\angle PBO=90^\circ$, $\overline{PA}=\overline{PB}$이므로
△APO≡△BPO (RHS 합동)

05 △APO≡△BPO이므로 $\angle APO=\angle BPO$

08 $\triangle$OPA는 $\angle$PAO$=90^\circ$인 직각삼각형이므로
$\overline{PA}=\sqrt{17^2-8^2}=15$ (cm)
$\therefore \overline{PB}=\overline{PA}=15$ cm, 즉 $x=15$

09 $\triangle$OPB는 $\angle$PBO$=90^\circ$인 직각삼각형이고
$\overline{PB}=\overline{PA}=12$ cm이므로
$\overline{PO}=\sqrt{12^2+5^2}=13$ (cm)
$\therefore x=13$

11 $\triangle$PAB는 $\overline{PA}=\overline{PB}$인 이등변삼각형이므로
$\angle x=\frac{1}{2}\times(180^\circ-62^\circ)=59^\circ$

12 $\triangle$PAB는 $\overline{PA}=\overline{PB}$인 이등변삼각형이므로
$\angle x=180^\circ-2\times40^\circ=100^\circ$

13 $\triangle$PAB는 $\overline{PA}=\overline{PB}$인 이등변삼각형이므로
$\angle x=180^\circ-2\times75^\circ=30^\circ$

15 $\overline{BF}=\overline{BD}=5$ cm
$\overline{AE}=\overline{AD}=5+7=12$ (cm)이므로
$\overline{CF}=\overline{CE}=12-8=4$ (cm)
$\overline{BC}=\overline{BF}+\overline{CF}=5+4=9$ (cm)
$\therefore x=9$

16 $\overline{BF}=\overline{BD}=9-7=2$ (cm)이므로
$\overline{CE}=\overline{CF}=5-2=3$ (cm)
$\overline{AE}=\overline{AD}=9$ cm이므로
$\overline{AC}=\overline{AE}-\overline{CE}=9-3=6$ (cm)
$\therefore x=6$

ACT 25 074~075쪽

02 $\overline{BD}=\overline{BE}=5$ cm
$\overline{AF}=\overline{AD}=9-5=4$ (cm)
$\overline{CE}=\overline{CF}=11-4=7$ (cm)
$\overline{BC}=\overline{BE}+\overline{EC}=5+7=12$ (cm)
$\therefore x=12$

03 $\overline{BE}=\overline{BD}=10$ cm
$\overline{CF}=\overline{CE}=18-10=8$ (cm)
$\overline{AD}=\overline{AF}=15-8=7$ (cm)
$\overline{AB}=\overline{AD}+\overline{DB}=7+10=17$ (cm)
$\therefore x=17$

05 $\overline{CE}=\overline{CF}=x$ cm이므로
$\overline{BD}=\overline{BE}=(9-x)$ cm
$\overline{AD}=\overline{AF}=(8-x)$ cm
$\overline{AB}=\overline{AD}+\overline{DB}$이므로
$7=(8-x)+(9-x)$
$\therefore x=5$

06 $\overline{AD}=\overline{AF}=x$ cm이므로
$\overline{BE}=\overline{BD}=(13-x)$ cm
$\overline{CE}=\overline{CF}=(9-x)$ cm
$\overline{BC}=\overline{BE}+\overline{EC}$이므로
$16=(13-x)+(9-x)$
$\therefore x=3$

08 ($\triangle$ABC의 둘레의 길이)$=2\times(6+2+10)=36$ (cm)

09 ($\triangle$ABC의 둘레의 길이)$=2\times(1+6+4)=22$ (cm)

10 ($\triangle$ABC의 둘레의 길이)$=2\times(7+6+4)=34$ (cm)

12 $\overline{BC}=\sqrt{13^2-12^2}=5$ (cm)
$\overline{CE}=\overline{CF}=\overline{OE}=r$ cm이므로
$\overline{AD}=\overline{AF}=(12-r)$ cm
$\overline{BD}=\overline{BE}=(5-r)$ cm
$\overline{AB}=\overline{AD}+\overline{DB}$이므로
$13=(12-r)+(5-r)$
$\therefore r=2$

ACT 26 076~077쪽

07 $\overline{AB}+\overline{DC}=\overline{AD}+\overline{BC}$이므로
$10+12=13+x$
$\therefore x=9$

08 $\overline{AB}+\overline{DC}=\overline{AD}+\overline{BC}$이므로
$6+11=x+7$
$\therefore x=10$

10 $\overline{AB}+\overline{DC}=\overline{AD}+\overline{BC}=9+11=20$ (cm)이므로
($\square$ABCD의 둘레의 길이)$=2\times20=40$ (cm)

11 $\overline{AD}+\overline{BC}=\overline{AB}+\overline{DC}=10+7=17$ (cm)이므로
($\square$ABCD의 둘레의 길이)$=2\times17=34$ (cm)

12 $\overline{AD}+\overline{BC}=\overline{AB}+\overline{DC}=8+13=21$ (cm)이므로
($\square$ABCD의 둘레의 길이)$=2\times21=42$ (cm)

14 $\overline{CF}=\overline{CG}=\overline{OF}=x$ cm이고
$\overline{AB}+\overline{DC}=\overline{AD}+\overline{BC}$이므로
$30+18=12+(27+x)$
$\therefore x=9$

15 $\overline{AB}$의 길이는 원 O의 지름의 길이와 같으므로
$\overline{AB}=4\times2=8$ (cm)
$\overline{AB}+\overline{DC}=\overline{AD}+\overline{BC}$이므로
$8+10=x+12$
$\therefore x=6$

16 $\overline{DC}$의 길이는 원 O의 지름의 길이와 같으므로
$\overline{DC}=2\times6=12$ (cm)
$\overline{AB}+\overline{DC}=\overline{AD}+\overline{BC}$이므로
$x+12=10+15$
$\therefore x=13$

ACT+ 27 078~079쪽

02 $\overline{BD}=\overline{BF}$, $\overline{CE}=\overline{CF}$이므로
(△ABC의 둘레의 길이)$=\overline{AB}+\overline{BC}+\overline{CA}$
$=\overline{AD}+\overline{AE}$
$=2\overline{AD}=2\times7=14$ (cm)

03 $\angle OEA=90°$이므로 △AOE에서
$\overline{AE}=\sqrt{10^2-5^2}=5\sqrt{3}$ (cm)
$\overline{BD}=\overline{BF}$, $\overline{CE}=\overline{CF}$이므로
(△ABC의 둘레의 길이)$=\overline{AB}+\overline{BC}+\overline{CA}$
$=\overline{AD}+\overline{AE}$
$=2\overline{AE}=2\times5\sqrt{3}=10\sqrt{3}$ (cm)

05 $\overline{DE}=\overline{DA}=5$ cm, $\overline{CE}=\overline{CB}=2$ cm이므로
$\overline{DC}=\overline{DE}+\overline{EC}=5+2=7$ (cm)
다음 그림과 같이 꼭짓점 C에서 $\overline{AD}$에 내린 수선의 발을 H라고 하면

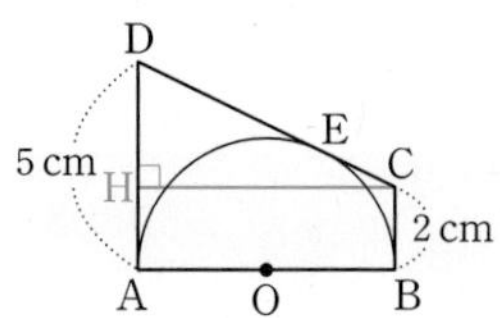

$\overline{AH}=\overline{BC}=2$ cm이므로
$\overline{DH}=\overline{DA}-\overline{AH}=5-2=3$ (cm)
△DHC에서 $\overline{HC}=\sqrt{7^2-3^2}=2\sqrt{10}$ (cm)이므로
$\overline{AB}=\overline{HC}=2\sqrt{10}$ cm

07 $\overline{AB}\perp\overline{OH}$이므로 △OBH에서
$\overline{BH}=\sqrt{10^2-4^2}=2\sqrt{21}$ (cm)
$\therefore \overline{AB}=2\overline{BH}=2\times2\sqrt{21}=4\sqrt{21}$ (cm)

08 $\overline{AB}\perp\overline{OH}$이므로 △OAH에서
$\overline{AH}=\sqrt{3^2-2^2}=\sqrt{5}$ (cm)
$\therefore \overline{AB}=2\overline{AH}=2\times\sqrt{5}=2\sqrt{5}$ (cm)

10 △DEC에서 $\overline{CE}=\sqrt{17^2-8^2}=15$ (cm)이므로
$\overline{AD}=\overline{BC}=(x+15)$ cm
□ABED에서
$\overline{AB}+\overline{DE}=\overline{AD}+\overline{BE}$이므로
$8+17=(x+15)+x$
$2x=10$ $\therefore x=5$

TEST 03 080~081쪽

01 $\overline{AM}=\overline{BM}=6$ cm
$\therefore x=6$

02 △BOM에서 $\overline{BM}=\sqrt{12^2-8^2}=4\sqrt{5}$ (cm)이므로
$\overline{AB}=2\overline{BM}=2\times4\sqrt{5}=8\sqrt{5}$ (cm)
$\therefore x=8\sqrt{5}$

03 $\overline{OC}=\overline{OA}=x$ cm이므로 $\overline{OM}=(x-3)$ cm
△AOM에서
$x^2=(x-3)^2+6^2$
$6x=45$ $\therefore x=\frac{15}{2}$

04

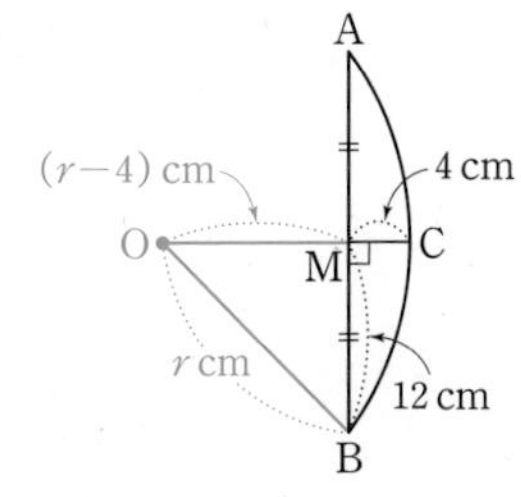

위의 그림과 같이 원의 중심을 점 O라 하고 $\overline{OM}$, $\overline{OB}$를 긋자.
원 O의 반지름의 길이를 r cm라고 하면
$\overline{OM}=(r-4)$ cm
△OBM에서
$r^2=(r-4)^2+12^2$
$8r=160$ $\therefore r=20$
따라서 원의 반지름의 길이는 20 cm이다.

06 $\overline{AB}=\overline{CD}=2\overline{CN}=2\times10=20$ (cm)
$\therefore x=20$

07 $\triangle CON$에서 $\overline{CN}=\sqrt{9^2-7^2}=4\sqrt{2}$ (cm)
$\overline{AB}=\overline{CD}=2\overline{CN}=2\times4\sqrt{2}=8\sqrt{2}$ (cm)
$\therefore x=8\sqrt{2}$

08 $\overline{OM}=\overline{ON}$이므로 $\overline{AB}=\overline{AC}$
따라서 $\triangle ABC$는 이등변삼각형이므로
$\angle x=\frac{1}{2}\times(180^\circ-50^\circ)=65^\circ$

09 □APBO에서 $\angle PAO=\angle PBO=90^\circ$이므로
$\angle x=360^\circ-(90^\circ+75^\circ+90^\circ)=105^\circ$

10 $\triangle OPA$는 $\angle PAO=90^\circ$인 직각삼각형이고
$\overline{OA}=\overline{OB}=3$ cm이므로
$\overline{PA}=\sqrt{7^2-3^2}=2\sqrt{10}$ (cm)
$\therefore x=2\sqrt{10}$

11 $\overline{CF}=\overline{CE}=1$ cm
$\overline{AD}=\overline{AF}=6-1=5$ (cm)
$\overline{BE}=\overline{BD}=9-5=4$ (cm)
$\overline{BC}=\overline{BE}+\overline{EC}=4+1=5$ (cm)
$\therefore x=5$

12 ($\triangle ABC$의 둘레의 길이)$=2\times(5+4+6)=30$ (cm)

13 $\overline{AC}=\sqrt{5^2-4^2}=3$ (cm)
$\overline{EC}=\overline{CF}=\overline{FO}=r$ cm이므로
$\overline{AD}=\overline{AF}=(3-r)$ cm
$\overline{BD}=\overline{BE}=(4-r)$ cm
$\overline{AB}=\overline{AD}+\overline{DB}$이므로
$5=(3-r)+(4-r)$
$2r=2 \quad \therefore r=1$

14 $\overline{AB}+\overline{DC}=\overline{AD}+\overline{BC}$이므로
$15+20=x+16$
$\therefore x=19$

15 $\overline{AB}$의 길이는 원 O의 지름의 길이와 같으므로
$\overline{AB}=2\times6=12$ (cm)
$\overline{AB}+\overline{DC}=\overline{AD}+\overline{BC}$이므로
$12+15=x+18$
$\therefore x=9$

16 $\triangle DEC$에서 $\overline{CE}=\sqrt{10^2-6^2}=8$ (cm)이므로
$\overline{AD}=\overline{BC}=(x+8)$ cm
□ABED에서
$\overline{AB}+\overline{DE}=\overline{AD}+\overline{BE}$이므로
$6+10=(x+8)+x$
$2x=8 \quad \therefore x=4$

ACT 28 084~085쪽

02 $\angle x=\frac{1}{2}\times120^\circ=60^\circ$

03 $\angle x=\frac{1}{2}\times70^\circ=35^\circ$

04 $\angle x=\frac{1}{2}\times84^\circ=42^\circ$

05 $\angle x=\frac{1}{2}\times210^\circ=105^\circ$

06

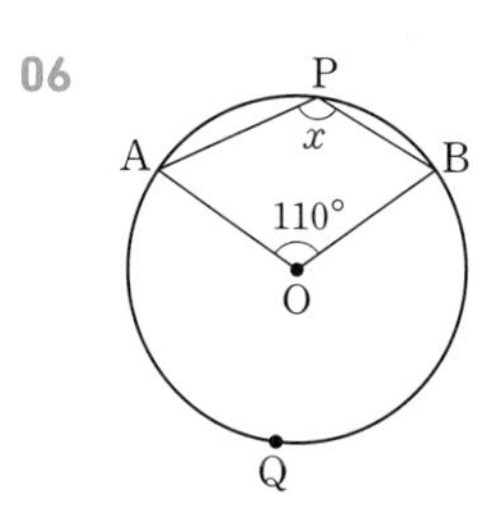

위의 그림에서 $\widehat{AQB}$에 대한 중심각의 크기가
$360^\circ-110^\circ=250^\circ$이므로
$\angle x=\frac{1}{2}\times250^\circ=125^\circ$

08 $\angle x=2\times70^\circ=140^\circ$

09 $\angle x=2\times50^\circ=100^\circ$

10 $\angle AOB=2\times65^\circ=130^\circ$
$\therefore \angle x=360^\circ-130^\circ=230^\circ$

12 $\angle AOB=2\times62^\circ=124^\circ$
$\triangle OAB$는 $\overline{OA}=\overline{OB}$인 이등변삼각형이므로
$\angle x=\frac{1}{2}\times(180^\circ-124^\circ)=28^\circ$

13 $\triangle OAB$는 $\overline{OA}=\overline{OB}$인 이등변삼각형이므로
$\angle AOB=180^\circ-2\times58^\circ=64^\circ$
$\therefore \angle x=\frac{1}{2}\times64^\circ=32^\circ$

ACT 29 086~087쪽

02 $\angle x=\angle AQB=50^\circ$

03 $\angle x=\angle AQB=40^\circ$
$\angle y=2\times40^\circ=80^\circ$

05 $\angle x=\angle \mathrm{BDC}=55°$
$\triangle \mathrm{ABP}$에서 $\angle y=55°+61°=116°$

07 $\overline{\mathrm{AB}}$가 원 O의 지름이므로 $\angle \mathrm{APB}=90°$
$\therefore \angle x=180°-(75°+90°)=15°$

08 $\overline{\mathrm{AB}}$가 원 O의 지름이므로 $\angle \mathrm{APB}=90°$
$\therefore \angle x=180°-(45°+90°)=45°$

10 $\angle \mathrm{BCD}=\angle \mathrm{BAD}=35°$
$\overline{\mathrm{AB}}$가 원 O의 지름이므로 $\angle \mathrm{ACB}=90°$
$\therefore \angle x=90°-35°=55°$

ACT 30 088~089쪽

01 $\overset{\frown}{\mathrm{AB}}=\overset{\frown}{\mathrm{CD}}$이므로 $\angle \mathrm{CQD}=\angle \mathrm{APB}=20°$
$\therefore x=20$

02 $\angle \mathrm{APB}=\angle \mathrm{CQD}$이므로 $\overset{\frown}{\mathrm{CD}}=\overset{\frown}{\mathrm{AB}}=7\text{ cm}$
$\therefore x=7$

05

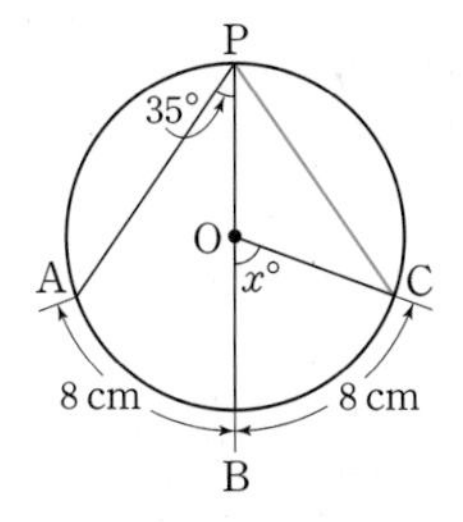

위의 그림과 같이 $\overline{\mathrm{CP}}$를 그으면 $\overset{\frown}{\mathrm{AB}}=\overset{\frown}{\mathrm{BC}}$이므로
$\angle \mathrm{BOC}=2\angle \mathrm{BPC}=2\angle \mathrm{APB}=2\times 35°=70°$
$\therefore x=70$

06

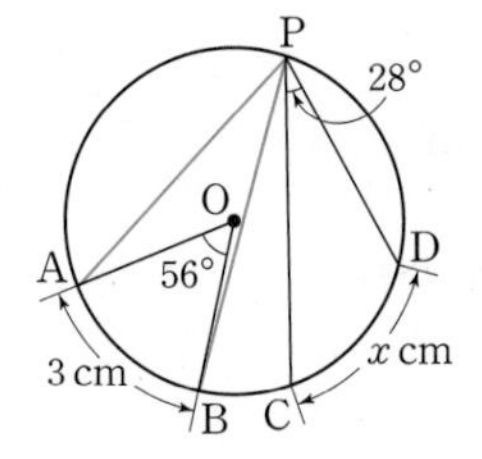

위의 그림과 같이 $\overline{\mathrm{AP}}$, $\overline{\mathrm{BP}}$를 그으면
$\angle \mathrm{APB}=\frac{1}{2}\angle \mathrm{AOB}=\frac{1}{2}\times 56°=28°$
$\angle \mathrm{APB}=\angle \mathrm{CPD}$이므로 $\overset{\frown}{\mathrm{CD}}=\overset{\frown}{\mathrm{AB}}=3\text{ cm}$
$\therefore x=3$

08 $\overset{\frown}{\mathrm{AB}}:\overset{\frown}{\mathrm{CD}}=\angle \mathrm{APB}:\angle \mathrm{CQD}$이므로
$3:15=10°:\angle x$, $1:5=10°:\angle x$
$\therefore \angle x=50°$

09 $\overset{\frown}{\mathrm{AB}}:\overset{\frown}{\mathrm{BC}}=\angle \mathrm{APB}:\angle \mathrm{BPC}$이므로
$2:3=24°:\angle x$ $\quad\therefore \angle x=36°$

10 $\overset{\frown}{\mathrm{AB}}:\overset{\frown}{\mathrm{AC}}=\angle \mathrm{APB}:\angle \mathrm{AQC}$이므로
$4:(4+1)=44°:\angle x$, $4:5=44°:\angle x$
$\therefore \angle x=55°$

11 $\overset{\frown}{\mathrm{AB}}:\overset{\frown}{\mathrm{BC}}=\angle \mathrm{APB}:\angle \mathrm{BPC}$이므로
$3:x=20°:60°$, $3:x=1:3$
$\therefore x=9$

12 $\overset{\frown}{\mathrm{AB}}:\overset{\frown}{\mathrm{CD}}=\angle \mathrm{ACB}:\angle \mathrm{CBD}$이므로
$6:x=24°:36°$, $6:x=2:3$
$\therefore x=9$

13 $\overset{\frown}{\mathrm{AB}}:\overset{\frown}{\mathrm{BC}}=\angle \mathrm{APB}:\angle \mathrm{BQC}$이므로
$x:5=70°:35°$, $x:5=2:1$
$\therefore x=10$

14 $\overset{\frown}{\mathrm{AB}}:\overset{\frown}{\mathrm{AC}}=\angle \mathrm{APB}:\angle \mathrm{AQC}$이므로
$4:(4+x)=30°:75°$, $4:(4+x)=2:5$
$2(4+x)=20$, $2x=12$
$\therefore x=6$

ACT+ 31 090~091쪽

02

위의 그림과 같이 $\overline{\mathrm{OA}}$, $\overline{\mathrm{OB}}$를 그으면
$\angle \mathrm{PAO}=\angle \mathrm{PBO}=90°$이므로
$\square \mathrm{APBO}$에서
$\angle \mathrm{AOB}=360°-(90°+40°+90°)=140°$
$\therefore \angle x=\frac{1}{2}\angle \mathrm{AOB}=\frac{1}{2}\times 140°=70°$

04

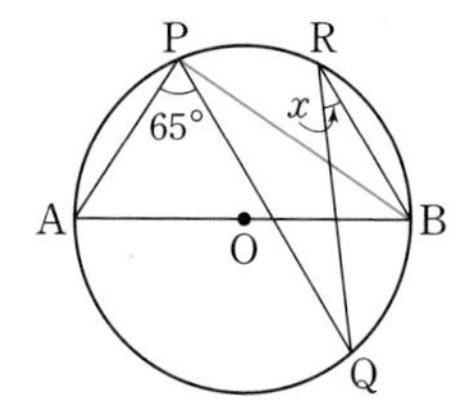

위의 그림과 같이 $\overline{PB}$를 그으면
$\overline{AB}$가 원 O의 지름이므로 $\angle APB=90°$
$\angle QPB=90°-65°=25°$이므로
$\angle x=\angle QPB=25°$

05

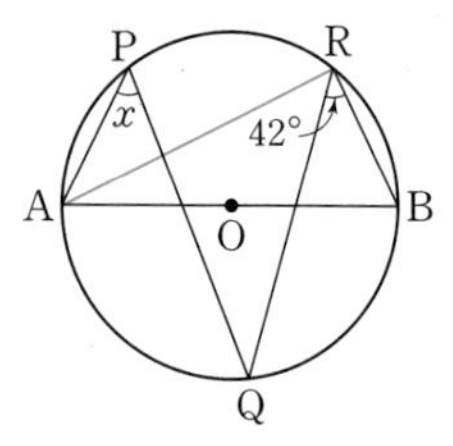

위의 그림과 같이 $\overline{AR}$를 그으면
$\overline{AB}$가 원 O의 지름이므로 $\angle ARB=90°$
$\angle ARQ=90°-42°=48°$이므로
$\angle x=\angle ARQ=48°$

07

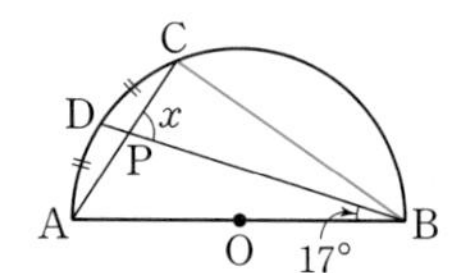

위의 그림과 같이 $\overline{BC}$를 그으면
$\overline{AB}$가 반원 O의 지름이므로 $\angle ACB=90°$
$\widehat{AD}=\widehat{DC}$이므로 $\angle CBD=\angle DBA=17°$
$\triangle CPB$에서
$\angle x=180°-(90°+17°)=73°$

08

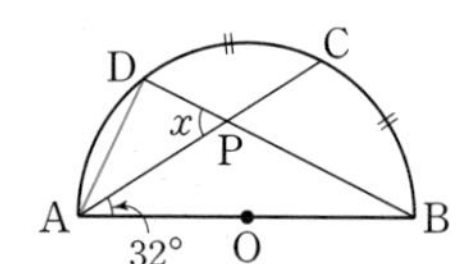

위의 그림과 같이 $\overline{AD}$를 그으면
$\overline{AB}$가 반원 O의 지름이므로 $\angle ADB=90°$
$\widehat{BC}=\widehat{CD}$이므로 $\angle DAC=\angle CAB=32°$
$\triangle DAP$에서
$\angle x=180°-(90°+32°)=58°$

10 $\angle C : \angle A : \angle B=\widehat{AB} : \widehat{BC} : \widehat{CA}=3:4:5$이므로

$\angle A=\frac{4}{3+4+5}\times 180°=60°$

$\angle B=\frac{5}{3+4+5}\times 180°=75°$

$\angle C=\frac{3}{3+4+5}\times 180°=45°$

ACT 32 — 094~095쪽

01 $\angle BAC=\angle BDC$이므로 네 점 A, B, C, D는 한 원 위에 있다.

02 $\angle ACB\neq\angle ADB$이므로 네 점 A, B, C, D는 한 원 위에 있지 않다.

03 $\angle ACB=\angle ADB$이므로 네 점 A, B, C, D는 한 원 위에 있다.

04 $\triangle BCD$에서 $\angle CBD=180°-(95°+55°)=30°$
따라서 $\angle CAD\neq\angle CBD$이므로 네 점 A, B, C, D는 한 원 위에 있지 않다.

05 $\triangle ACD$에서 $\angle ACD=180°-(25°+130°)=25°$
따라서 $\angle ABD=\angle ACD$이므로 네 점 A, B, C, D는 한 원 위에 있다.

06 $\triangle ABC$에서 $\angle ACB=180°-(35°+80°)=65°$
따라서 $\angle ADB=\angle ACB$이므로 네 점 A, B, C, D는 한 원 위에 있다.

07 $\angle x=\angle BDC=27°$

08 $\angle x=\angle BAC=55°$

09 $\angle BDC=\angle BAC=45°$이어야 하므로
$\triangle ECD$에서 $\angle x=80°-45°=35°$

10 $\triangle DEC$에서 $\angle EDC=180°-(85°+30°)=65°$
$\therefore \angle x=\angle BDC=65°$

11 $\triangle EBC$에서 $\angle ECB=110°-70°=40°$
$\therefore \angle x=\angle ACB=40°$

12 $\angle ADB=\angle ACB=40°$이어야 하므로
$\triangle AED$에서 $\angle x=30°+40°=70°$
다른 풀이
$\angle DBC=\angle DAC=30°$이어야 하므로
$\triangle BEC$에서 $\angle x=30°+40°=70°$

13 $\angle ACD=\angle ABD=25°$이어야 하므로
$\triangle ECD$에서 $\angle x=25°+95°=120°$
다른 풀이
$\angle BAC=\angle BDC=95°$이어야 하므로
$\triangle ABE$에서 $\angle x=95°+25°=120°$

14 $\angle ADB=\angle ACB=50°$이어야 하므로
$\triangle ABD$에서 $\angle x=180°-(100°+50°)=30°$

ACT 33 096~097쪽

02 $\angle x+65°=180°$이므로 $\angle x=115°$
$115°+\angle y=180°$이므로 $\angle y=65°$

03 $\angle x+75°=180°$이므로 $\angle x=105°$
$110°+\angle y=180°$이므로 $\angle y=70°$

05 $\triangle$DBC에서 $\angle x=180°-(46°+67°)=67°$
$\angle y+67°=180°$이므로 $\angle y=113°$

06 $\triangle$ABD에서 $\angle x=180°-(42°+56°)=82°$
$82°+\angle y=180°$이므로 $\angle y=98°$

08 $36°+\angle x=180°$이므로 $\angle x=144°$
$\angle y=2\angle \mathrm{BAD}=2\times 36°=72°$

09 $120°+\angle x=180°$이므로 $\angle x=60°$
$\therefore \angle y=2\angle x=2\times 60°=120°$

11

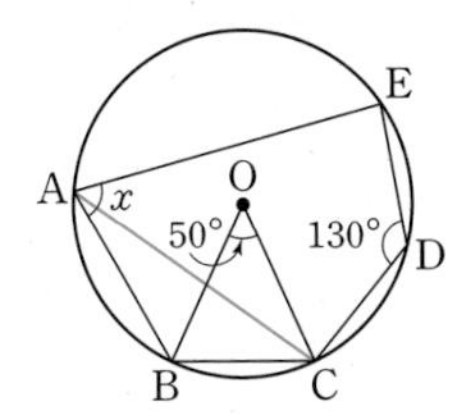

위의 그림과 같이 $\overline{\mathrm{AC}}$를 그으면 □ACDE가 원 O에 내접하므로
$\angle \mathrm{EAC}+130°=180°$ $\therefore \angle \mathrm{EAC}=50°$
$\angle \mathrm{BAC}=\frac{1}{2}\angle \mathrm{BOC}=\frac{1}{2}\times 50°=25°$
$\therefore \angle x=\angle \mathrm{EAC}+\angle \mathrm{BAC}=50°+25°=75°$

ACT 34 098~099쪽

01 $\angle x=\angle \mathrm{DAB}=75°$

02 $\angle x=\angle \mathrm{ADC}=80°$

03 $\angle x=\angle \mathrm{ADC}=115°$

04 $\angle \mathrm{DAB}=\angle \mathrm{DCE}=120°$이므로
$\angle x+70°=120°$ $\therefore \angle x=50°$

05 $\angle \mathrm{DAB}=\angle \mathrm{DCE}=100°$이므로
$\angle x+55°=100°$ $\therefore \angle x=45°$

06 $\angle \mathrm{ADC}=\angle \mathrm{ABE}=95°$이므로
$\angle x+40°=95°$ $\therefore \angle x=55°$

08 $\triangle$ABC에서 $\angle y=70°+42°=112°$
$\therefore \angle x=\angle y=112°$

09 $\angle x=\angle \mathrm{BDC}=45°$
$\therefore \angle y=45°+25°=70°$

10 $\angle x=\angle \mathrm{BAC}=13°$
$\therefore \angle y=47°+13°=60°$

11 $\angle x=\frac{1}{2}\times 130°=65°$
$\therefore \angle y=\angle x=65°$

12 $\angle x=\frac{1}{2}\times 260°=130°$
$\therefore \angle y=\angle x=130°$

13 $\widehat{\mathrm{BCD}}$에 대한 중심각의 크기는
$360°-160°=200°$이므로
$\angle x=\frac{1}{2}\times 200°=100°$
$\therefore \angle y=\angle x=100°$

14 $\widehat{\mathrm{BCD}}$에 대한 중심각의 크기는
$360°-266°=94°$이므로
$\angle x=\frac{1}{2}\times 94°=47°$
$\therefore \angle y=\angle x=47°$

ACT 35 100~101쪽

01 $\angle \mathrm{A}+\angle \mathrm{C}=90°+90°=180°$이므로 □ABCD는 원에 내접한다.

02 $\angle \mathrm{B}+\angle \mathrm{D}=105°+85°=190°$이므로 □ABCD는 원에 내접하지 않는다.

03 $\triangle$ABC에서 $\angle \mathrm{B}=180°-(80°+25°)=75°$이므로
$\angle \mathrm{B}+\angle \mathrm{D}=75°+110°=185°$
따라서 □ABCD는 원에 내접하지 않는다.

04 $\angle BAD \neq \angle DCE$이므로 □ABCD는 원에 내접하지 않는다.

05 $\angle ADC = \angle ABE$이므로 □ABCD는 원에 내접한다.

06 $\angle BAD = 180° - 85° = 95°$이므로
$\angle BAD = \angle DCE$
따라서 □ABCD는 원에 내접한다.

07 $\angle x + 88° = 180°$ $\quad \therefore \angle x = 92°$

08 $\angle x = \angle DAB = 115°$

09 △BCD에서 $\angle BCD = 180° - (40° + 62°) = 78°$이므로
$\angle x + 78° = 180°$ $\quad \therefore \angle x = 102°$

10 $\angle BDC = \angle BAC = 30°$
$\therefore \angle x = 35° + 30° = 65°$

11 $\angle BAD = \angle DCE$이므로 □ABCD는 원에 내접한다.
$50° + \angle x = 180°$ $\quad \therefore \angle x = 130°$

12 $\angle ABC + \angle CDA = 80° + 100° = 180°$이므로 □ABCD는 원에 내접한다.
$\therefore \angle x = \angle DAE = 60°$

13 $\angle ABE = \angle CDA$이므로 □ABCD는 원에 내접한다.
$\angle x + 110° = 180°$ $\quad \therefore \angle x = 70°$

14 $\angle BAD + \angle DCB = 125° + 55° = 180°$이므로 □ABCD는 원에 내접한다.
$\therefore \angle x = \angle CDE = 75°$

ACT 36 102~103쪽

01 $\angle x = \angle BAT = 35°$

02 $\angle CAT = 180° - (50° + 60°) = 70°$
$\therefore \angle x = \angle CAT = 70°$

03 △ABC에서 $\angle CBA = 180° - (105° + 35°) = 40°$
$\therefore \angle x = \angle CBA = 40°$

05 $\angle CBA = \angle CAT = 64°$
$\overline{BC}$는 원 O의 지름이므로 $\angle BAC = 90°$
△ABC에서 $\angle x = 180° - (64° + 90°) = 26°$

06 $\overline{BC}$는 원 O의 지름이므로 $\angle BAC = 90°$
△ABC에서 $\angle BCA = 180° - (50° + 90°) = 40°$
$\therefore \angle x = \angle BCA = 40°$

08 $\angle CBA = \angle CAT = 40°$이므로
$\angle x = 2\angle CBA = 2 \times 40° = 80°$

09 $\angle ACB = \angle BAT = 30°$이므로
$\angle x = 2\angle ACB = 2 \times 30° = 60°$

11 $\angle ATP = \angle ABT = 50°$이므로
△APT에서 $\angle x = 23° + 50° = 73°$

12 $\angle ATP = \angle ABT = 38°$이므로
△APT에서 $\angle x = 80° - 38° = 42°$

ACT+ 37 104~105쪽

01 $\angle x = \angle BTQ = \angle DTP = \angle DCT = 50°$

02 $\angle x = \angle ATP = \angle CTQ = \angle CDT = 60°$

03 $\angle DCT = \angle DTP = \angle BTQ = \angle BAT = 45°$이므로
△DTC에서 $\angle x = 180° - (55° + 45°) = 80°$

04 $\angle x = \angle BTQ = \angle CDT = 65°$

05 $\angle x = \angle DTP = \angle ABT = 80°$

06 $\angle BAT = \angle BTQ = \angle CDT = 55°$이므로
△DTC에서 $\angle x = 180° - (60° + 55°) = 65°$
다른 풀이
$\angle BTQ = \angle BAT = 55°$이고
$\angle DTP = \angle DCT = 60°$이므로
$\angle x = 180° - (60° + 55°) = 65°$

08 □ABCD에서 $75° + \angle ABC = 180°$이므로
$\angle ABC = 105°$
△ABC에서 $\angle BAC = 180° - (20° + 105°) = 55°$
$\therefore \angle x = \angle BAC = 55°$

09 다른 풀이
$\angle ATP = 180° - (90° + 65°) = 25°$
$\angle BAT = \angle BTC = 65°$이므로
△APT에서 $\angle x = 65° - 25° = 40°$

10

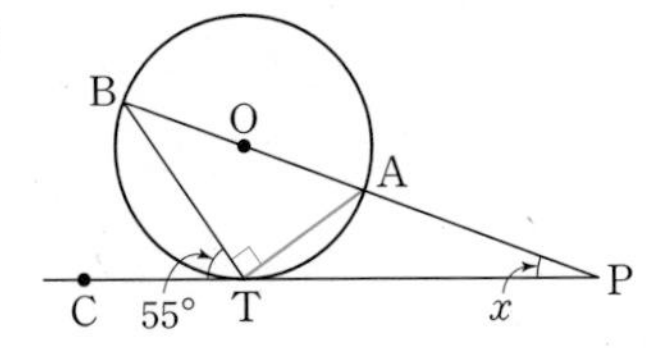

위의 그림과 같이 $\overline{AT}$를 그으면 $\overline{AB}$가 원 O의 지름이므로

$\angle ATB=90°$

$\angle BAT=\angle BTC=55°$이므로

$\triangle ATB$에서 $\angle ABT=180°-(90°+55°)=35°$

따라서 $\triangle PBT$에서 $\angle x=55°-35°=20°$

다른 풀이

$\angle ATP=180°-(90°+55°)=35°$

$\angle BAT=\angle BTC=55°$이므로

$\triangle APT$에서 $\angle x=55°-35°=20°$

TEST 04 106~107쪽

01 $\angle x=\frac{1}{2}\times 50°=25°$

02

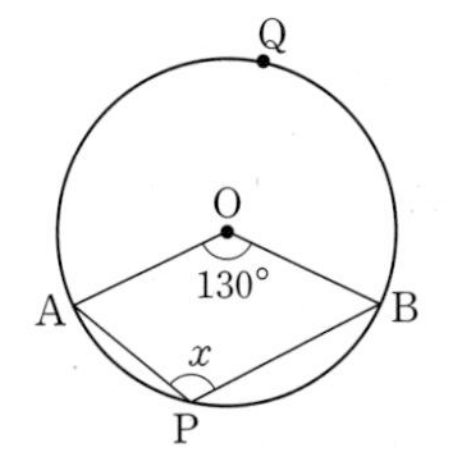

위의 그림에서 $\widehat{AQB}$에 대한 중심각의 크기가

$360°-130°=230°$이므로

$\angle x=\frac{1}{2}\times 230°=115°$

03 $\angle x=\angle AQB=70°$

04 $\angle x=\angle AQB=45°$

$\angle y=2\times 45°=90°$

$\therefore \angle x+\angle y=45°+90°=135°$

05 $\overline{AB}$가 원 O의 지름이므로 $\angle APB=90°$

$\triangle APB$에서 $\angle x=180°-(50°+90°)=40°$

06 $\overline{AB}$가 원 O의 지름이므로 $\angle APB=90°$

$\angle QPB=90°-60°=30°$이므로

$\angle x=\angle QPB=30°$

07

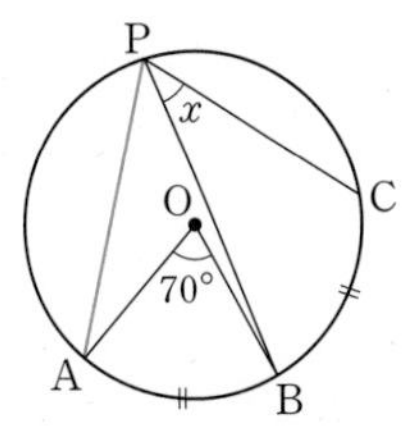

위의 그림과 같이 $\overline{AP}$를 그으면 $\widehat{AB}=\widehat{BC}$이므로

$\angle x=\angle APB=\frac{1}{2}\angle AOB=\frac{1}{2}\times 70°=35°$

08 $\widehat{AB}:\widehat{CD}=\angle APB:\angle CQD$이므로

$2:4=25°:\angle x$, $1:2=25°:\angle x$

$\therefore \angle x=50°$

09 $\angle x=\angle DBC=33°$

10 $\angle BDC=\angle BAC=75°$이어야 하므로

$\triangle ECD$에서 $\angle x=20°+75°=95°$

다른 풀이

$\angle ABD=\angle ACD=20°$이어야 하므로

$\triangle ABE$에서 $\angle x=75°+20°=95°$

11 $\angle x+65°=180°$이므로 $\angle x=115°$

12 $\angle DAB=\angle DCE=130°$이므로

$\angle x+60°=130°$ $\therefore \angle x=70°$

13 $\angle x=\angle CAT=60°$

14 $\angle BCA=\angle BAT=50°$이므로

$\angle x=2\angle BCA=2\times 50°=100°$

15 $\angle C:\angle A:\angle B=\widehat{AB}:\widehat{BC}:\widehat{CA}=9:5:4$이므로

$\angle A=\frac{5}{9+5+4}\times 180°=50°$

16

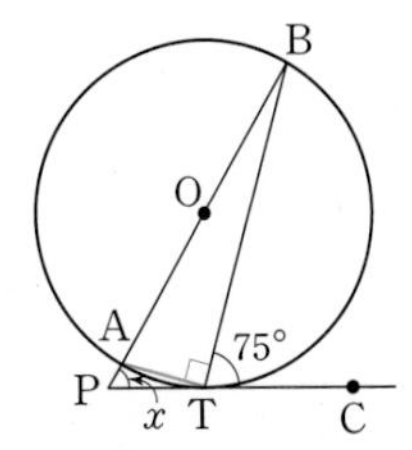

위의 그림과 같이 $\overline{AT}$를 그으면 $\overline{AB}$가 원 O의 지름이므로

$\angle ATB=90°$

$\angle BAT=\angle BTC=75°$이므로

$\triangle ATB$에서 $\angle ABT=180°-(90°+75°)=15°$

따라서 $\triangle PBT$에서 $\angle x=75°-15°=60°$

다른 풀이

$\angle ATP=180°-(90°+75°)=15°$

$\angle BAT=\angle BTC=75°$이므로

$\triangle APT$에서 $\angle x=75°-15°=60°$

Memo

Memo

Memo